冶金工业出版社

普通高等教育“十四五”规划教材

工程制图基础

赵文玉　马宏斌　郑海晨　主编

北　京
冶　金　工　业　出　版　社
2025

内容提要

本书共10章，内容涉及工程制图的任务、基本概念、投影方法、制图标准、绘图比例、字体，以及常用的制图工具使用方法。书中详细讲解了点、线、面的投影方法、多面体和曲面体的绘制方式，以及标高投影等工程图样的绘制技巧，旨在帮助学生掌握必备的工程制图知识与技能，为今后的专业学习和实际工程应用奠定扎实的基础。

本书可作为高等学校本科机械、土建类及其他各工科专业的教材，也可供有关工程技术人员阅读和参考。

图书在版编目（CIP）数据

工程制图基础 / 赵文玉，马宏斌，郑海晨主编.
北京 ：冶金工业出版社，2025. 6. --（普通高等教育
“十四五”规划教材）. -- ISBN 978-7-5240-0132-4

Ⅰ. TB23

中国国家版本馆 CIP 数据核字第 2025DH1143 号

工程制图基础

出版发行 冶金工业出版社　**电　话** (010)64027926
地　址 北京市东城区嵩祝院北巷 39 号　**邮　编** 100009
网　址 www. mip1953. com　**电子信箱** service@ mip1953. com

责任编辑　王　双　美术编辑　吕欣童　版式设计　郑小利
责任校对　梅雨晴　责任印制　禹　蕊
北京印刷集团有限责任公司印刷
2025 年 6 月第 1 版，2025 年 6 月第 1 次印刷
787mm×1092mm　1/16；10. 5 印张；254 千字；157 页
定价 45. 00 元

投稿电话　(010)64027932　投稿信箱　tougao@cnmip. com. cn
营销中心电话　(010)64044283
冶金工业出版社天猫旗舰店　yjgycbs. tmall. com
（本书如有印装质量问题，本社营销中心负责退换）

前　　言

随着现代工程技术的发展，工程图样作为一种通用的技术语言，已成为工程领域不可或缺的沟通工具。工程制图不仅要求学生掌握理论知识，更要求在实操中具备手工绘图和计算机绘图的能力。本教材结合当前工程教育的需求和现代制图技术的发展，以培养学生在工程实际中的空间想象力、几何表达能力和严谨细致的工作作风为目标，从基本的制图工具和方法开始，逐步引入平面投影、立体几何和三维构型的绘制方法，旨在帮助学生从基础开始，逐步掌握工程制图的核心要领，掌握工程制图的基本知识和技能。

本书系统介绍了制图的理论基础、投影方法、制图标准和实际应用技能。在编写过程中，教材力求语言简洁明了，结构条理清晰，每一章节都配有复习思考题，以帮助学生巩固所学知识。我们希望本教材能成为高等院校工程类专业学生的良师益友，为他们在工程设计、施工以及生产管理等方面打下扎实的基础。同时，也希望学生们在学习中秉持“工匠精神”，不断磨砺绘图技能，力求精准细致，将理论与实践结合，为未来的职业生涯做好准备。

在本教材的编写过程中，赵文玉负责第1~3、7和8章，马宏斌负责第4~6章，郑海晨负责第9和10章，感谢各位编者的辛勤付出，同时也感谢所有给予支持与帮助的同仁和团队成员。本教材的编写与出版得到了众多基金项目的支持，包括甘肃省基础研究计划-软科学专项资助（项目编号：23JRZA464）、中央高校基本科研业务费专项资金项目（项目编号：31920240124）、甘肃省高校教师创新基金项目（项目编号：2024B-035）、西北民族大学实验室开放项目（项目编号：SYSKF-2024017）、教育部产学合作协同育人项目（项目号：2408264646）、教育部产学合作协同育人项目（项目号：230804699192723）、甘肃省教育科技创新项目（项目号：2023B-060）、2024年校级创新业教育改革项目（项目号：2024XJCXCYJGXM26）、校级一流课程建设项目（项目号：YLKC-07）、校级教育教学改革一般项目（项目号：2023XJYBJG-55）、西北民族大学本科人才培养质量提高项目（项目号：2022SYZX-01）、西北民族大学创新业教育改革项目（项目号：2023XJCXCYJGXM26）、西北民族大学人才培养质量提升项目（项目号：2023XJYBJG-47、2023WZY-03），以及甘肃省科技计划项目（项目号：24JRZA054），对此表示衷心感谢。

由于作者水平有限，书中不足之处，敬请读者批评指正。

作　者

2024 年 10 月

目　录

1 绪　论

本章主要讨论工程制图基础的任务、学习方法，投影法的基本概念，以及工程上常用的几种图示法。

基本要求：

1. 通过本章学习，了解工程制图基础的学习任务和学习方法；
2. 了解工程制图基础发展的概况；
3. 掌握投影的概念、投影法的类型和应用。

1.1　工程制图基础的任务

从出土文物中考证，我国在新石器时代中晚期（约 8000 年前），已出现刻绘几何纹样的陶器与玉器，如河姆渡文化的刻纹陶片、仰韶文化的彩陶纹样。在春秋时期的一部技术著作《周礼·考工记》中，也有画图工具“规、矩、绳、墨、悬、水”的记载。战国时期，我国人民就已运用设计图（有确定的绘图比例、酷似用正投影法画出的建筑规划平面图）来指导工程建设，距今已有 2400 多年的历史。“图”对人类社会文明的进步和推动现代科学技术的发展起着重要作用。自秦汉起，我国已出现图样的史料记载，并能根据图样建筑宫室。宋代李诫（字明仲）所著《营造法式》共 36 卷（现存 34 卷），其中 6 卷为图样，涵盖建筑平面、构件轴测及装饰详图。该书系统总结了北宋及之前历代建筑技术与工艺，并首次以官方规范形式统一了建筑设计、施工及用料标准。作为中国古代最完整的建筑技术专著，其科学性与规范性被誉为“中古时期世界建筑学巅峰之作”。书中运用投影法表达了复杂的建筑结构，这在当时是极为先进的。

画法几何学是研究在平面上用图形表示形体和解决空间几何问题的理论和方法的学科，它吸收了解析几何、投影几何、视觉几何等成就。1799 年，法国数学家加斯帕尔·蒙日发表《画法几何》。他首次提出了投影原理及投影方法、几何变换理论，建立多面投影体系，用多面正投影图在平面上表达空间形体，从而为画法几何奠定了理论基础。

今天，在工程和科学技术方面，可以看到各种各样的形体，我们需要在图纸上画出房屋或建筑物的图样，以便根据这些图样施工建造。但是图纸平面是二维的，而所表达的空间形体都是三维的。为了使三维的形体能在二维的平面上得到正确的反映，就必须规定和采用一些方法，这些方法就是画法几何所要研究的。

画法几何学科是由于生产实践和科学研究的需要而形成的。现在，工程图已广泛地应用在所有的建设领域中。凡是从事生产建设的每个工程技术人员，都必须掌握有关知识和技能。高等工科院校的学生，在专业课的学习、设计和生产实习中，以及毕业后在工作岗位上，都必须具有画法几何知识和工程制图的能力。因此，现在所有高等工科院校的工程专业教学计划里，都把“画法几何及工程制图”列为必修的基础技术课，以培养学生具有图示空间形体和图解几何问题的能力，培养手工绘图和计算机绘图的能力，以及阅读工程图的能力。在学习本课程的过程中，要注意培养和发展空间想象能力和逻辑思维能力，养成耐心细致的工作作风和认真负责的工作态度。学习完本课程后，同学们应该在以后有关课程的学习和生产实践中，结合专业内容和生产实际来继续巩固和提高。

1.2 投影概述

在日常生活中，物体在灯光或日光照射下，会在地面、墙面上产生影子。这种影子能在某种程度上显示出物体的形状和大小，并随光线照射方向等的不同而变化。图 1-1（a）所示为空间四面体在平行光线照射下在平面上形成影子的情况。

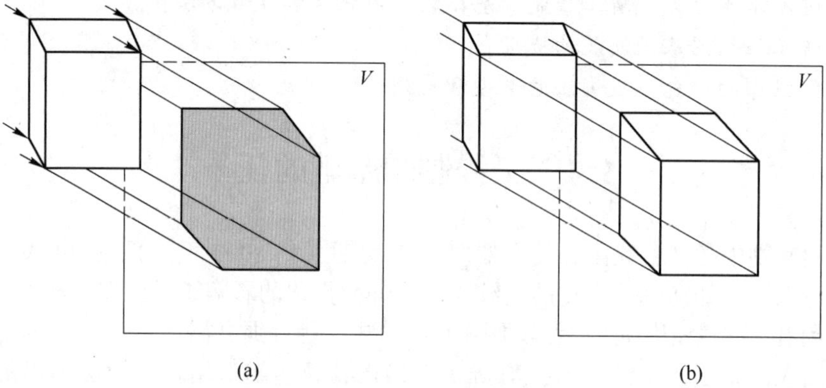

图 1-1 影子与投影的对比
（a）影子；（b）投影

在工程上，人们就把上述自然现象加以抽象，得出空间形体在平面上的图形，如图 1-1（b）所示。这时规定：影子落在一个平面上，假设光线可以穿透物体，使所产生的“影子”不像真实影子那样黑色一片，而能在“影子”范围内由线条来显示物体的完整形状。此外，对光线的方向也做了某些选择，使其能够产生合适的“影子”形状。这种应用是通过物体的一组选定直线在投影面上形成图形的过程。在一个选定面上形成的图形，称为物体在该面上的投影；投影所在的面，称为投影面；形成投影的直线，称为投射线；这种应用投射线在投影面上得到投影的方法，称为投影法。

按照投射线相互之间关系和投影面的方向不同，投影可分为中心投影和平行投影。投射线从一点出发的投影，称为中心投影，如图 1-2 所示，该点 S 称为投影中心；投射线互相平行的投影，称为平行投影，如图 1-3 所示。在平行投影中，投射线与投影面斜交时的投影，称为斜投影，如图 1-3（a）所示；投射线与投影面正交（垂直）时的投影，称为正投影，如图 1-3（b）所示。

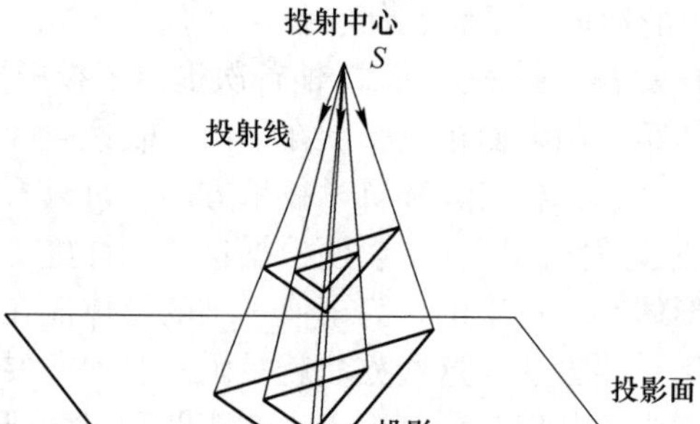

图 1-2 中心投影

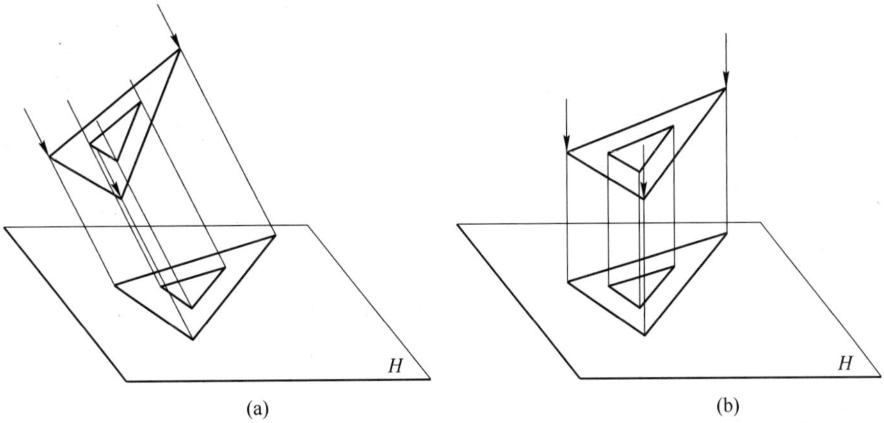

图 1-3 平行投影
（a）斜投影；（b）正投影

1.3 工程上常用的几种图示法

为了绘制房屋、桥梁、堤坝、机器和其他各种结构物的图样，以及解决工程实践中的有关问题，常根据所绘对象的特点和对图形的要求而采用不同的图示法。常用的图示法有下列 4 种：多面正投影法、透视投影法、轴测投影法和标高投影法。

1.3.1 多面正投影法

多面正投影法是指用正投影法，从物体的正面、顶面和侧面分别向三个互相垂直的投影面上进行投影，然后按照一定规则展开得到的投影图。图 1-4（a）就是把一个物体分别向三个互相垂直的投影面 *H*、*V*、*W* 作正投影的情形，图 1-4（b）则是把三个投影面展开在同一平面上而得出的该物体的多面正投影图。按这一方法绘图较为简便且便于度量，所以在工程上应用最广。本书后面的内容主要讨论的就是这种图示法。但这种图示法的缺点是所绘的图形直观性较差。

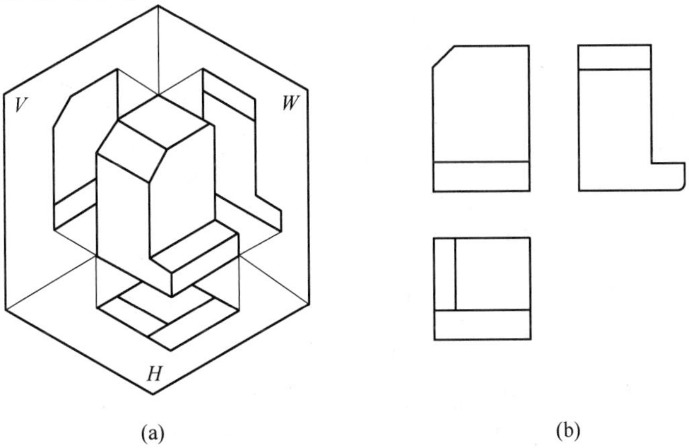

图 1-4 多面正投影法
（a）把物体向三个投影面作正投影；（b）投影面展开后得到的正投影图

1.3.2 透视投影法

以人眼为投射中心时，物体在一个投影面上的中心投影，称为透视投影，也称为透视图。图 1-5 所示为一座房屋的透视图。这种图有较强的立体感和真实感，但不能反映物体的真实形状和大小，且作图较复杂，一般仅用作表示建筑物等的辅助性图样。

1.3.3 轴测投影法

轴测投影法是一种平行投影法。这一方法是把空间形体连同确定该形体位置的直角坐标系一起沿不平行于任一坐标面的方向平行地投射到一个投影面上，从而得出其投影的方法。图 1-6 所示为一座房屋的轴测图。这种图有立体感，有的能反映物体上某些方向的真实形状和大小，但不能反映整个物体的真实形状，作图比透视图简单，常用作各种工程上的辅助性图样。

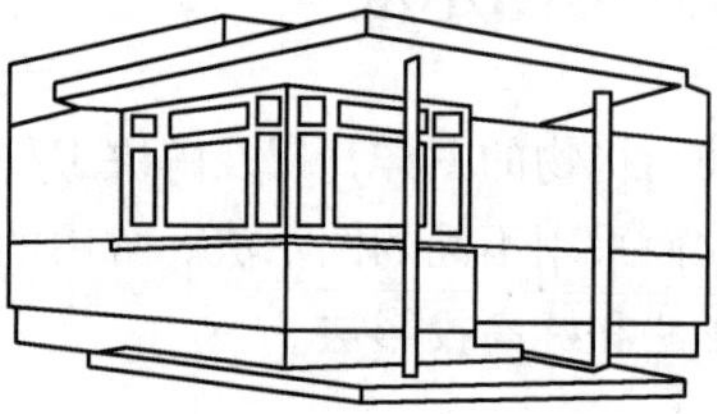

图 1-5 房屋的透视图

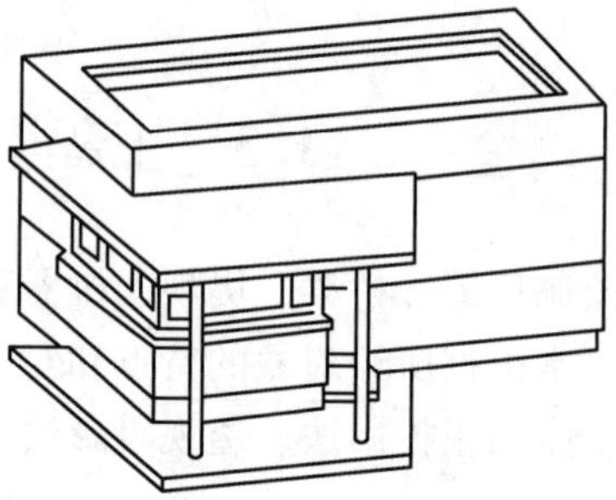

图 1-6 房屋的轴测图

1.3.4 标高投影法

物体在一个水平投影面上标有高度的正投影，称为标高投影，或称标高投影图。这种图主要用于表示地形、道路和土工建筑物等。图 1-7 所示为一条道路及地面的标高投影

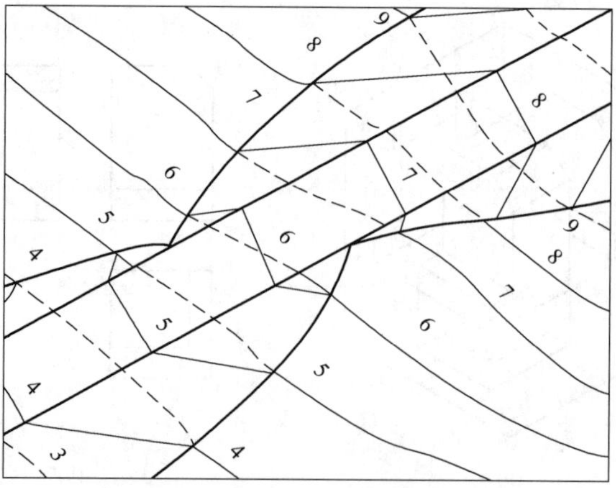

图 1-7 道路及地面的标高投影图

图。图中有关细线为空间水平的直线和曲线的正投影，数字表示离开一水平基准面高度；两条长的平行粗线表示道路边线的正投影。路侧为斜坡，几条粗的曲线为斜坡与地面交线的正投影。

1.4 工程制图中的工匠精神

“工匠精神”对于个人，是干一行、爱一行、专一行、精一行，务实肯干、坚持不懈、精雕细琢的敬业精神；对于企业，是守专长、制精品、创技术、建标准，持之以恒、精益求精、开拓创新的企业文化；对于社会，是讲合作、守契约、重诚信、促和谐，分工合作、协作共赢、完美向上的社会风气。

实际上，“工匠精神”并非舶来品。在中国，工匠古已有之。战国中晚期编纂的官营手工业技术典籍《考工记》，将社会职能概略分为六种：王公、士大夫、百工、商旅、农夫与妇功，所谓“国有六职，百工与居一焉”。在战国时代，中国人已经将卓越的能工巧匠视作具有“济世”之能的“圣人”。他们能够“烁金以为刃，凝土以为器，作车以行陆，作舟行水”。所谓“知者创物，巧者述之守之，世谓之工。百工之事，皆圣人之作也”。唐代后期的敦煌文献《二十五等人图并序》对中国传统工匠给予这样的描述：“工人者，艺士也，非隐非仕，不农不商……虽无仕人之业，常有济世之能，此工人之妙矣。”这是在长久以来中国传统内圣外王、修身齐家平天下主流价值之外，对能工者、善工者的勇敢歌颂，对工匠精神的至高认同。清代段玉裁在《说文解字注匚部》注解中说：“匠，以木工之称，引申为凡工之称也。又曰：百工皆称工。”

技艺精湛的鲁班，“游刃有余”的庖丁，一直被中国的工匠视作毕生的追求。除了庖丁，《庄子》塑造了大批匠人巧者的形象。《达生》篇里的承蜩者，“用志不分，乃凝于神”，粘蝉若拾；梓庆“削木为鐻，鐻成，见者惊犹鬼神”。道法自然，合于天道。工匠的最高境界便如是。

“工匠精神”是人类文明的基础，“工匠精神”不仅在过去，而且现在乃至将来，都会在人类文明发展的历史长河中发挥重要的作用。作为未来的工程人员，需要具备的最基础的能力就是制图识图，我们制图的时候需要追求工匠精神，培养认真负责的工作态度和细致严谨的工作作风，所谓失之毫厘差之千里，制图不严谨可能会导致最后的结果不可控，更为重要的是无论是设计方案图纸还是设计施工图纸，一旦由设计单位盖章认可，即可成为具有法律意义的文件，设计师签字后将为自己的绘制图纸负终身责任，一旦因为设计图纸上的失误带来的不良后果及经济损失，设计师都要负相应的责任。

希望同学们在学习过程中培养空间构想能力和细致的工作作风，学习制图时经常需要把实物模型和图纸进行对照，久而久之空间想象能力和空间分析能力水平就会得到锻炼和提高，有助于日后设计水平和能力的提升，同时制图和绘画不同，强调的是投影关系的真实正确，因此制图必须发扬工匠精神，精益求精，学习和工作作风慢慢地向严谨细致转变。

复习思考题

1-1 简述正投影的基本性质。

1-2 工程中常用的几种图示方法有哪些？简述它们各自的特点。

2 制图的基本知识与技能

图样是工程技术人员表达设计思想，进行技术交流的工具，是指导生产的重要技术文件，是工程界的技术语言。每个工程技术人员都必须熟练地掌握这种语言，掌握制图的基本知识与技能，培养画图和读图能力。要完整、清晰、准确地绘制出建筑图样，除需要耐心细致和认真负责的工作态度外，还要求掌握正确的作图方法，以及熟练地使用绘图工具和仪器，同时还必须遵守现行国家制图标准中的各项规定。本章讨论了制图标准的制定、基本内容和使用，字体的书写和使用要求，图纸幅面和图框格式，图线宽度和线型要求等内容。

基本要求：

1. 了解制图标准的制定、基本内容和使用；
2. 掌握字体的书写和使用要求，掌握图纸幅面和图框格式；
3. 了解图线宽度和线型要求，掌握工程建设常用图线；
4. 掌握常用比例用法，理解并掌握尺寸标注的一般规则；
5. 了解平面图形的尺寸分析方法；
6. 了解平面图形绘制的方法，掌握平面图形的尺寸标注。

2.1 常用的制图工具和使用方法

《论语·卫灵公》中曾云："工欲善其事，必先利其器。"工程图样的手工绘制是通过各种绘图工具来完成的。正确使用和维护制图工具，既能保证图样的质量，又能提高绘图速度。常用的制图工具有：图板、丁字尺、三角板、圆规与分规、比例尺、曲线板和铅笔等。本节介绍绘图工具的使用方法。

2.1.1 图板

如图 2-1 所示，图板大多是用胶合板制作的，用来放置图纸，配合一字尺、丁字尺、三角板等进行作图。图板选用要求如下：表面光滑、平整、洁净，四边是平直的硬木条，短边为图板的工作边。绘图时，应与丁字尺配合，将图纸固定在图板中部略偏左上方的位置。

2.1.2 丁字尺

丁字尺主要用于画水平线，由尺头和尺身组成，尺身带刻度的一侧为工作边。如图 2-2 所示，使用时应将尺头内侧紧靠图板的工作边，左手握尺头，右手扶尺身，上下移动将尺身工作边对准所要画线的位置，左手按住尺身，右手持铅笔沿丁字尺工作边自左向右画线。注意，尺头不可以紧靠图板的其他边缘画线。

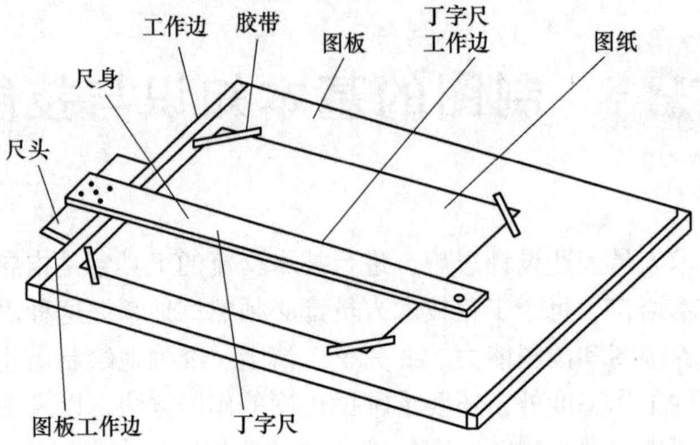

图 2-1 图板

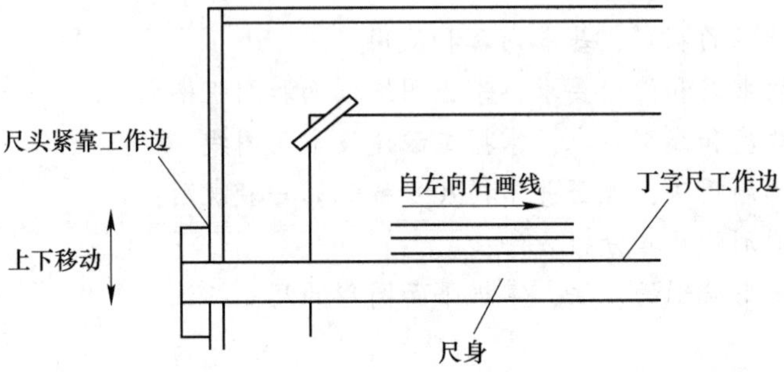

图 2-2 丁字尺的使用方法

2.1.3 三角板

绘图用的三角板是由两块直角三角板组成，其作用是配合丁字尺画竖线和斜线。画线时，使丁字尺尺头与图板工作边靠紧，三角板与丁字尺靠紧，左手按住三角板和丁字尺，右手画竖线和斜线。丁字尺和三角板配合使用，可绘制垂直线，30°、45°、60°及与水平线成 15°角的直线。

2.1.3.1 与丁字尺配合画垂直线

画线时，三角板放在图线的右边，左手按住丁字尺和三角板，右手持铅笔，自下而上画垂直线。

2.1.3.2 与丁字尺配合画 15°或 75°角的斜线

如图 2-3 所示，要用丁字尺配合三角板画 15°或 75°角的斜线，首先将丁字尺的尺头紧靠图板的工作边保持水平。接着，将 30°- 60°三角板的 30°角边靠在丁字尺上以画 15°角，或将 60°角边靠在丁字尺上以画 75°角。左手按住丁字尺和三角板以确保稳固，右手持铅笔沿三角板边缘画线，从上至下或从左至右平稳移动，完成斜线的绘制。绘制完成后，可使用量角器检查斜线角度，以确保准确性。

2.1.3.3 两块三角板配合画任意直线的平行线或垂直线

如图 2-4 所示，使用两块三角板绘制任意直线的平行线或垂直线时，首先将其中一块三角板固定在需要的角度上，使其起到定位作用。然后，将另一块三角板沿着固定三角板的边移动，确保平稳滑动，保持角度不变。在移动过程中，右手持铅笔沿移动三角板的边缘画线，这样可以绘制出与原线平行或垂直的直线。

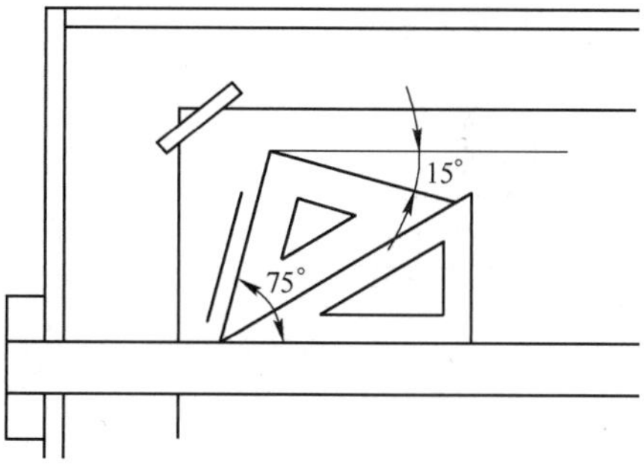

图 2-3 利用丁字尺和三角板画 15°与 75°斜线

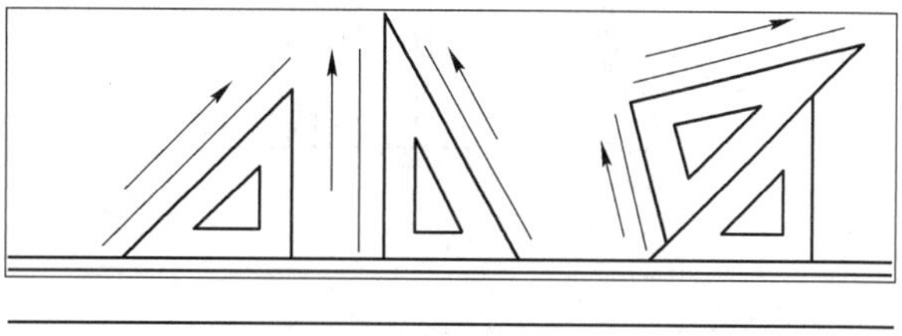

图 2-4 使用三角板绘制任意直线的平行线或垂直线

2.1.4 圆规与分规

圆规用于画圆和圆弧。圆规的一条腿是固定的，插脚上装有钢针，钢针两端的形状不同，带针尖的一端用于画圆和圆弧时定圆心，可以防止图纸上的圆心扩大；圆锥形的一端可作为分规使用。圆规的另一条腿能拆卸，配有不同附件。

根据需要圆规另一端可装上铅芯插腿画图，换上鸭嘴插腿用于上墨线，也可以插入钢针插脚作分规使用，插入延伸杆画大圆，如图 2-5 所示。

圆规的使用方法如下：

（1）将圆规的针尖顶在纸上，成为圆心。

（2）把圆规两脚之间的距离调整为半径。注意圆规的针长和笔头长度要相等。

（3）稍斜一些，将圆规笔头在纸上走一圈，注意圆心不要移动。所画的圆半径过大时，应装上延伸杆。

分规是用来截取线段、量取尺寸和等分线段或圆弧线的绘图工具，如图 2-6 所示。使用分规时，应注意的事项如下：

（1）量取等分线时，应使两个针尖准确落在线条上，不得错开。

（2）普通的分规应调整到不紧不松、容易控制的工作状态。

2.1.5 比例尺

比例尺是表示图上一条线段的长度与地面相应线段的实际长度之比。公式为：比例尺等于图上距离与实际距离的比。比例尺有三种表示方法：数字式比例尺、图示比例尺和文字比例尺。一般来讲，大比例尺地图内容详细、几何精度高，可用于图上测量。小比例尺地图内容概括性强，不宜于进行图上测量。

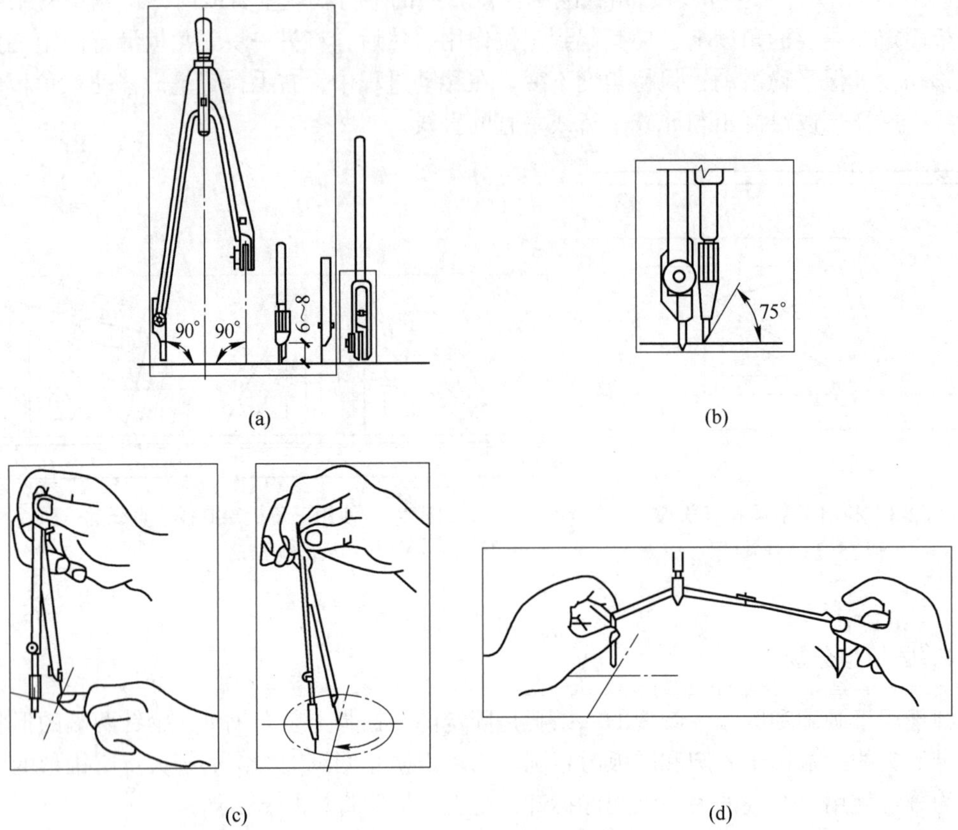

图 2-5 圆规的使用方法

（a）圆规；（b）针尖与铅芯；（c）画圆手法；（d）画大圆手法

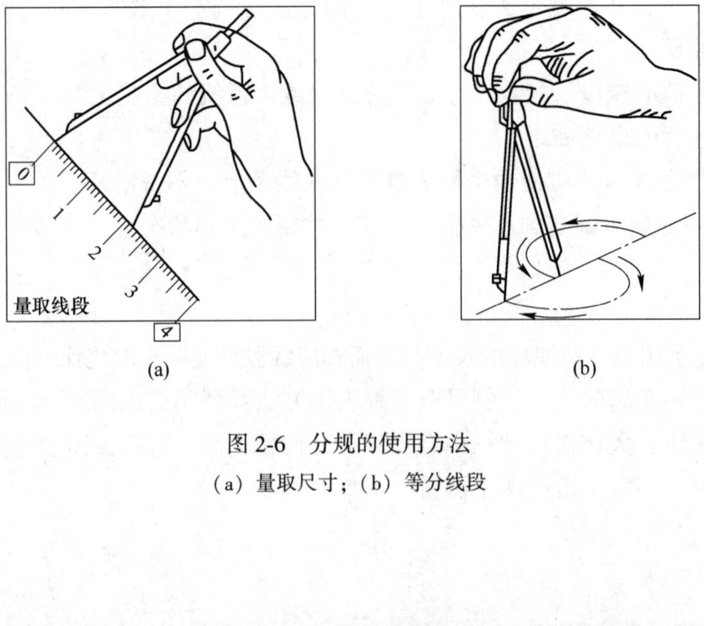

图 2-6 分规的使用方法

（a）量取尺寸；（b）等分线段

常用的比例尺是三棱比例尺，上面有 6 种刻度，画图时可按所需比例，用尺上标注的刻度直接量取，不需要换算。所画图样如正好是比例尺上刻度的 10 倍或 1/10，则可直接换算使用比例尺。

2.1.6 曲线板

曲线板用来画非圆曲线，再根据曲线曲率大小和弯曲方向，从曲线板上选取与所绘曲线相吻合的一段与其贴合。描绘时，每次至少对准 4 个点，并且只描中间一段，前面一段为上次所画，后面一段留待下次连接，以保证连接光滑流畅，如图 2-7 所示。

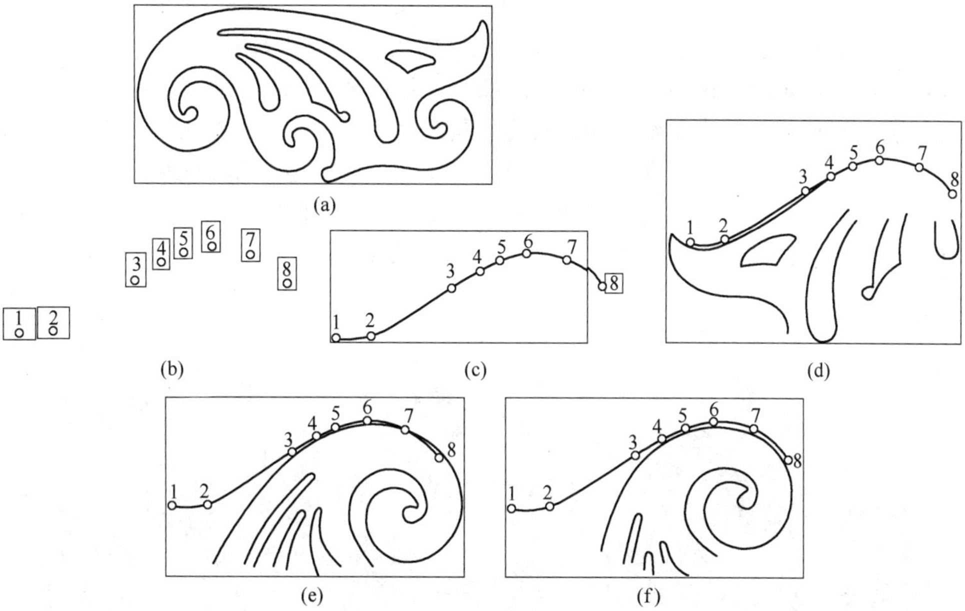

图 2-7 曲线板的使用示例

（a）曲线板示意图；（b）~（f）曲线板使用步骤

2.1.7 铅笔

绘图铅笔的铅芯有软硬之分，B 表示软铅芯，H 表示硬铅芯，HB 表示软硬适中的铅芯。不同类型铅笔的用法和削法见表 2-1。

表 2-1 铅笔的用法和削法

分类	用途	削法	使用方法
H	打底稿，加深细实线	 锥状	画线时，铅笔前后方向与纸面垂直，并向前进方向倾斜
HB	书写文字、画箭头		
B	加深粗实线	 扁平状	

使用铅笔应注意：

（1）铅笔应从无标志的一端开始使用，以便保留标志易于辨认软硬。

（2）铅笔应削成长度 20~25 mm 的圆锥形，铅芯露出 6~8 mm。

（3）画线时运笔要均匀，并应向运动方向倾斜 7°缓慢转动，并使笔尖与尺边距离始终保持一致，这样线条才能画得平直准确。

2.1.8 中国古代的规和矩

有句古话叫“不以规矩，不能成方圆”。现代人习惯把“规矩”放在一起作为一个词语，但在古代，规是规，矩是矩，它们分别是古人用来测量和画图的两种工具。“矩”是一种标有刻度的折成直角的曲尺，而“规”是专门用来画圆的圆规。

在山东武梁祠东汉画像砖（见图 2-8）和吐鲁番市阿斯塔那唐代古墓群的绢绘图中，刻画有伏羲女娲形象，左为女娲执规，右为伏羲握矩，人首蛇身。在古代传说中，伏羲乃天地之父，女娲为天地之母；女娲执规，炼石补天，断龟足立四极，创天地；伏羲握矩，八卦，通神明之德，解万物之情。以规画圆，以矩画方；相同的规矩，才能描绘一样的方圆。在绵长世代中，规矩决定宇宙之方圆，赋予人类权衡轻重的智慧。

图 2-8　山东武梁祠东汉画像砖

规和矩在我国的发明和应用开始得很早，公元前 15 世纪的甲骨文中就有了“规”和“矩”二字。《史记》关于夏禹治水的记载中，也有提到利用规和矩进行测量，规划治水方案的内容。

周代数学家商高曾总结了矩的多种使用方法：“平矩以正绳，偃矩以望高，覆矩以测深，卧矩以知远。”“平矩以正绳”意思是把矩的一边水平放置，另一边靠在一条铅垂线上，就可以判定绳子是否垂直；“偃矩以望高”意思是把矩的一边仰着放平，就可以测量高度；“覆矩以测深”意思是把上述测高的矩颠倒过来，就可以测量深度；“卧矩以知远”意思是把上述测高的矩平躺在地面上，就可以测出两地间的距离。简单来说，就是利用矩的不同摆法，根据勾股形对应边成比例的关系，确定水平和垂直方向，以测量远处物体的高度、深度和距离。

汉代以前的矩，曲尺的两臂是等长的，并且没有刻度；战国时期的矩，专门用来画直角；汉代以后的矩，曲尺的两臂一长一短，并且有了刻度，这时候的矩才演变成了几何测算工具。矩尺的两臂长短不同，更方便持握操作和查读数据。

我国古代非常重视对圆形和方形的研究，但是由于受到当时科学水平的限制，在实际应用中要想对圆做出准确的度量，并不是一件简单的事。于是古人们转而想了一个方法：通过圆的内接正方形来表示和度量圆。

规和矩的使用，大大促进了我国古代几何学的发展。在与“矩”有关的记载中，最重要的命题就是勾股定理。勾股定理是我国早期数学史上最重大的发现之一，《周髀算经》中就有“故折矩，以为勾广三，股修四，径隅五”的记载，意思是勾股形三边之比为3：4：5，这是一种形式比较特殊的勾股定理。此外，书中还提到了“环矩以为圆”的性质。

规和矩的应用使古人能精准地绘制出造型统一的几何形图案。正如我们今天看到的那些文物，各种形制规整的器物就是因为工匠巧妙使用了规和矩，同时利用它们在器物上绘制出了点、线、圆形、弧形、方形、三角形等各种几何图案。

但是同时，“规”与“矩”又逐渐地引申为一种规则，一种礼法。这种说法在《荀子》里就有。荀子的著作里有一篇叫《礼论》，《礼论》里面就曾经有这么一句话：“规矩诚设矣，不可欺以方圆。”这句话意思就是你把圆规、角尺设定了以后，就不能再用方圆来欺诈别人了。也就是说“规矩”除了画方、画圆之外，它还引申为人做一切的事情都必须符合一种法度，符合一种规定，符合一种规则，这叫“规矩”。

2.2 制图标准

工程图是工程施工、生产、管理等环节最重要的技术文件，是工程师的技术语言。为了便于技术交流，提高生产效率，国家指定专门机关负责组织制定“国家标准”，简称国标，代号“GB”。为了区别不同技术标准，在代号后面加若干字母和数字等，如建筑工程制图方面的标准总代号为“GBJ”。随着建筑技术的不断发展，由我国住房和城乡建设部会同有关部门共同对《房屋建筑制图统一标准》（GB/T 50001—2017）等6项标准进行修订，所有从事建筑工程技术的人员，在设计、施工、管理中都应该严格执行国家有关建筑制图标准。

2.3 图纸幅面和标题栏

2.3.1 图纸幅面尺寸

我国建筑制图图幅采取国际标准A系列，基本图幅分A0、A1、A2、A3、A4五种规格，见表2-2。图纸以短边作为垂直边称为横式，以短边作为水平边称为立式。一般A0~A3图纸宜横式使用；必要时，也可立式使用。

绘制工程图样时，应优先采用表2-2中规定的基本幅面。图纸的短边尺寸不应加长，A0~A3幅面长边尺寸可加长，必要时允许加长幅面。在工程设计中，每个专业所使用的图纸，不宜多于两种幅面，不含目录及表格所采用的A4幅面。

表 2-2 幅面及图框尺寸 (mm)

尺寸代号	幅面代号				
	A0	A1	A2	A3	A4
$b \times l$	841×1189	594×841	420×594	297×420	210×297
c	10			5	
a	25				

注：表中 b 为幅面短边尺寸；l 为幅面长边尺寸；c 为图框线与幅面线间宽度；a 为图框线与装订边间宽度。

2.3.2 图框格式

在图纸上，图框必须用粗实线画出。图框尺寸可从表 2-2 中查得。其格式分为不留装订边（见图 2-9）和留有装订边（见图 2-10）两种。同一产品的图样，只能采用一种格式。图框线与纸边界线之间的区域称为周边。有装订边图纸的图框格式，装订侧的周边尺寸 a 要比其他三个周边的尺寸 c 大一些，各周边的具体尺寸见表 2-2。

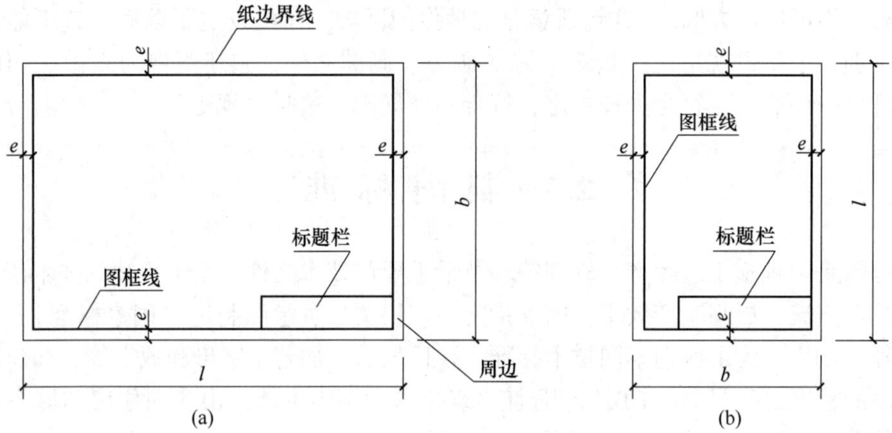

图 2-9 不留装订边的图纸幅面格式示例

（a）横式；（b）立式

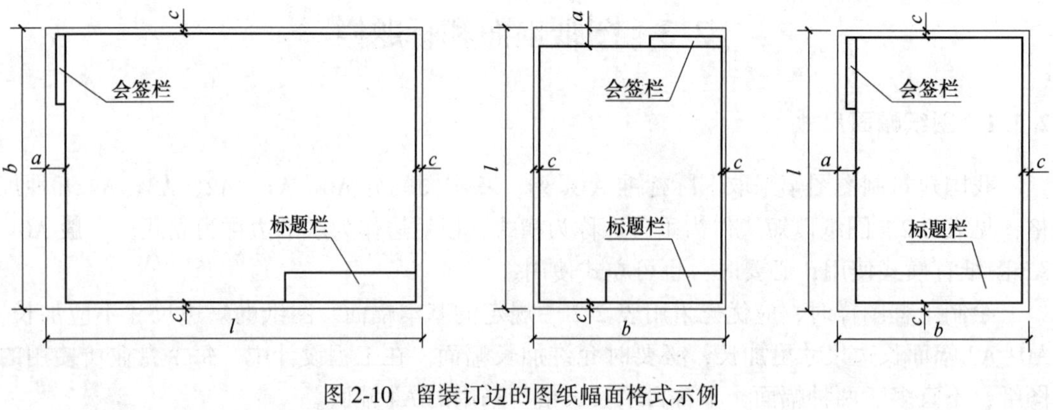

图 2-10 留装订边的图纸幅面格式示例

2.3.3 标题栏

每张图纸都必须画出标题栏。标题栏一般位于图纸右下角，主要以表格形式表达本张图纸的一些属性，如设计单位名称、工程名称、图样名称、图样类别、编号，以及设计审核、负责人的签名，如涉外工程应加注“中华人民共和国”字样。学生制图作业的推荐标题栏如图 2-11 所示。其中图名用 10 号字，校名用 10 号或 7 号字，其余汉字除签名外用 5 号字；数字则用 3.5 号字。

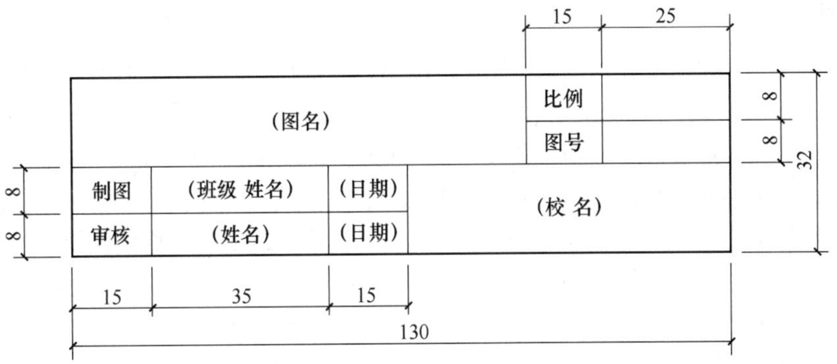

图 2-11 学生用标题栏（单位：mm）

2.4 绘图比例和字体

2.4.1 绘图比例

比例书写规定如下：

（1）图样的比例应表示为图形与实物对应的线性尺寸之比，通常标注在图名的右侧，比例符号应使用“：”，且比例数值应用阿拉伯数字表示。

（2）绘图所用的比例应根据图样的用途与被绘对象的复杂程度，从表 2-3 中选用，并应优先采用表中常用比例。

表 2-3 绘图所用的比例

常用比例	1∶1，1∶2，1∶5，1∶10，1∶20，1∶30，1∶50，1∶100，1∶150，1∶200，1∶500，1∶1000，1∶2000
可用比例	1∶3，1∶4，1∶6，1∶15，1∶25，1∶40，1∶60，1∶80，1∶250，1∶300，1∶400，1∶600，1∶5000，1∶10000，1∶20000，1∶50000，1∶100000，1∶200000

（3）一般情况下，一个图样应选用一种比例，根据制图需要，同一图样可采用两种比例。

（4）特殊情况下也可自选比例，这时除应注出绘图比例外，还应在适当位置绘制出相应的比例尺。需要缩微的图纸应绘制比例尺。

（5）比值为 1 的比例，即 1∶1，称为原值比例；比值大于 1 的比例，如 2∶1 等，称为放大比例；比值小于1的比例，如1：2等，称为缩小比例。

（6）如图2-12所示，比例的注写方式通常位于图名右侧，比例符号为"："，并采用阿拉伯数字表示。

平面图 1:100

图2-12　比例注写方式

2.4.2　字体

《技术制图　图纸幅面和格式》（GB/T 14689—2008）中规定了图纸上所需书写的文字、数字或符号等，均应笔画清晰、字体端正、排列整齐；标点符号应清楚正确。

字体高度（用 h 表示）的标准尺寸系列为：1.8 mm、2.5 mm、3.5 mm、5 mm、7 mm、10 mm、14 mm、20 mm。如需书写更大的字体，其高度应按$\sqrt{2}$的倍数递增，见表2-4。字体的号数即代表其高度。汉字建议采用长仿宋体或黑体，遵循国务院正式推行的《汉字简化方案》中的简化字标准。汉字的高度 h 不应小于3.5 mm，推荐的宽高比为0.7。打印线宽应为0.25~0.35 mm。对于大标题、图册封面、地形图等场合的汉字，也可选用其他字体，但需确保易于辨认，宽高比宜为1。长仿宋体字的特点在于笔画挺拔、粗细均匀、起笔收笔有锋、整体整齐秀丽。图2-13所示为长仿宋体字体示例。

表2-4　长仿宋体字体高度与宽度关系　（mm）

字高	3.5	5	7	10	14	20
字宽	2.5	3.5	5	7	10	14

14号字

图样是工程界的技术语言

10号字

字体工整 笔画清楚 间隔均匀 排列整齐

7号字

写仿宋字要领：横平竖直 注意起落 结构均匀 填满方格

5号字

房屋建筑桥梁隧道水科枢纽结构设计施工建造生产工艺企业管理

图2-13　长仿宋体字体示例

2.4.2.1　汉字

国标规定工程图中的汉字应使用长仿宋体（对于大标题、图册封面、地形图等的汉字，也可使用其他易于辨认的字体）。长仿宋体字也称为"工程字"，其特点在于字体的高度、宽度比例，以及笔画的粗细均匀，符合工程图的规范要求。

2.4.2.2　字母和数字

字母和数字的书写遵守以下规定：

（1）字母及数字，当需写成斜体字时，其斜度应是从字的底线逆时针向上倾斜 75°。斜体字的高度和宽度应与相应的正体字相等，如图 2-14 所示。

（2）字母及数字的字高应不小于 2.5 mm。

（3）数量的数值注写，应采用正体阿拉伯数字。各种计量单位凡前面有量值的，均应采用国家颁布的单位符号注写。单位符号应采用正体字母。

（4）分数、百分数和比例数的注写，应采用阿拉伯数字和数字符号。

（5）当注写的数字小于 1 时，应写出个位的“0”，小数点应采用圆点，齐基准线书写。

图 2-14　字体示例

（a）斜体；（b）正体

2.5　图　　线

2.5.1　线型

《技术制图　图线》（GB/T 17450—1998）中规定了 15 种基本线型及其变形，供工程各专业选用；《房屋建筑制图统一标准》（GB/T 50001—2017）中规定了 6 种线型，供房屋建筑各专业使用，见表 2-5。

2.5.2　图线的宽度

所有线型的图线宽度（b）应按图样的类型及尺寸大小在下列数系中选择：0.13 mm，0.18 mm，0.25 mm，0.35mm，0.5 mm，0.7 mm，1 mm，1.4 mm，2 mm 各图线组中的粗、中粗、中、细线宽分别为 b、$0.7b$、$0.5b$、$0.25b$，常用的 b 值为 0.5~1 mm 。同一图纸中，相同比例的同样采用相同的线宽。

表 2-5 所列为工程制图中各类线型和线宽的应用规范。为制图工作提供了统一的标准，确保在工程图纸中使用规范化的线型和线宽，提高图纸的清晰度和可读性。

表 2-5 线型及线宽的应用

名称		线型	线宽	用途
实线	粗		b	主要可见轮廓线
	中粗		$0.7b$	可见轮廓线、变更云线
	中		$0.5b$	可见轮廓线、尺寸线
	细		$0.25b$	图例填充线、家具线
虚线	粗		b	见各有关专业制图标准
	中粗		$0.7b$	不可见轮廓线
	中		$0.5b$	不可见轮廓线、图例线
	细		$0.25b$	图例填充线、家具线
单点长画线	粗		b	见各有关专业制图标准
	中		$0.5b$	见各有关专业制图标准
	细		$0.25b$	中心线、对称线、轴线等
双点长画线	粗		b	见各有关专业制图标准
	中		$0.5b$	见各有关专业制图标准
	细		$0.25b$	假想轮廓线、成型前原始轮廓线
折断线	细		$0.25b$	断开界线
波浪线	细		$0.25b$	断开界线

2.5.3 图线的画法

图线的画法如下：

(1) 相互平行的图线，其间隙不宜小于其中粗线的宽度，且不小于 0.7 mm，间隙过小时可适当夸大画出。

(2) 图样上当两种以上不同线宽的图线重合时，应按粗、中、细的次序绘制；当相同线宽的图线重合时，应按实线、虚线、点画线的次序绘制。

(3) 图样上的文字、数字或符号不得与图线重合；不可避免时，可将图线断开，并书写在图线的断开处。

2.6 尺寸标注

2.6.1 尺寸的组成及其注法的基本规定

尺寸的组成及其注法的基本规定如下：

(1) 图样上的尺寸应包括尺寸线、尺寸界线、尺寸起止符号和尺寸数字四要素，如图 2-15 所示。

(2) 尺寸界线应用细实线绘制，应与被注长度垂直，其一端应离开图样轮廓线不小于 2 mm，另一端宜超出尺寸线 2~3 mm。图样轮廓线可用作尺寸界线，如图 2-16 所示。

（3）尺寸线应用细实线绘制，应与被注长度平行，两端宜以尺寸界线为边界，也可超出尺寸界线 2~3 mm。图样本身的任何图线均不得用作尺寸线。

（4）尺寸起止符号用中粗斜短线绘制，其倾斜方向应与尺寸界线呈顺时针 45°角，长度宜为 2~3 mm。轴测图中用小圆点表示尺寸起止符号，小圆点直径 1 mm（见图 2-17（a））。半径、直径、角度与弧长的尺寸起止符号，宜用箭头表示，箭头宽度 b 不宜小于 1 mm（见图 2-17（b））。

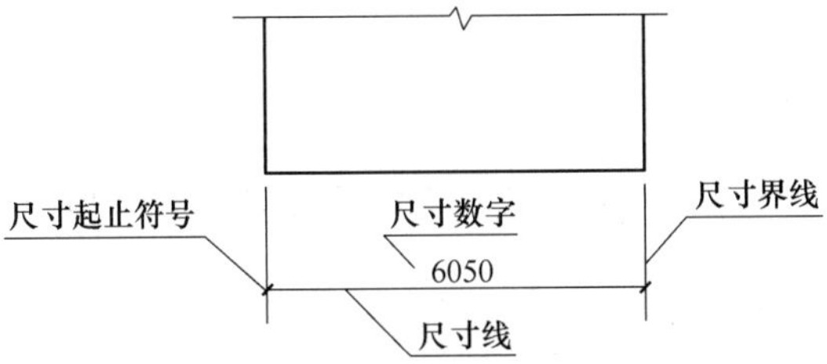

图 2-15　尺寸的组成

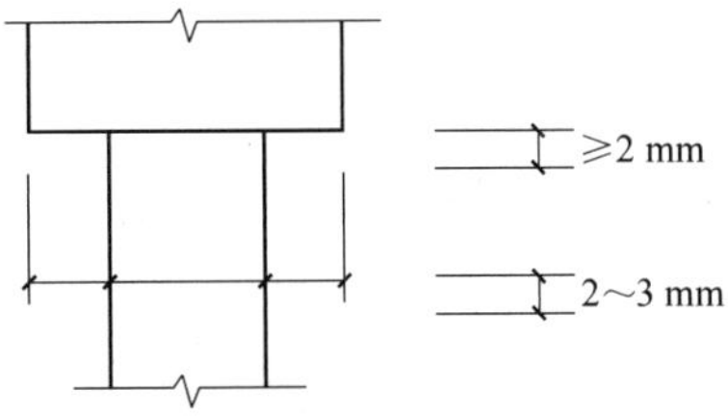

图 2-16　尺寸界线

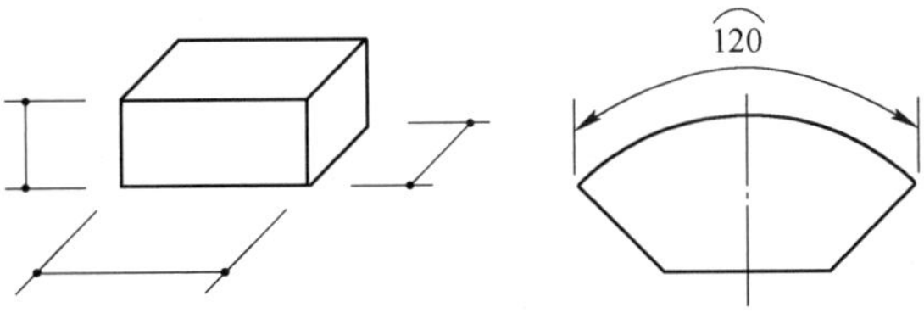

(a)　(b)

图 2-17　尺寸起止符号

（a）轴测图尺寸起止符号；（b）箭头尺寸起止符号

（5）图样上的尺寸，应以尺寸数字为准，不应从图上直接量取。

（6）图样上的尺寸单位，除标高及总平面以米（m）为单位外，其他必须以毫米（mm）为单位。

（7）尺寸数字的方向，应按图 2-18（a）的规定注写。若尺寸数字在 30°斜线区内，也可按图 2-18（b）的形式注写。

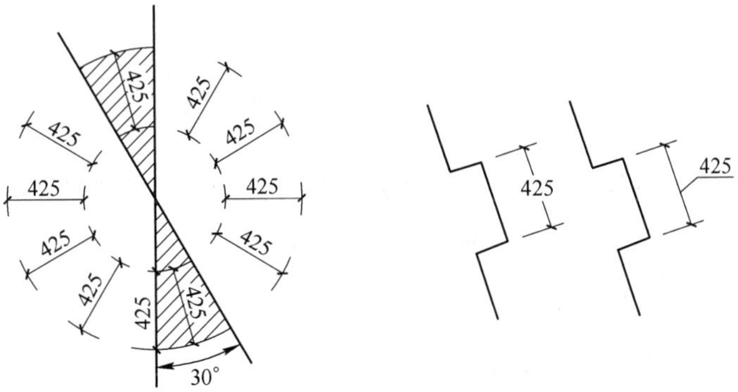

(a)　(b)

图 2-18　尺寸数字的注写方向

（a）尺寸数字的方向；（b）斜线区内的注写方式

（8）尺寸数字应依据其方向注写在靠近尺寸线的上方中部。如没有足够的注写位置，最外边的尺寸数字可注写在尺寸界线的外侧，中间相邻的尺寸数字可上下错开注写，可用引出线表示标注尺寸的位置，如图 2-19 所示。

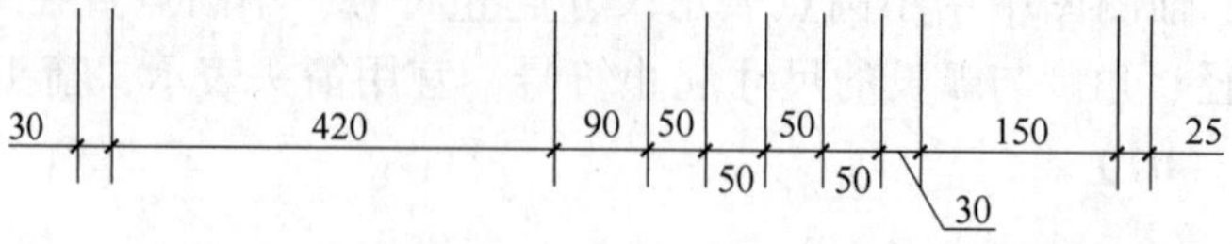

图 2-19　尺寸数字的注写位置

（9）尺寸宜标注在图样轮廓以外，不宜与图线、文字及符号等相交，如图 2-20 所示。

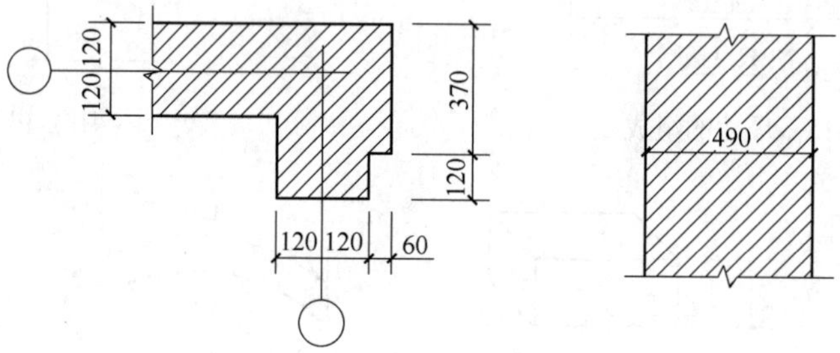

图 2-20　尺寸数字的注写

（10）互相平行的尺寸线，应从被注写的图样轮廓线由近向远整齐排列，较小尺寸应离轮廓线较近，较大尺寸应离轮廓线较远，如图 2-21 所示。

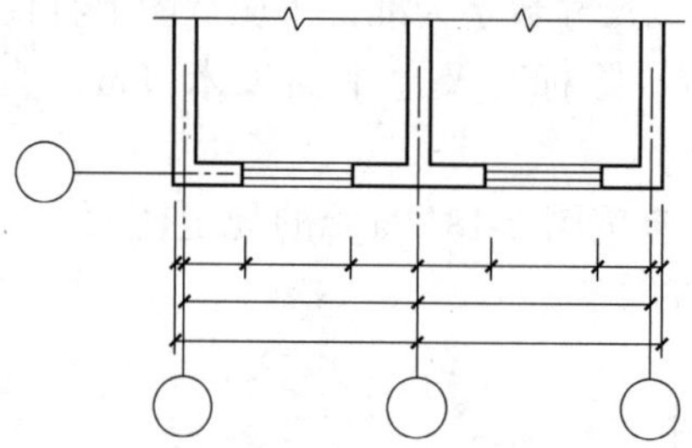

图 2-21　尺寸的排列

（11）图样轮廓线以外的尺寸界线，距图样最外轮廓之间的距离不宜小于 10 mm。平行排列的尺寸线的间距宜为 7～10 mm，应保持一致。

2.6.2　半径、直径、球的尺寸标注

半径、直径、球的尺寸标注要求如下：

（1）半径的尺寸线应一端从圆心开始，另一端画箭头指向圆弧。半径数字前应加注半径符号“*R*”，如图 2-22 所示。

（2）较小圆弧的半径，可按图 2-23 的形式标注。

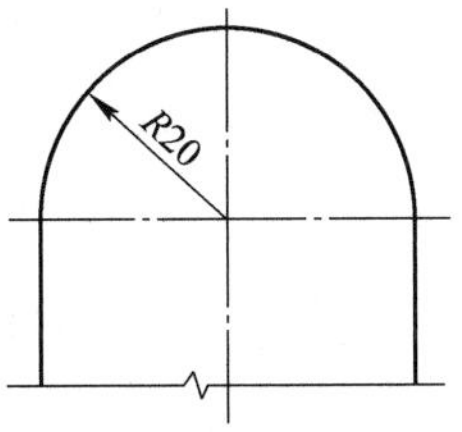

图 2-22 半径的注写方法

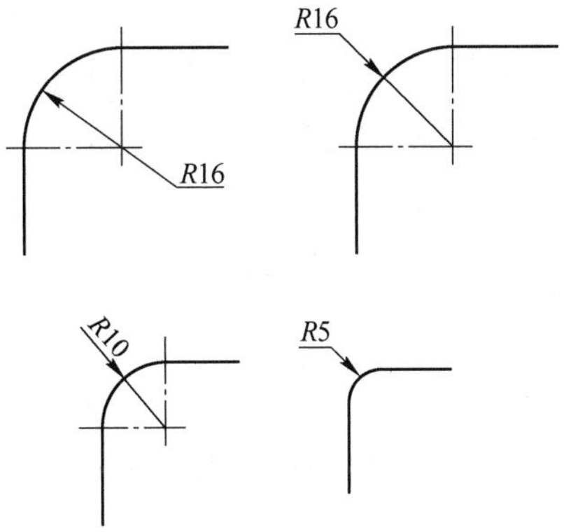

图 2-23 小圆弧半径的注写方法

（3）较大圆弧的半径，可按图 2-24 的形式标注。

（4）标注圆的直径尺寸时，直径数字前应加直径符号“ϕ”。在圆内标注的尺寸线应通过圆心，两端画箭头指至圆弧，如图 2-25 所示。

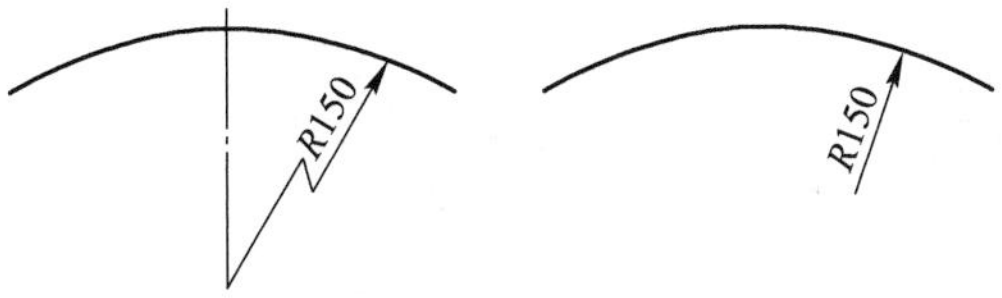

图 2-24 大圆弧半径的注写方法

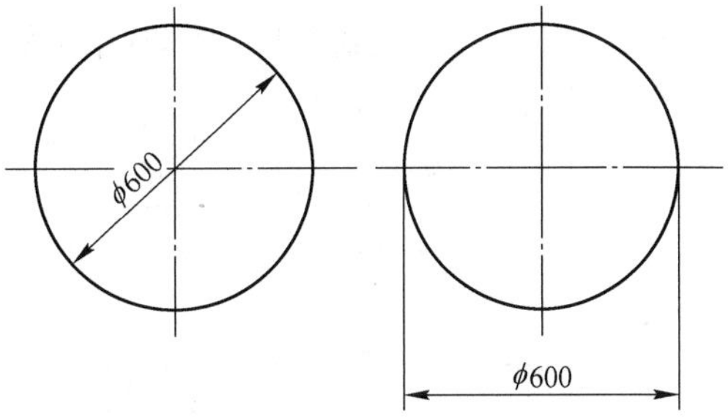

图 2-25 圆直径的标注方法

（5）较小圆的直径尺寸，可标注在圆外（见图 2-26）。

（6）标注球的半径尺寸时，应在尺寸前加注符号“*SR*”。标注球的直径尺寸时，应在尺寸数字前加注符号“$S\phi$”。注写方法与圆弧半径和圆直径的尺寸标注方法相同。

2.6.3 角度、弧度、弧长的标注

角度、弧度、弧长的标注要求如下：

（1）角度的尺寸线应以圆弧表示。该圆弧的圆心应是该角的顶点，角的两条边为尺寸界线。起止符号应以箭头表示，如没有足够位置画箭头，可用圆点代替，角度数字应沿尺寸线方向注写，如图 2-27 所示。

（2）标注圆弧的弧长时，尺寸线应以与该圆弧同心的圆弧线表示，尺寸界线应指向圆心，起止符号用箭头表示，弧长数字上方或前方应加注圆弧符号“⌒”，如图 2-28 所示。

（3）标注圆弧的弦长时，尺寸线应以平行于该弦的直线表示，尺寸界线应垂直于该弦，起止符号用中粗斜短线表示，如图 2-29 所示。

（4）标注坡度时，应加注坡度符号“←”或“→”箭头应指向下坡方向（见图 2-30）。坡度也可用直角三角形的形式标注。

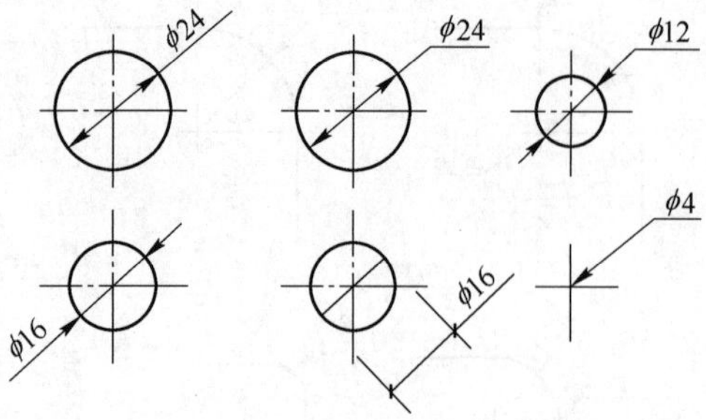

图 2-26　小圆直径的标注方法

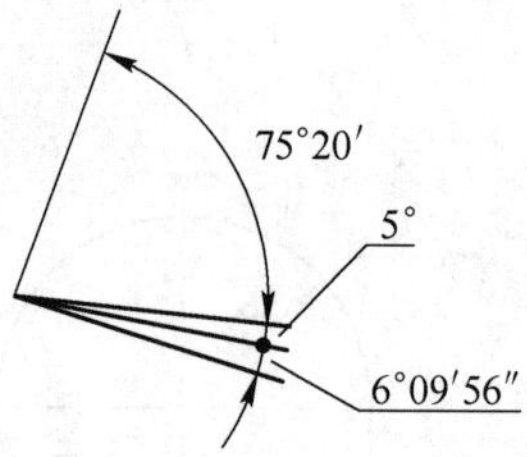

图 2-27　角度标注方法

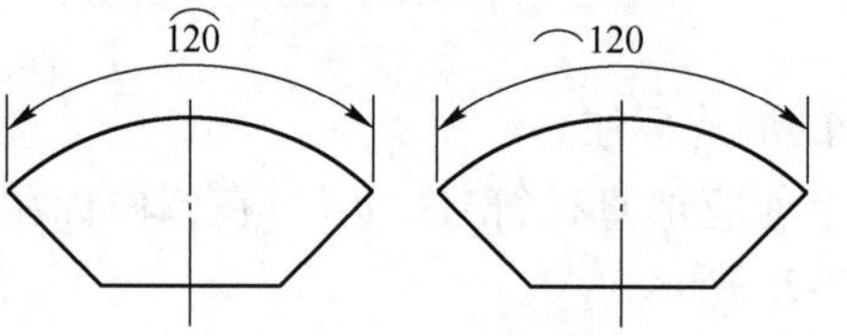

图 2-28　弧长标注方法

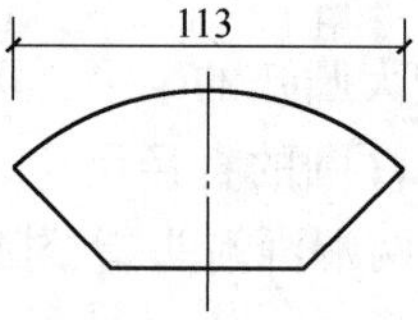

图 2-29　弦长标注方法

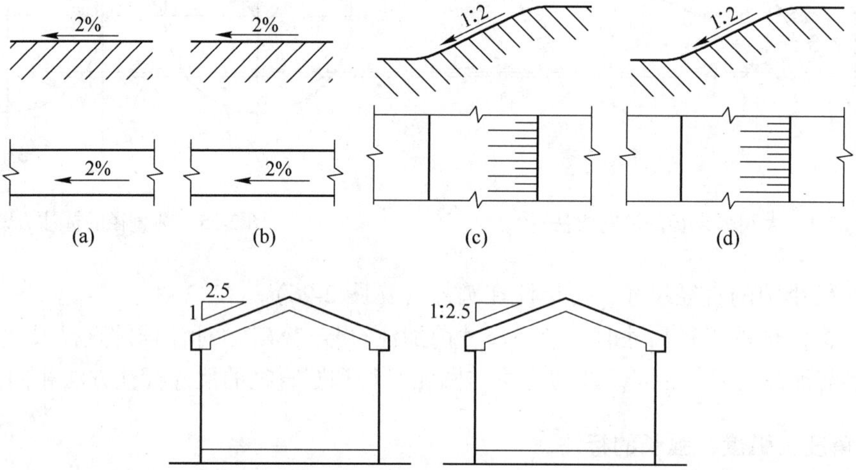

图 2-30　常用坡度和比例的表示方法

2.6.4　标高

标高绘制要求如下：

（1）标高符号应以等腰直角三角形表示，并应按图 2-31（a）所示形式用细实线绘制，如标注位置不够，也可按图2-31（b）所示形式绘制。标高符号的具体画法可按图2-31（c）和（d）所示。

（2）总平面图室外地平标高符号宜用涂黑的三角形表示，具体画法可按图 2-32 所示。

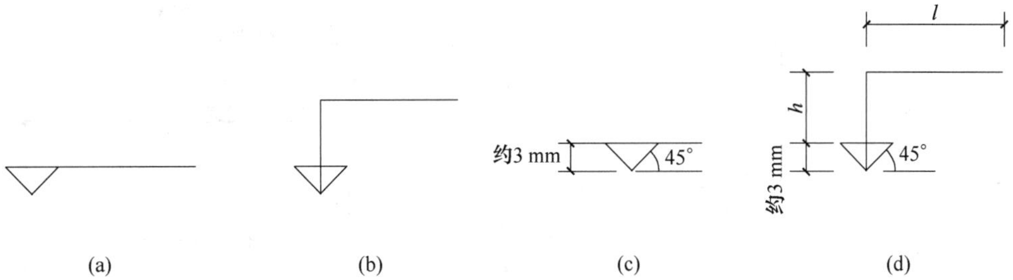

图 2-31　标高符号和画法示例

图 2-32　总平面图室外地平标高符号

（3）标高符号的尖端应指至被注高度的位置。尖端宜向下，也可向上。标高数字应注写在标高符号的上侧或下侧（见图 2-33）。

（4）标高数字应以 m 为单位，注写到小数点以后第三位。在总平面图中，可注写到小数点以后第二位。

（5）零点标高应注写成±0.000，正数标高不注“+”，负数标高应注“-”，例如 3.000、-0.600。

（6）在图样的同一位置需表示几个不同标高时，标高数字可按图 2-34 的形式注写。

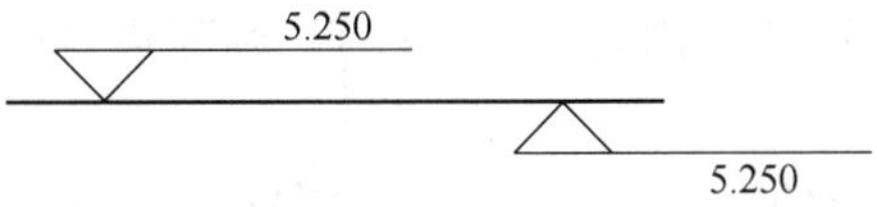

图 2-33　标高的指向

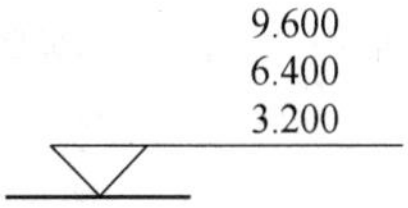

图 2-34　同一位置注写多个标高数字

2.7　平面图形分析

形体的多面正投影的每一个投影都是平面图形，每平面图形又是根据尺寸，按一定比例绘制出来的，所以画平面图形前要对图形的尺寸进行分析。反过来，对已画好的平面图形又要合理地注上尺寸。

2.7.1　平面图形的尺寸分析

平面图形是二维的，所以有两个方向的尺寸。对单一的几何图形，这两个方向的尺寸是为了确定其形状和大小的，称为定形尺寸，如图 2-35（a）中矩形的大小是由①、②两个尺寸确定的，①、②即定形尺寸；如图 2-35（b）所示，圆的大小是由其直径 ϕ③确定的，ϕ③为圆的定形尺寸。

工程图中的平面图形往往不是单一的几何图形，而是由若干个拼组在一起的。这样，除了每一个几何图形必须有自己的定形尺寸外，还要确定相互间相对位置的定位尺寸。二维的组合平面图形当然也需要两个方向（左右向和上下向）的定位尺寸。如图 2-35（c）中的图形由两个基本图形组成：下面为矩形，由尺寸①、②定形；位于上偏左的为大半个

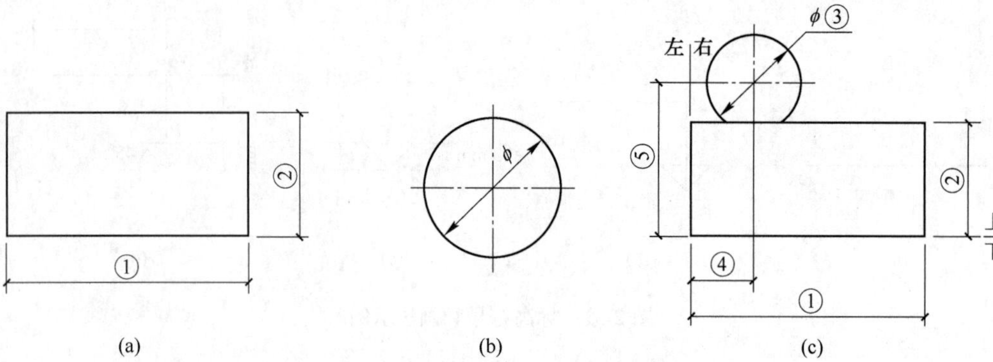

图 2-35 平面图形的尺寸分析

（a）矩形尺寸；（b）圆的尺寸；（c）组合尺寸

圆形，由直径尺寸③定形，但其位置是由左右向的尺寸④及上下向的尺寸⑤确定的，所以尺寸④、⑤是定位尺寸。为了便于标注和生产上的需要，常在图形中设置一些定位尺寸的基准。通常以图形的主轴线、对称线、中心线及较长的直轮廓边线作为定位尺寸的基准。图 2-35（c）是把底边线和左边线作为基准的。有时同一方向的基准可以不止一个，还可能一个尺寸既是定位尺寸又是定形尺寸。

有的平面图形全部或一部分是由几何作图得到的，它们的尺寸数量要根据几何作图的需要而定。例如正多边形只需要一个尺寸（外接圆或内切圆的直径）。圆弧连接中也不需要对其构成的每一个圆心位置都用尺寸给出。

图 2-36（a）所示为五段圆弧和一直线构成的圆弧连接图形，左右对称。显然，它并不需要像图 2-36（b）中所标的 8 个尺寸，只要有图 2-36（c）中所标的 5 个尺寸便能满足要求。其中，圆心 O_1 由⑤、①两个尺寸确定。这种完全由尺寸数字给定圆心位置的圆弧为已知弧。圆心 O_2 由尺寸④、②确定其左右位置，上下位置是靠与底线的相切关系定出的。只给出圆心一个方向尺寸的圆弧为中间弧。而圆心 O_3 是靠与其两边的 O_1 圆弧和 O_2 圆弧的外切关系确定位置的。圆心在两个方向上都未给出尺寸的圆弧为连接弧。

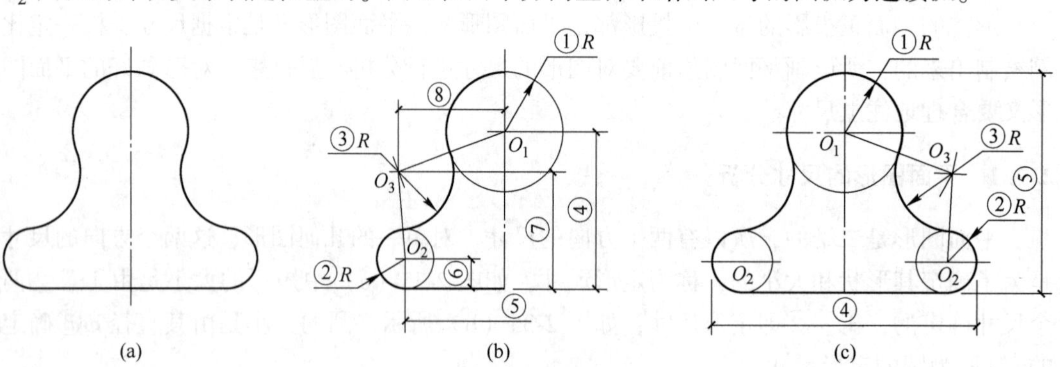

图 2-36 圆弧连接的尺寸分析

（a）步骤 1；（b）步骤 2；（c）步骤 3

对于有圆弧连接的图形，必须先分析出其已知弧、中间弧和连接弧，然后才能进行绘制和标注尺寸。作图顺序是先画已知弧，再画中间弧，最后画连接弧。

2.7.2　平面图形的尺寸标注

对较复杂的平面图形的尺寸标注，分两步进行。首先将其分为若干简单的几何图形并分别标出其定形尺寸，再找出两个方向的定位基准并标出各定位尺寸。

2.7.2.1　简单几何图形尺寸标注举例

标注定形尺寸的原则是利用其几何特性（如对称性、垂直性、等边性、等角性、等分性等），用最少的尺寸数量，确定几何形状及大小。图 2-37 展示了不同几何图形的定形尺寸标注方式，包括矩形、菱形、梯形、三角形、平行四边形、圆形、五边形、椭圆形等。这些图形的定形尺寸标注，明确了各类几何形状的关键尺寸参数，如高度、宽度、直径和角度等，有助于确保图纸在表达图形规格时的准确性和一致性，为设计、加工和施工提供了可靠的尺寸依据。

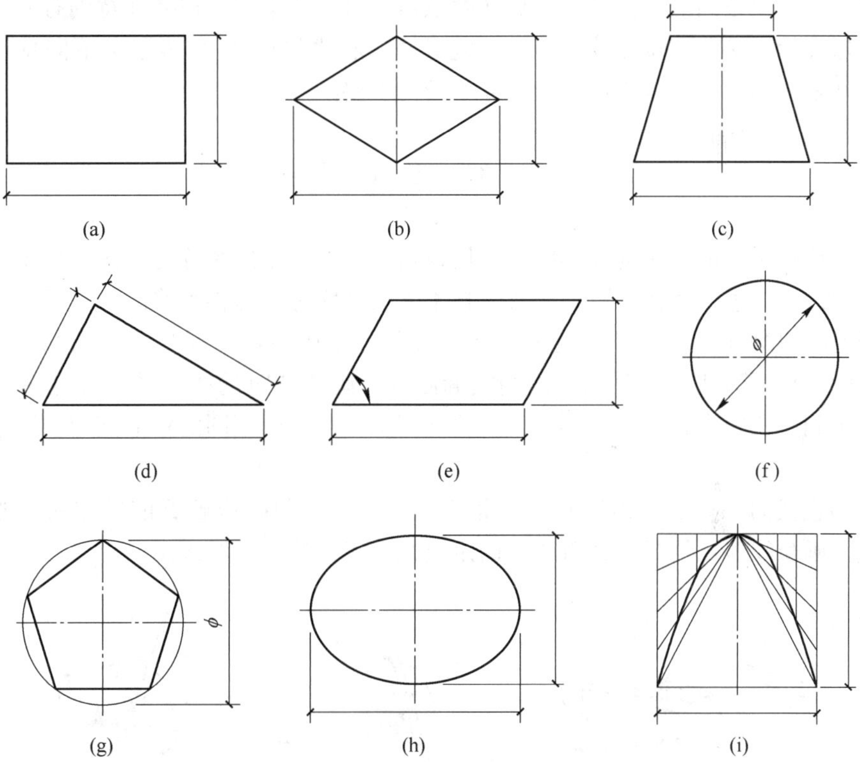

图 2-37　几何图形尺寸标注举例

2.7.2.2　平面图形的尺寸标注举例

图 2-38（a）所示的平面图形可视为由一五边形及一圆组成。分别注出两部分的定形尺寸和圆的定位尺寸即可。五边形用①、②、③、④四个尺寸定形，圆用尺寸⑤定形。将右边线作为左右方向的定位基准，底线作为上下方向的基准，则尺寸⑥、⑦即为圆在两个方向上的定位尺寸。

图 2-38（b）中的图形可视为由 2 个等腰梯形及 1 个矩形叠加而成。对称线和各水平

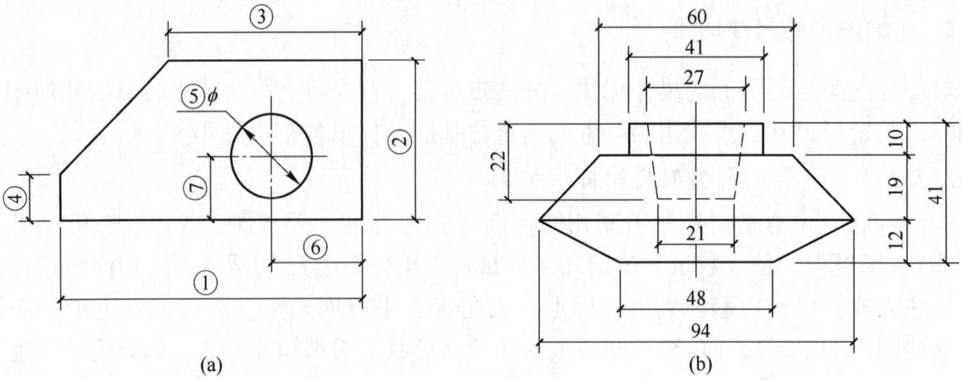

图 2-38　尺寸标注

轮廓线可作为两个方向的定位基准。标注时虽然仍可分块进行，但要注意到有的尺寸既是共用的定形尺寸，又是定位尺寸，不必重复标注。右边的尺寸 41 表示上下向总尺寸，是由三个尺寸相加而得，可以不注三个尺寸中较为次要的一个。

2.8　徒 手 作 图

用绘图仪器画出的图称为仪器图；不用仪器，徒手作出的图称为草图。草图是技术人员交流、记录、构思、创作的有力工具。技术人员须熟练掌握徒手作图的技巧。

草图是按目测比例进行徒手绘制的工程图样，草图中的“草”并不是潦草的含义。草图涉及画直线、弧线，有时也要画圆或椭圆等，画草图时的线条要粗细分明，基本平直，方向正确，长短大致符合比例，线型符合国家标准。画草图的铅笔宜用软性笔，例如 B 或 2B。

徒手画直线的手势如图 2-39 所示，运笔力求自然，眼睛应朝着前进方向，随时留意线段终点。画长线时可用目测在直线中间定出几个点，然后分段画出。

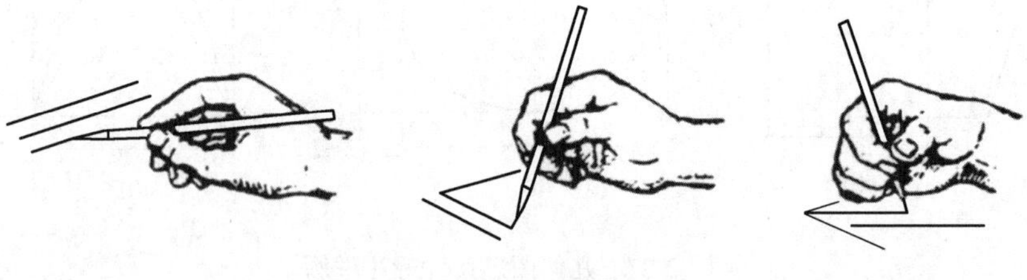

图 2-39　徒手作水平线、竖直线和斜线

画与水平线成 30°、45°、60°的斜线时，可利用两直角边的比例关系近似画出。如画 10°和 15°等角度线时，可先画出 30°线后再等分求得，如图 2-40 所示。

画圆时，可通过圆心作均匀分布的径向射线，在各射线上以目测半径长画出圆周上的各点，然后连接成圆，如图 2-41 所示。

画椭圆时，可利用长、短轴作椭圆，先在互相垂直的中心线上定出长、短轴的端点，然后过各端点作出矩形，并画出其对角线，按目测将对角线分为六等份，最后用光滑的曲

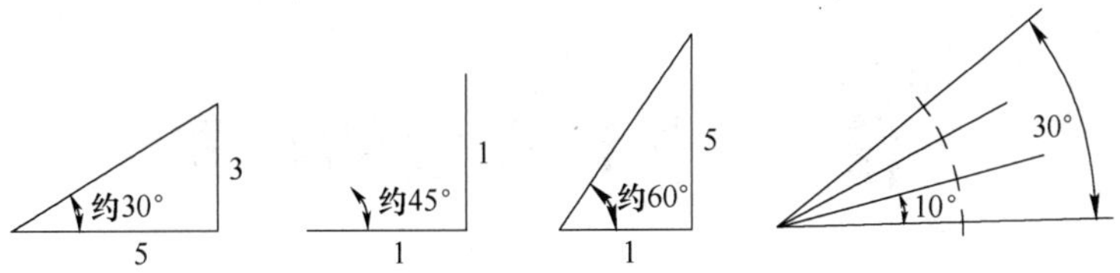

图 2-40　徒手画特殊角度

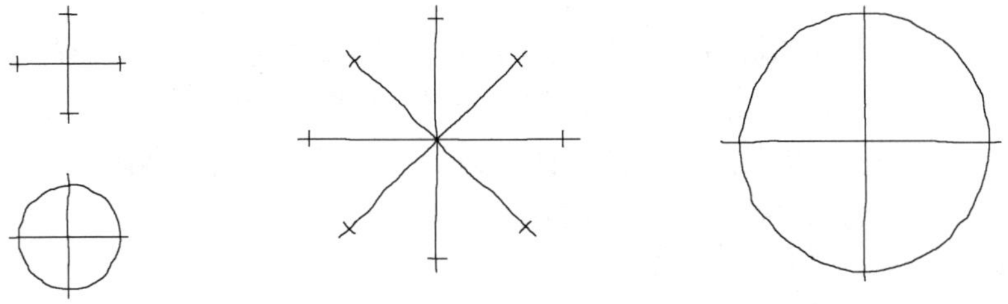

图 2-41　徒手作圆

线连接长、短轴的端点和对角线上接近矩形四个角顶的等分点，如图 2-42 所示。

徒手绘图是一项重要的基本技能，要不断地实践才能逐步提高。

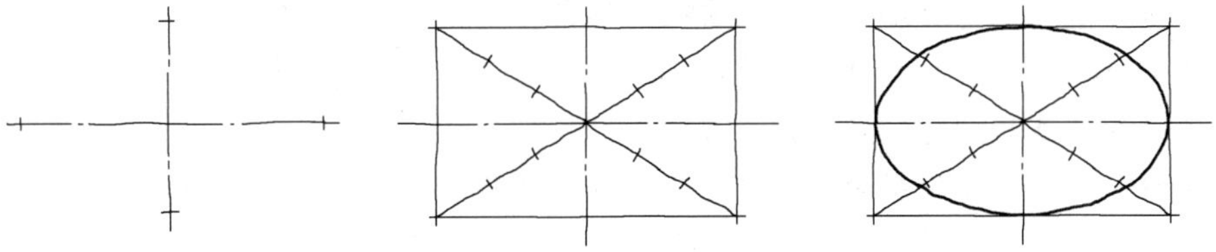

图 2-42　徒手作椭圆

复习思考题

2-1　按照国家《房屋建筑制图统一标准》（GB/T 50001—2017）规定，图纸幅面有哪几种？

2-2　图样上的尺寸由哪几部分组成？

2-3　同一建筑图样中，若用 b 表示粗线的线宽，则粗、中、细线的线宽应分别怎么表示？

2-4　简述图纸的标题栏在图框中的位置。

3 点和直线的投影

一个形体是由多个侧面围成的，各侧面相交于多条侧棱，各侧棱相交于多个顶点。把这些顶点的投影画出来，再用直线将各个点的投影逐一连接，就可以得到一个形体的投影。所以，点和线是形体的最基本要素。点和线的投影规律是面、体投影的基础。

本章介绍了三面投影体系的建立、点和线的三面投影的画法和投影规律、两点的相对位置、重影点、无轴投影图的画法、用直角三角形法求直线的实长和倾角、特殊位置直线的投影规律、两直线的相对位置关系等内容。

基本要求：

1. 了解点的投影，掌握两投影面及三投影面体系建立；
2. 掌握点在投影面体系中的投影及投影图画法；
3. 掌握两点的相对位置和无轴投影；
4. 了解直线的投影；
5. 掌握直线上的点的投影规律；
6. 掌握用直角三角形法求直线的实长和倾角；
7. 掌握特殊位置直线的投影规律；
8. 熟悉两直线的相对位置关系；
9. 掌握一边平行于投影面的直角的投影（直角投影法）。

3.1 点的投影

3.1.1 点的单面投影

点是构成所有三维复杂形体中最基本的几何要素。任何复杂形体都是由面组成，每个面都是线的集合，线又是由无数的点构成，点只有空间位置，而无大小之分，工程图中，点的位置是通过点的投影来确定的。

过空间点 A 的投射线与投影面 H 相交于点 A，就称交点 a 是空间点 A 在投影面 H 上的投影。工程制图中规定，凡表示空间点用大写字母表示，比如 A，点的投影用小写字母表示，比如 a。在正投影图中，由空间点 A 向投影面 H 作垂线，该垂线与投影面的交点为 a，即为点 A 在投影面 H 上的投影，并且投影是唯一的。

若已知一个空间点 A，则在给定的投影面上，可以得到该点唯一的投影 a。另一种情况，若在点 A 的正下方有点 B，则它们在投影面 H 的投影 a、b 会重合，记为 a（b），如图 3-1 所示。由此可得到：若已知点的一个投影，则不能确定该点的空间位置。

可见仅点的一个投影不能确定点的空间位置，要想准确表达空间点的位置，需要增加投影面来确定点的位置。

3.1.2 两面投影体系的建立和点的两面投影

多面正投影法中，至少要用两个互相垂直的投影面，构建两投影面体系，作出点的两个投影，来确定该点在空间的位置。两投影面的设置如图 3-2 所示，水平放置的投影面称为水平投影面，简称水平面，用“H”表示，代表英文单词 horizontal（水平），又称 H 面；竖直放置的且与 H 面垂直的投影平面称为正立投影面，简称正立面，用“V”表示，又称 V 面，代表英文单词中 vertical（垂直）；两投影面的交线是投影轴 X。H 面和 V 面构成两投影面体系，简称两面体系。

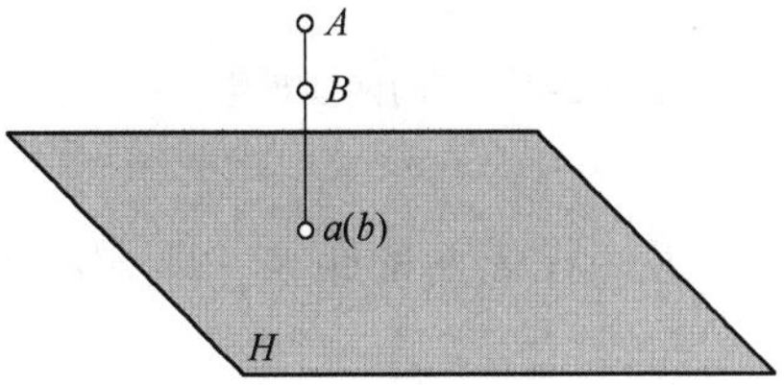

图 3-1　点的单面投影

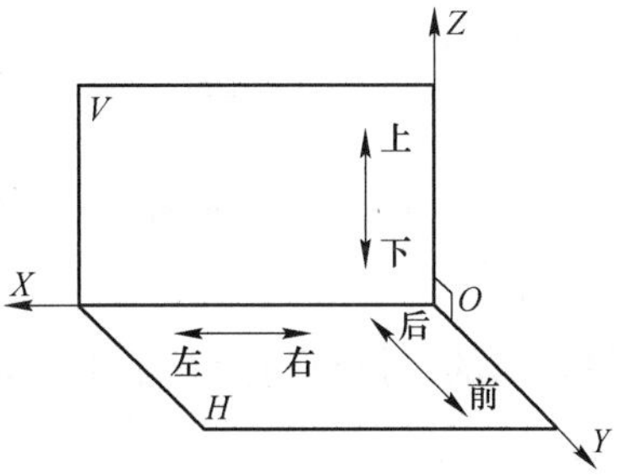

图 3-2　两面投影体系的建立

为了便于度量和作图，在两面体系中建立了空间直角坐标系，如图 3-3 所示，左右方向为 OX 轴，前后方向为 OY 轴，上下方向为 OZ 轴。空间点在三个方向上的尺度数值，用三个坐标（x，y，z）表示。

空间有一空间点 A，过点 A 向 H 面做垂直投射线，其垂足即为点 A 的水平投影，用小写字母 a 表示；过空间点 A 向 V 面作垂线，其垂足为点 A 的正面投影，用小写字母 a' 表示。现在如果移去点 A，由投影 a 和 a' 就可以确定点 A 的空间位置。

为了把两个投影展开在同一个平面上，工程制图上规定两投影体系的展开方法如下：保持 V 面不动，H 面绕 OX 轴向下旋转 90°，使 H 面和 V 面共面。这样便得到空间点 A 在一个平面上的两个投影 a 和 a'，称为点的两面投影图，如图 3-3 所示。

标记 V 面投影，要在小写字母的右上角加一撇，如 a'；H 面投影则不加一撇，如 a。点 A 在空间的位置被其两个投影 a 和 a' 唯一确定，因为两个投影反映了三个方向的坐标（x_A，y_A，z_A）。点 A 可表述为 A（a，a'）。

投影面展开后，点 A 的两投影 a 和 a' 处于同一条垂直于 OX 轴的直线上，此线称为投影连线，即 $aa' \perp OX$。

如图 3-4 所示，由于投影面可以无限延伸，并没有边界，所以在投影图上不用画出边框，只画投影轴 OX 轴。

由此得出点的两面投影规律：

（1）两投影连线垂直于投影轴；即：$aa' \perp OX$。

由于 $Aa \perp H$ 面，$Aa' \perp V$ 面，因此平面 $Aaa_xa' \perp V$ 面、H 面。因三个平面互相垂直，其交线也互相垂直，所以 $a'a_x \perp OX$，$aa_x \perp OX$。

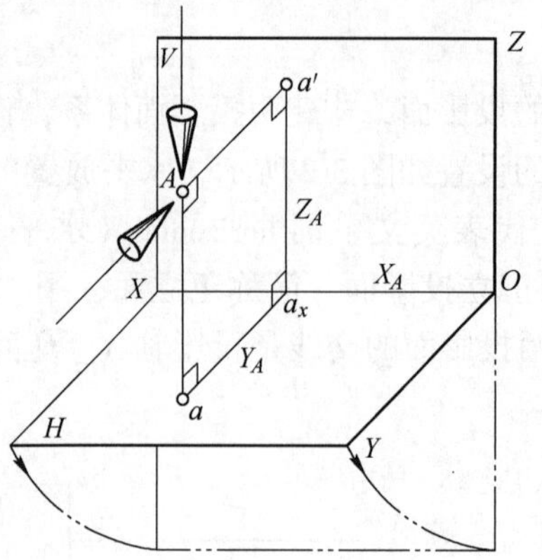

图 3-3 点的两面投影立体图

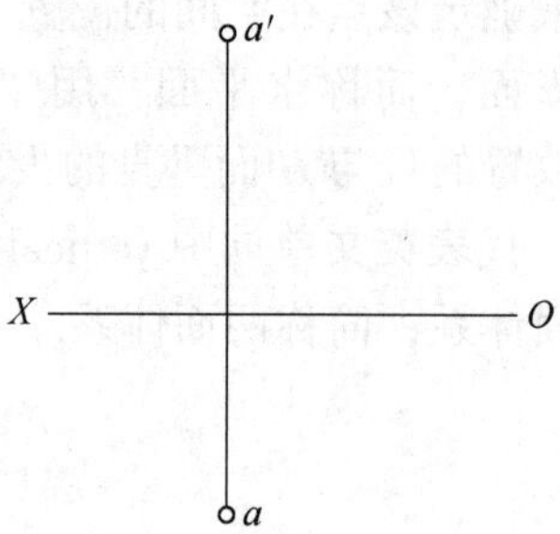

图 3-4 点的两面投影

（2）点的一投影到投影轴的距离等于该空间点到另一投影面的距离。即 $a'a_x = Aa$；$aa_x = Aa'$。

例 3-1 已知点 A 的坐标 x，y，z 分别为 4，6，3 个单位，试画出点 A 的两面投影图。

解： 画出一水平线作为 OX 轴，并自原点 O 向左在 OX 轴上量取 $x=4$ 个单位，得 a_x，过 a_x 作直线垂直于 OX 轴，沿此线自点 a_x 起向下量取 $y=6$ 个单位，得 a，向上取 $z=3$ 个单位，完成图形，如图 3-5 所示。

3.1.3 三面投影体系的建立和点的三面投影

确定形体的空间位置，有两个投影就够了。但对于一些较复杂的形体，两个投影图往往不能确定其形状。解决的办法就是设置第三个投影面，作出第三个投影。

如图 3-6 所示，在两面投影体系的基础上，包含 OY 轴和 OZ 轴作出了第三个投影面侧立投影面，简称侧面，常用“W”表示，所以又称 W 面，来自英文单词 width（侧面）。W 面与 H 面、V 面相互垂直并一起构成三投影面体系，简称三面投影体系。

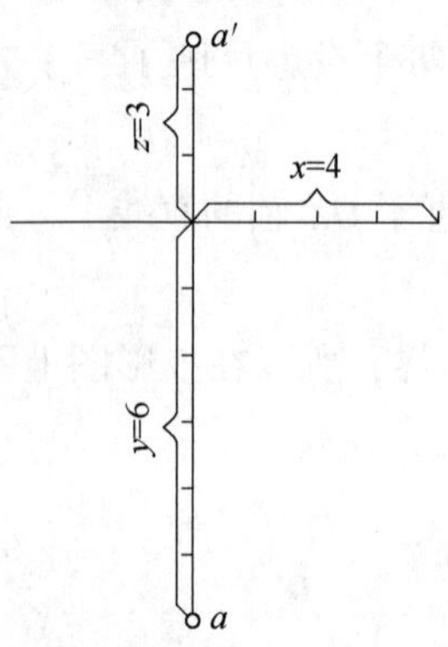

图 3-5 已知坐标，求点的投影图

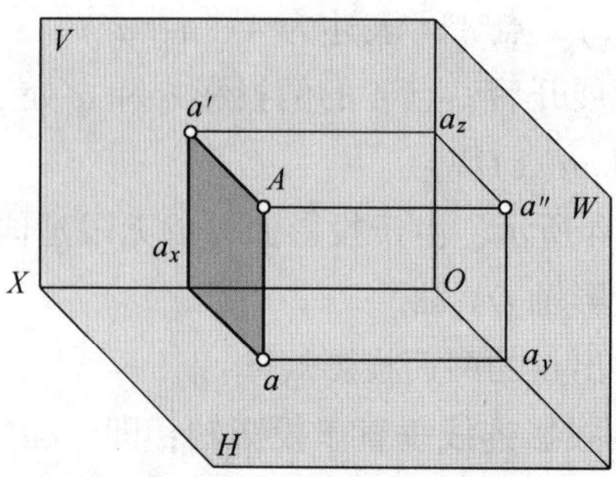

图 3-6 三面投影体系的建立

两个投影面的交线称为投影轴，其中 V、H 两投影面的交线为 OX 轴，H 面、W 面的交线为 OY 轴，V 面、W 面的交线为 OZ 轴。三个投影轴 OX、OY、OZ 互相垂直并交于一点，即为原点 O。

把点 A 放在投影体系中进行投射。在 H 面、V 面上得到了 a、a'，又从左向右投射，在 W 面上得到点 A 的第三投影 a''，称为侧面投影或 W 面投影。a''反映了点 A 的 y 和 z 坐标，即 a''（y_A，z_A）。

由图 3-6 得知：

$a'a_z=aa_y=Aa''=x_A$，反映点 A 到 W 面的距离；

$a''a_z=aa_x=Aa'=y_A$，反映点 A 到 V 面的距离；

$a''a_y=a'a_x=Aa=z_A$，反映点 A 到 H 面的距离。

用三个投影表达点 A 的位置时，可写成 A（a，a'，a''）。

与两面体系一样，实际画投影图时需要把三个投影面展开成一个平面，如图 3-7 所示。V 面不动，H 面绕 OX 轴向下旋转 90°角，W 面绕 OZ 轴向右旋转 90°角。此时 OY 轴被“一分为二”，随 H 面的轴记为 OY_H，随 W 面的轴记为 OY_W。给出空间点的三个坐标，就可按前述点的投影规律画出点的三面投影图；反之，由点的三面投影图能够得出点的空间的位置。

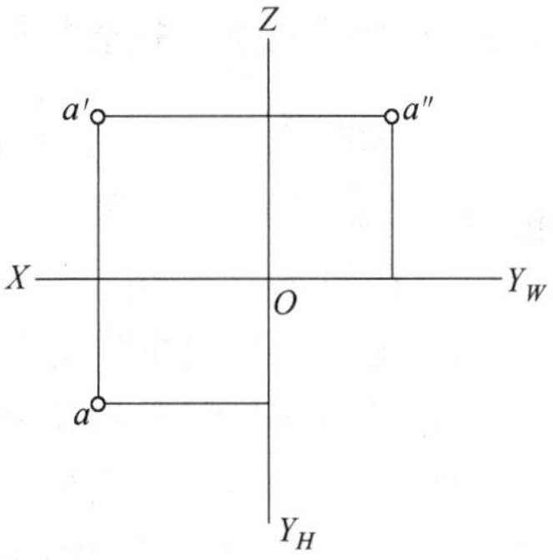

图 3-7　点的三面投影

此外，特殊位置点还有在三投影面体系中的位置有在各投影面内和在各投影轴上等情况，它们都遵守相同的投影规律。

由图 3-6 和图 3-7 可知，点多三面投影规律：

（1）点的相邻两投影垂直相应投影轴。

（2）点到某一投影面的距离等于该点另外两投影到相应投影轴的距离。即 $Aa''=a'a_z=aa_y$，$Aa'=aa_x=a''a_z$；$Aa=a'a_x=a''a_y$；$a'a \perp OX$；$a'a'' \perp OZ$；$aa_y \perp OY$，$a''a_y \perp OY$。

例 3-2　如图 3-8 所示，已知点 A 的两个投影 a 及 a'，求作 a''。

求解方法一：利用圆规画弧，点 a 到 OX 轴距离等于 a''到 OZ 轴距离。

求解方法二：利用分规量距离，如图 3-9 所示。

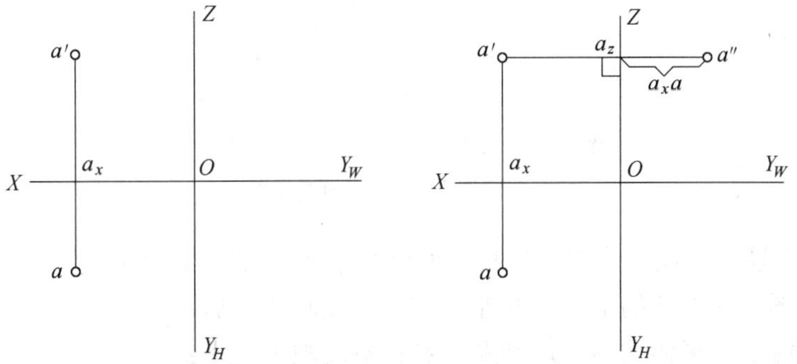

图 3-8　已知点的两面投影求第三面投影

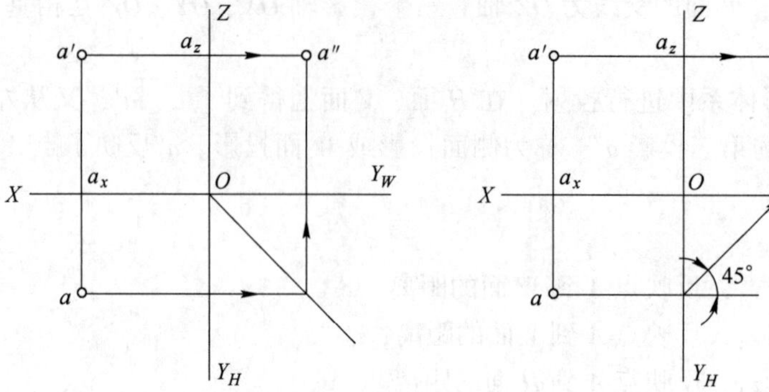

图 3-9 求第三面投影的作图

3.1.4 三面投影图的投影规律

画形体的三面投影图，可以不画出投影轴，即如图 3-10 所示的投影轴可不画出，但作图时必须保证符合以下三面投影图的投影规律：

（1）正面图与平面图长对正；

（2）正面图与侧面图高平齐；

（3）平面图与侧面图宽相等。

以上又称三面投影图的“三等”关系。这不仅是画形体的三面投影必须遵循的基本规律，也是看懂三面投影图的基本依据。

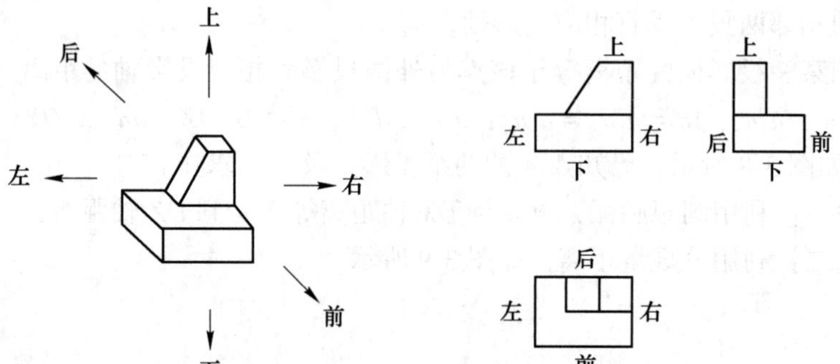

图 3-10 三面投影图反映的形体方位

（a）立体图；（b）三面投影图

三个投影图还可以反映物体在三投影面体系中的方位（见图 3-10）：

（1）正面图反映形体的上、下和左、右，不反映前、后；

（2）平面图反映形体的前、后和左、右，不反映上、下；

（3）侧面图反映形体的上、下和前、后，不反映左、右。

3.2 点的坐标和特殊点的投影

3.2.1 投影与坐标的关系

根据一点的坐标，可以作出该点的投影图；反之，根据投影图，也可以量得该点的坐标。如将投影轴 X，Y 和 Z，视为解析几何里的坐标轴，则投影面即为坐标面。于是点 A 到 W 面、V 面和 H 面的距离 Aa''，Aa' 和 Aa，由于相应地平行于 X 轴、Y 轴和 Z 轴，故分别称为点 A 的 x 坐标、y 坐标和 z 坐标。点 A 的坐标分别用字母 x、y、z 表示，则点 A 及其坐标用 A（x，y，z）来表示。

若给定 A 点的坐标值，例如 $x=15$，$y=10$，$z=20$，则写成 A（15，10，20）。本书中尺寸单位，除了标高投影中用 m 以外，其余均以 mm 为单位，故尺寸数字后不必注写表示单位的文字或字母。

这样，就建立起解析几何中坐标与画法几何中投影图之间的关系，也为解析几何由方程来表示形体与画法几何表示形体之间建立了联系。

例 3-3 点 A 的坐标为（18，20，15），作其三面投影。

分析：由点 A 的坐标可知，A 的 X 轴坐标是 18，A 的 Y 轴坐标是 20，A 的 Z 轴坐标是 15，可以直接从相应的 OX、OY 和 OZ 轴上量取相应的尺寸，并在对应的投影面上找到两坐标的交点，即为该点在该投影面上的投影，如图 3-11 所示。

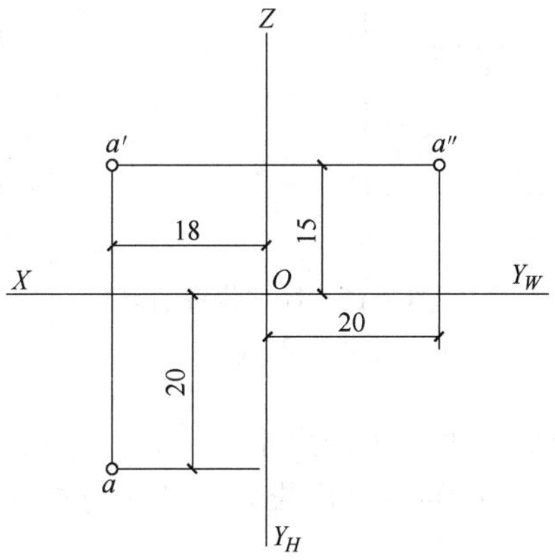

图 3-11 已知点的坐标求其投影

作图步骤：

（1）在 OX 轴上量取长度 18，并过该坐标作一直线垂直与 OX 轴，那么点 A 的 H 面投影 a 和 V 面投影 a' 必在该直线上，并且该直线也同时保证了点 A 的 H 面投影和 V 面投影的长对正。

（2）在 OZ 轴上量取高度 15，并过该坐标作一直线垂直于 OZ 轴，那么该直线与步骤（1）中所作的直线在 V 面上相交于一点，该点即为点 A 的 V 面的投影 a'。同时点 A 的 W 面投影 a'' 也必在该直线上。

（3）在 OY 轴上量取宽度 20，并过该坐标作一直线垂直于 OY 轴，那么该直线与步骤

（1）中所作的直线在 H 面上相交于一点，该点即为点 A 的 H 面的投影 a。

（4）然后来作点 A 的 W 面投影 a''。根据步骤（2）中所作可知，点 A 的 W 面投影 a'' 也必在跟 a' 高平齐的直线上。同时，可以在 OY_W 轴上量取宽度 20，并过该坐标作一直线垂直于 Y_W，该直线和点的高平齐线交于一点，这个交点就是点 A 的 W 面投影 a''。也可以不量取 OY_W 的坐标，直接用圆规量取 H 面的宽度，或者作第四相位角的角平分线，或者作 45°线，利用三视图三等规律中的“宽相等”来作点 A 的 W 面投影 a''。

（5）检查点 A 的三面投影 a、a' 和 a'' 是否长对正，是否宽相等，是否高平齐。同时检查标注是否有误，最后完成全图。

3.2.2　特殊点的投影

前面例题中的点，不位于投影面上。实际上空间点可以位于投影面上，也可以在投影轴上，甚至与原点重合而形成特殊位置的点。

（1）投影面上的点，一投影重合于该点本身，另外的投影在投影轴上。如图 3-12（a）中点 B 位于 H 面上，H 面投影 b 与点 B 本身重合，因图 3-12（b）是投影图，故不必注出 B 字母，只注 b 字母；b' 点位于 X 轴上；b'' 位于 Y 轴上。

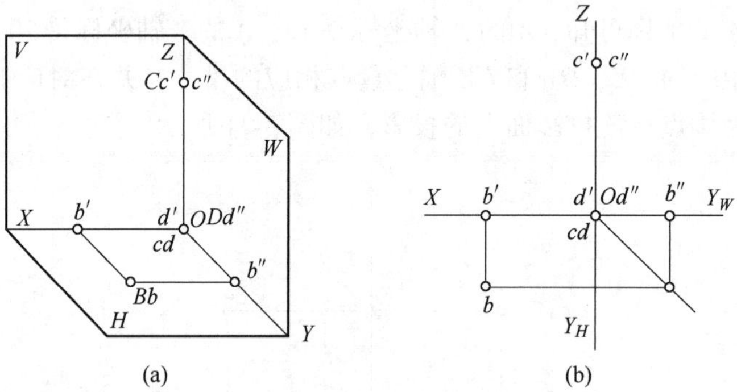

图 3-12　特殊位置的点

（a）空间状况；（b）投影图

（2）投影轴上的点，两投影重合于该点本身，另外一投影与原点 O 重合。如图 3-12（b）中点 C 位于 Z 轴上，它的 V 面和 W 面投影 c' 和 c'' 与本身重合，H 面投影 c 则与原点 O 重合。

（3）某点与原点重合，它的三个投影也均与原点重合。如图 3-12（b）中点 D 与原点 O 重合，它的三个投影 d、d' 和 d'' 均与原点 O 重合。

3.3　两点间相对位置和重影点

3.3.1　两点间的相对位置

当研究太阳与地球或地球与月亮的相对位置或距离时，把太阳和地球或地球和月亮视为两个质点。在投影体系中，两点在同一投影面上的投影，因有相同的投影名称（如均为 H 面投影，V 面投影等），因此称为同面投影或同名投影。

如图 3-13 所示，两点的相对位置是指垂直于投影面方向，也即平行于投影轴 X，Y，Z 的左右、前后、上下的相对关系，在投影图上，可由两点的同名投影之间的左右、前后、上下关系反映出来。

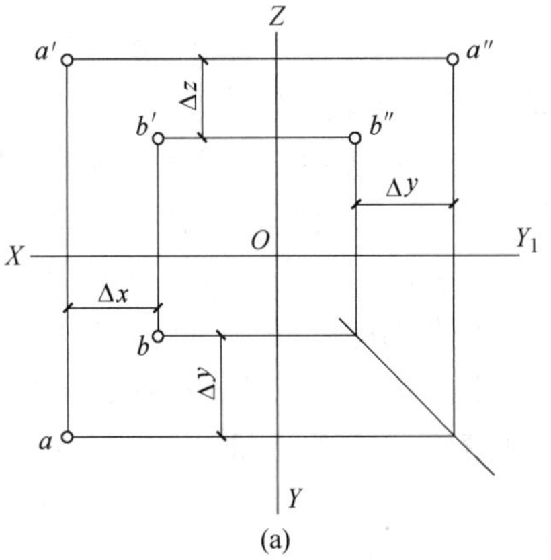

图 3-13　两点的投影

（a）有轴投影图；（b）无轴投影图

两点的相对距离是指平行 X，Y，Z 方向的坐标差，分别称为长度差、宽度差和高度差。在图 3-13 中，长度差 $\Delta x=x_A-x_B$；宽度差 $\Delta y=y_A-y_B$，高度差 $\Delta z=z_A-z_B$。

3.3.2　重影点及其可见性

空间两点位于某一投影面的同一条投射线上时，它们在该投影面上的投影就会重合，这两点就称为该投影面的重影点。

如图 3-14 所示，点 A、B 位于同一条 H 面的投影线上，其水平投影重合为一点，则 A、B 两点是 H 面的重影点。同理，A、D 两点是 V 面的重影点，A、C 两点是 W 面的重影点。一组重影点有两对坐标值相等，第三对坐标值不等。因此，重影点的可见性是根据不等的那对坐标值来决定的，即坐标值大的可见，坐标值小的不可见。在方位关系上，也可总结为：前者可见，后不可见；左者可见，右不可见；上者可见，下不可见。不可见点的投影加括号表示。

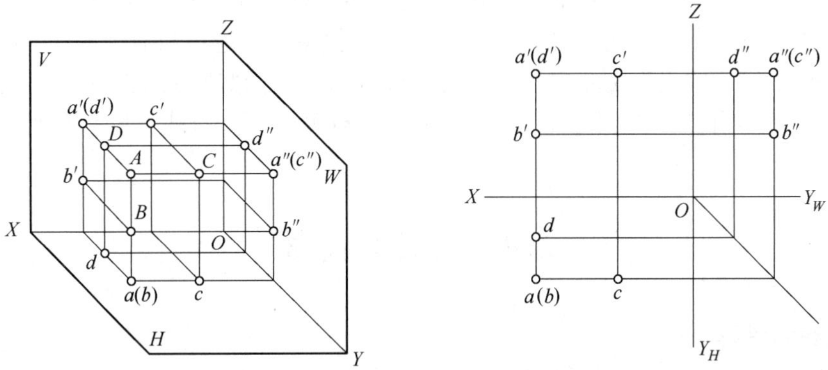

图 3-14　重影点及其可见性

3.3.3 无轴投影

画出投影轴的投影图，称为有轴投影图；不画投影轴的投影图，称为无轴投影图。以后仍总称为投影图。无必要时不予区别。

如果只研究空间两点之间的相对位置和相对距离，不涉及各点到投影面的距离时，投影轴可以不表示出来，以后表达其他几何形体时，可作同样处理。

投影图上不画出投影轴时，仍然应该想象成空间存在各种方向的投影面和投影轴。因此，三个投影之间互相排列方向，仍按有投影轴时一样，即它们之间的连系线方向不变。在图 3-15（b）中，aa'仍成竖直方向，$a'a''$仍成水平方向；此外，过 a 点的水平连系线与过 a''点的竖直连系线，与 45°斜线相交于一点 a。无轴投影中，当 A 点在 H 面、W 面投影已知时，则 45°斜线位置必随之而定，它必定通过由点 a 所作水平线和由点 a''所作竖直线的交点。如果无轴投影图中，已知 V 面投影，并知 H 面、W 面投影中的一个时，则 45°斜线的位置可以任意选取。

例 3-4 如图 3-15（a）所示的无轴投影体系中，已知 A 点的 a，a''，求 a'；并知 B 点的 b、b'，求 b''。

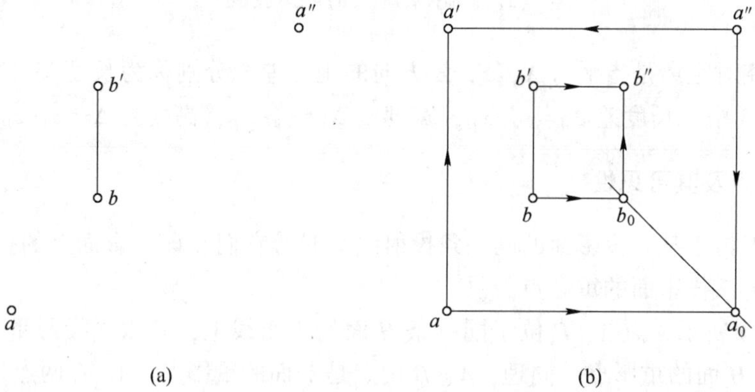

图 3-15 已知一点的两个投影，求第三投影

（a）已知条件；（b）作图过程

解：由图 3-15（b）可知，由 a 点作竖直线，由 a''点作水平线，两线的交点即为 a'。

由 b，b'点求 b''点时，必须先画出 45°斜线。如果只有 B 点时，则 45°斜线可以任意选取。在此例中，B 点和 A 点必处于同一个三投影面体系中，应该只有一条 45°斜线，由于已知 A 点的 a，a''，应当先由 a 点作水平线，与由 a''所作的竖直线交得 a_0，由之定出 45°斜线。然后，由 b 作水平线，与 45°斜线交于 b_0，再由 b_0作竖直线，可与 b'所作的水平线交得 b''。

3.4 直线的投影

3.4.1 直线的投影

从几何学可知，空间中两点可以确定一条直线，所以只要作出直线上两点的投影，并将两点的同面投影相连就可以作出直线的投影。在一般情况下，直线的投影仍为直线，如图 3-16（a）所示；但当直线与投影面垂直时，在该投影面的投影积聚为一点，如图 3-16（b）所示。

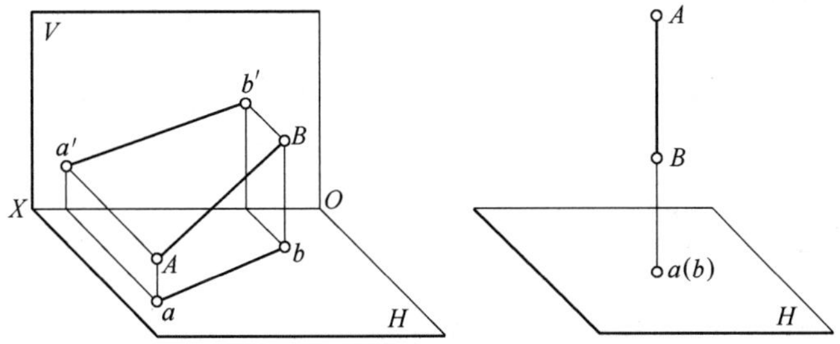

(a)　　　　(b)

图 3-16　直线的投影

3.4.2　直线上的点

直线上的点属于直线。如果把一直尺抽象成一根直线时，尺上的刻度就可看作是直线上的点。根据点和直线的从属性可知，直线上的点的投影，必落在该直线的同面投影上；又根据定比性可知，直线上两线段长度之比等于它们的投影长度之比。如图 3-17 所示，已知点 K 在直线 AB 上，则 k 在 ab 上、k'在 $a'b'$上、k''在 $a''b''$上，而且 $AK:KB=ak:kb=a'k':k'b'=a''k'':k''b''$。

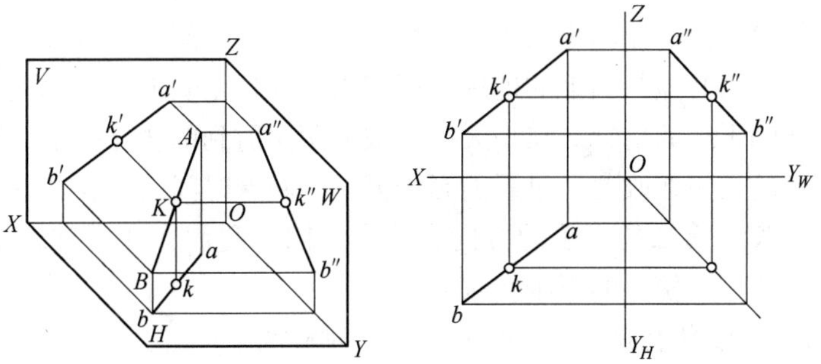

(a)　　　　(b)

图 3-17　直线上的点

例 3-5　如图 3-18 所示，已知直线的投影 ab 及 $a'b'$。AB 上有一点 C，且 $AC:CB=3:2$，作 C 点的投影。

解：过点 a 作直线 L。以任意长度为单位，在 L 上由 a 点连续量取 5 个相等单位，得点 1，2，3，4，5。连接 $b5$，过点 3 作 $b5$ 的平行线，与 ab 交得 c 点。则 $ac:cb=3:2$；由 c 点作垂线，就可以在 $a'b'$求出 c'点。

例 3-6　如图 3-19 所示，已知一条侧平线 AB 的投影 ab 及 $a'b'$，以及 AB 上 C 点的投影 c，不用 W 面投影作出 c'。

解：利用定比性作图。过 b'作辅助线 $b'A=ba$，再取 $b'C_0=bc$。连接 A_0a'，再过 C_0作 A_0a'的平行线，与 $a'b'$相交得到 c'。

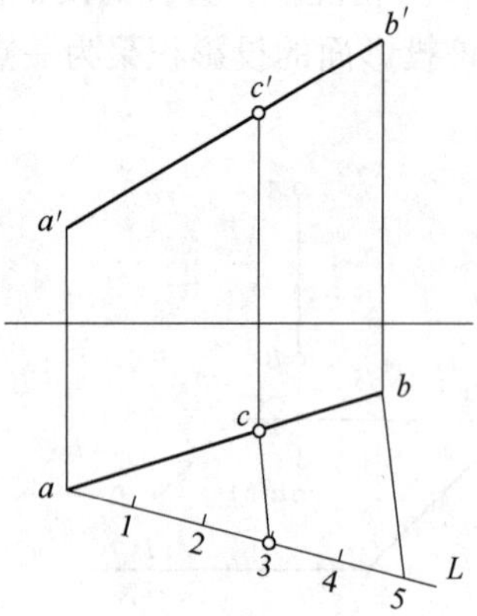

图 3-18 求直线 AB 上分点 C

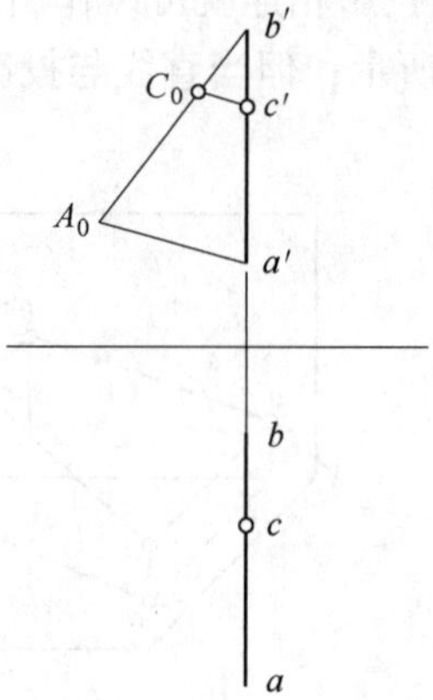

图 3-19 求 W 面平行线 AB 上分点

3.4.3 古代的钟表——日晷

早在汉代以前，人们就懂得利用直线上点的投影了。日晷是一种古老的利用太阳来计时的仪器，东西方都有。日晷的意思为太阳的影子。因此，日晷是使用太阳的位置来测量时间的一种设备，主要由一根投射太阳阴影的指标、承受指标投影的投影面（即晷面）和晷面上的刻度线组成。最常见的设计，也是最普通的，就是庭园日晷，让日影投射在一个标有时刻的平面上，当太阳移动时，影子所指示的时间也将跟着变动。其实，日晷可以设计在任何物体的表面上，让固定的指针产生阴影来测量时间。日晷计时的原理是：这根指时针与地平面的夹角必须与当地的地理纬度相同，并且正确地指向北极点，也就是说它是一根与地球自转轴平行的指针。在一天中，被太阳照射到的物体投下的影子在不断地改变着，第一是影子的长短在改变，早晨的影子最长，随着时间的推移，影子逐渐变短，一过中午它又重新变长；第二是影子的方向在改变，因为我们在北半球，早晨的影子在西方，中午的影子在北方，傍晚的影子在东方。

如图 3-20 所示，鬼盘上刻有十二时辰，一个时辰两个小时，子、丑、寅、卯（上班

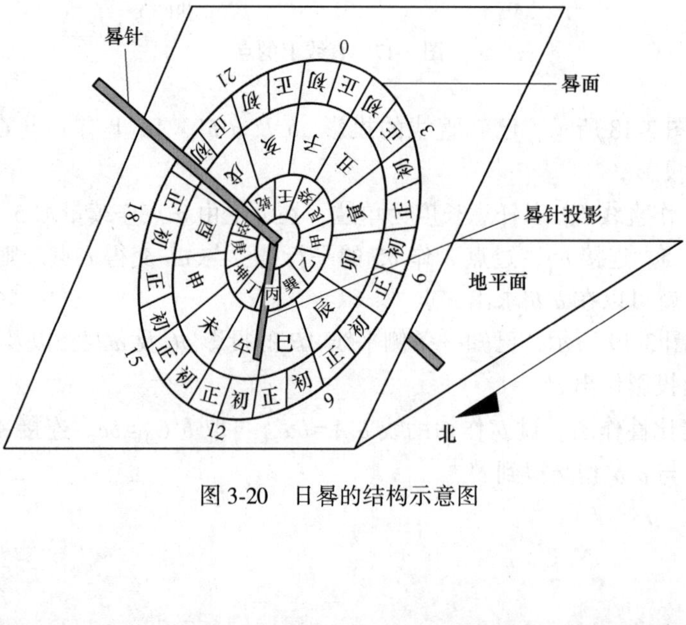

图 3-20 日晷的结构示意图

的时间，5~7 点，点卯就走）、辰、巳、午、未、申、酉、戌、亥。看晷针的影子，影子到哪个刻度，就代表哪个时辰。

由于日晷必须依赖日照，不能用于阴天和黑夜。因此，单用日晷来计时是不够的，还需要其他种类的计时器（如水钟）来与之相配。

3.4.4 直线的迹点

直线与投影面的交点称为迹点。如图 3-21 所示，直线 AB 延长后，与 H 面、V 面的交点 C、D 分别称为直线的 H 面迹点、V 面迹点。同样地，直线与 W 面的交点，称为 W 面迹点。

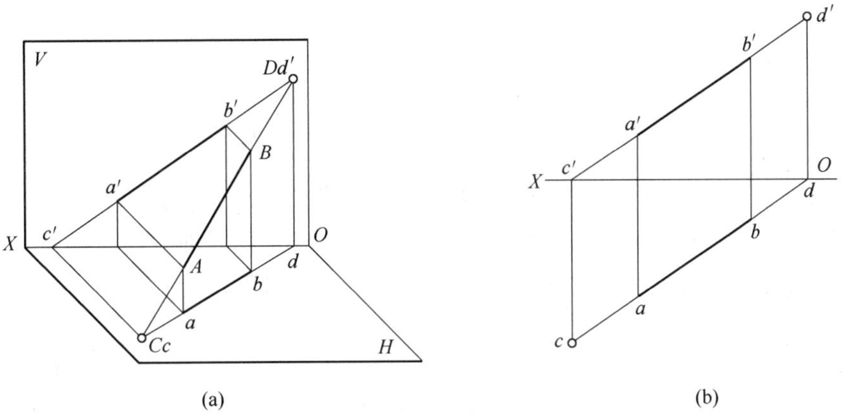

图 3-21 直线的迹点
（a）空间状况；（b）投影图

迹点是投影面上的点，所以迹点在它所在的投影面上的投影与迹点本身重合；另外的投影在投影轴上。在图 3-21 中，如直线 AB 的 H 面迹点 C 是 H 面上的点，其 H 面投影 c 与 C 重合，V 面投影 c' 在 OX 轴上。同样，V 面迹点 D 的 V 面投影 d' 与 D 重合，H 面投影 d 在 OX 轴上。

3.5 直线的倾角和直线段的实长

3.5.1 一般位置线段的倾角和实长

一般位置直线对各投影面都倾斜，表现为类似性，则它的各面投影均不反映线段实长，也不反映直线对各投影面倾角。要求直线的实长，需要用到直角三角形法。

如图 3-22（a）所示，要求线段 AB 的实长与倾角，在直角 $\triangle ABB_1$ 中，AB 为线段实长，$\angle BAB_1$ 为线段 AB 对 H 面的倾角 α。因此求线段的实长及倾角 α，只需画出直角三角形 ABB_1，其中斜边 AB 为线段实长。直角边 $AB_1=ab$，另一直角边 BB_1 是 A、B 两点的 z 坐标之差，即 Δz，$BB_1=z_B-z_A$。在投影图中，由 V 面投影可确定 a' 和 b' 的 z 值差，即 Δz_{AB}，在 H 面可知水平投影 ab，过 b 点作 ab 垂线，并截取 $bB_0=\Delta z_{AB}$，连接 aB_0，可得直角三角形 $\triangle abB_0$，在这个直角三角形中，斜边的长度即为线段 AB 的实长，$\angle baB_0$ 为线段 AB 对 H 面的倾角 α。

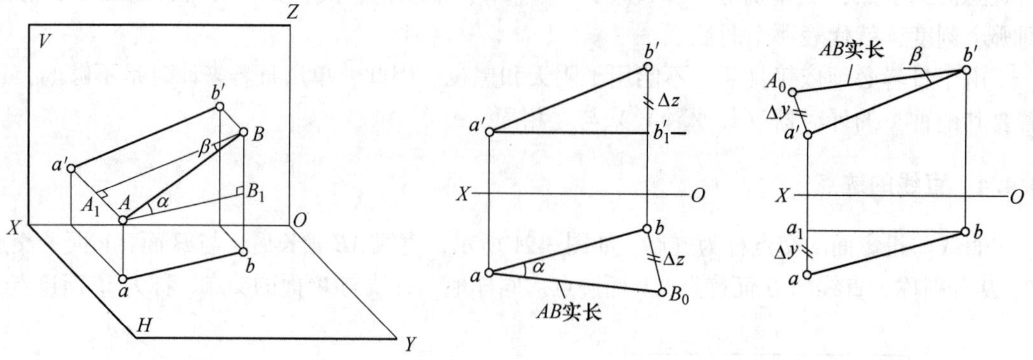

(a)　　(b)　　(c)

图 3-22　直角三角形法求线段的时长和倾角

同理，求线段 AB 的实长及其对 V 面的倾角 β 的作图方法类似。

例 3-7　设直线 AB 长 27 mm，倾角 $\alpha=45°$，$\beta=30°$，已知前方左下端点 A 的两面投影，如图 3-23（a）所示，作全直线 AB 的两面投影，如图 3-23（c）所示。

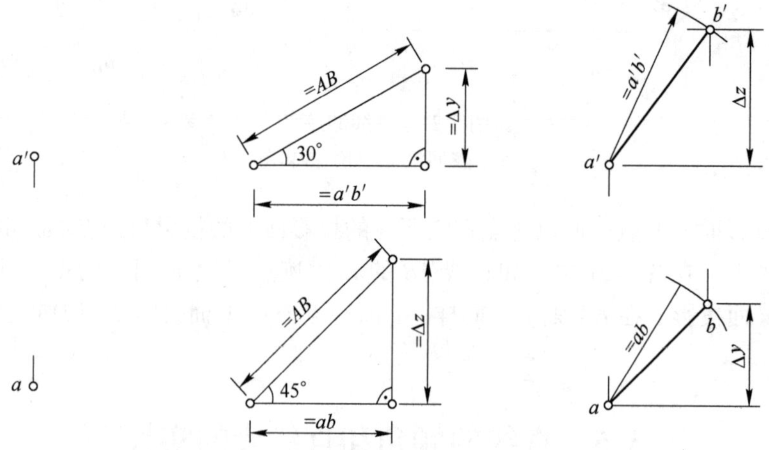

(a)　　(b)　　(c)

图 3-23　直角三角形法的应用举例

（a）已知一个端点的投影；（b）辅助作图；（c）作图

解：已知实长和倾角，故在图 3-23（b）中，作出反映实长和倾角的两个直角三角形。于是得出投影的长度 ab、$a'b'$，以及 AB 两点的 y 值差和 z 值差。因而在图 3-23（c）中，以点 A 为圆心，ab 长度为半径做圆弧，因为 A 在 B 点的前方左下端，可以推出 b 在 a 的右上方，利用前面直角三角形法求出的 Δy 求出 b 的位置，同理，求出 b'的位置。

3.5.2 各种特殊位置直线的投影

3.5.2.1　投影面平行线

当直线平行于一个基本投影面，同时倾斜于另外两个投影面时，称该直线为投影面的平行线。当直线平行于 H 面，倾斜于 V、W 面时，称为水平线；当直线平行于 V 面，倾斜于 H、W 面时，称为正平线；当直线平行于 W 面，倾斜于 H、V 面时，称为侧平线。其投影特点见表 3-1。

表 3-1　投影面平行线的投影特点

<table>
<tr><th>名　称</th><th>直 观 图</th><th>投 影 图</th><th>投 影 特 点</th></tr>
<tr><td>水平线</td><td>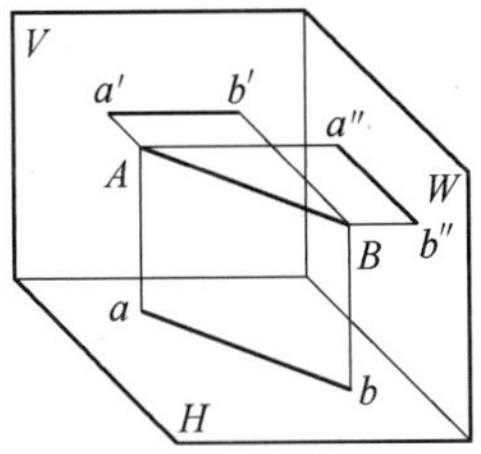
</td><td>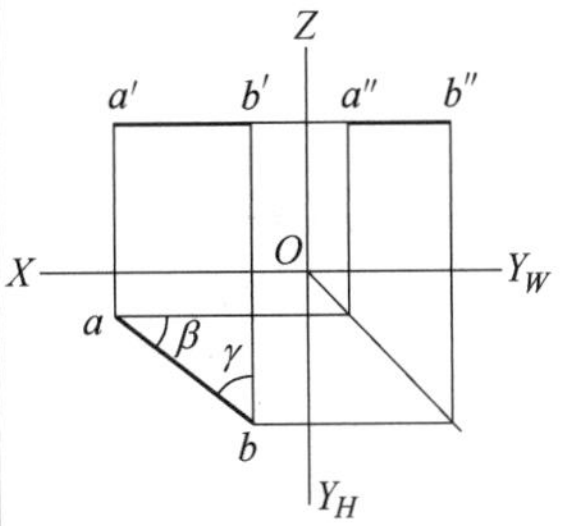
</td><td>1. $a'b' // OX$
$a''b'' // OY_W$
2. $ab=AB$
3. 反映 β、γ 角的真实大小</td></tr>
<tr><td>正平线</td><td>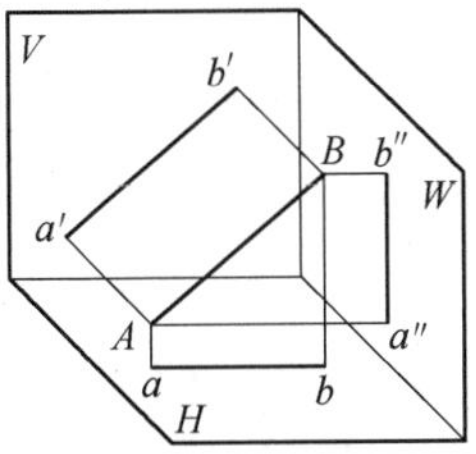
</td><td>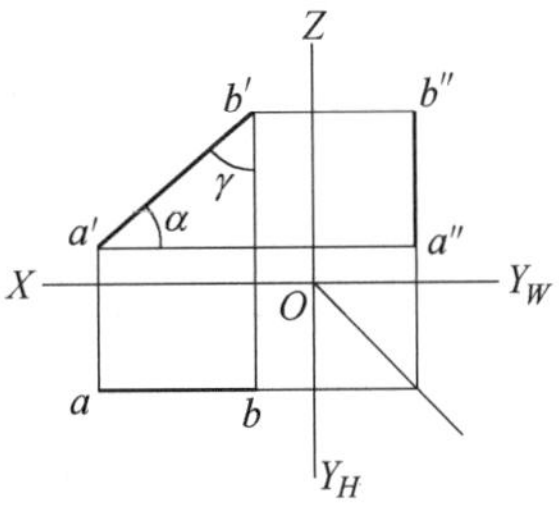
</td><td>1. $ab // OX$
$a''b'' // OZ$
2. $a'b'=AB$
3. 反映 α、γ 角的真实大小</td></tr>
<tr><td>侧平线</td><td>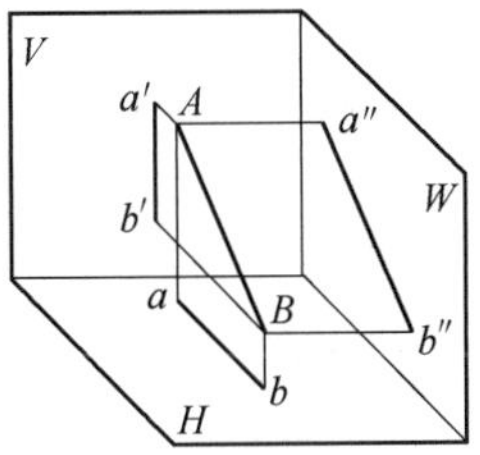
</td><td>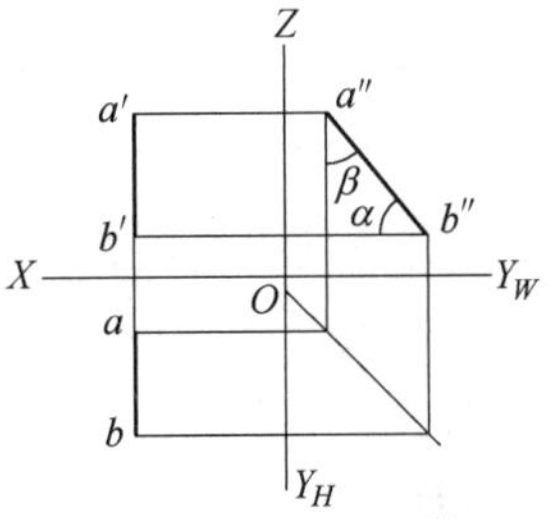
</td><td>1. $a'b' // OZ$
$ab // OY_H$
2. $a''b''=AB$
3. 反映 α、β 角的真实大小</td></tr>
</table>

综上所述，投影面平行线具有下列投影特性：

（1）在它平行的投影面上的投影，平行于直线本身且反映实长；该投影与水平方向或竖直方向间夹角分别反映了直线对其他两个投影面倾角的大小。

（2）在它不平行的投影面上的投影，平行于该投影面与直线所平行的投影面交成的投影轴；也就是直线在它不平行的两个投影面上的两个投影，共同垂直于这两个投影面交成的投影轴，即共同位于一条连系线上。因而成为水平方向或垂直方向。

3.5.2.2　投影面垂直线

当直线垂直于一个基本投影面时（必平行于另外两个投影面），称该直线为投影面的垂直线，当直线垂直于 H 面时，称为铅垂线；当直线垂直于 V 面时，称为正垂线；当直线垂直于 W 面时，称为侧垂线。其投影特点见表 3-2。

表 3-2 投影面垂直线的投影特点

名 称	直 观 图	投 影 图	投 影 特 点
铅垂线	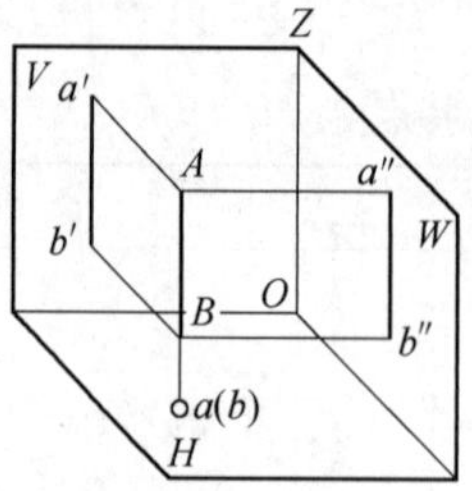	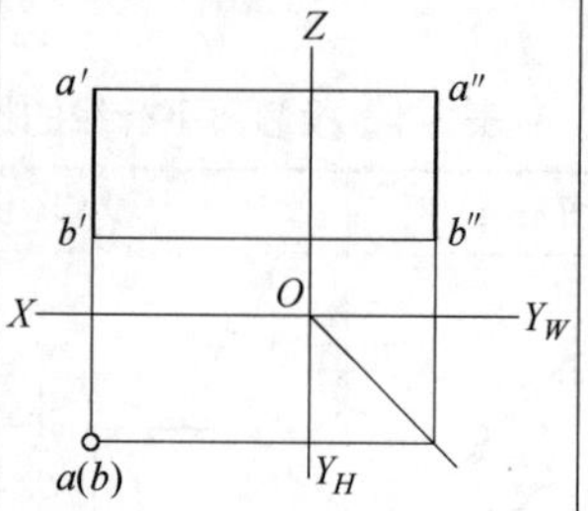	1. 水平投影积聚成一点 2. $a'b'//OZ$ $a''b''//OZ$ 3. $a'b'=AB$ $a''b''=AB$
正垂线	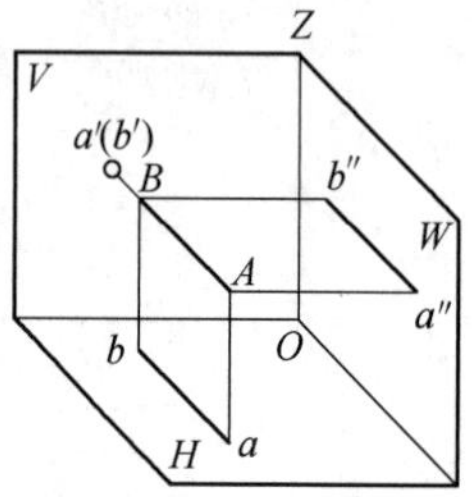	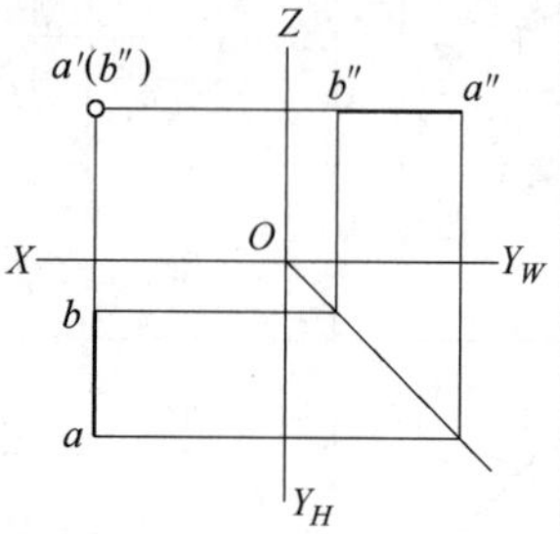	1. 正面投影积聚成一点 2. $ab//OY_H$ $a''b''//OY_W$ 3. $ab=AB$ $a''b''=AB$
侧垂线	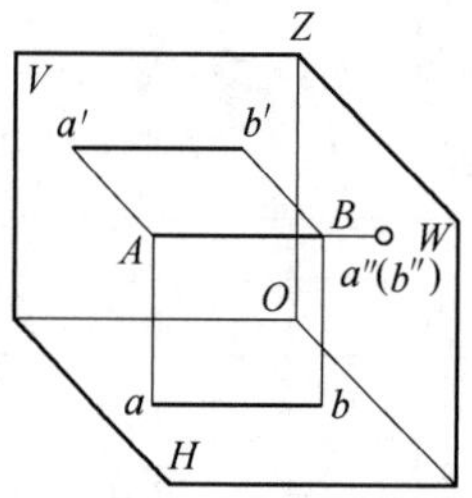	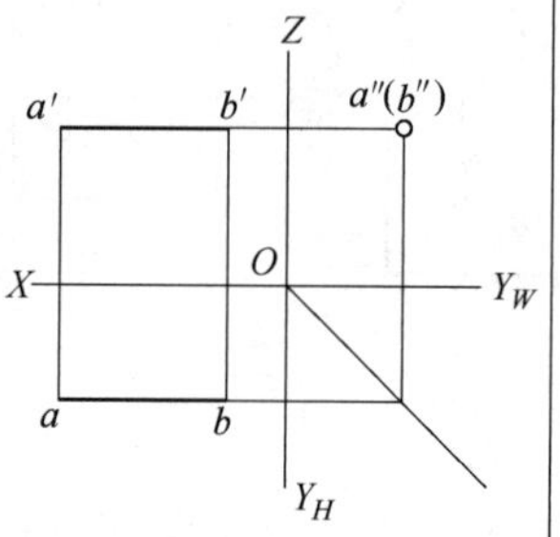	1. 侧面投影积聚成一点 2. $a'b'//OX$ $ab//OX$ 3. $ab=AB$ $a'b'=AB$

综上所述，投影面垂直线具有下列投影特性：

（1）在它所垂直的投影面上的投影积聚成一点；

（2）在另外两个投影面上的投影，反映了实长，并共同平行于同一条投影轴，每个投影位于通过一点的投影的一条连系线上。

3.5.3 直线的启发

在学习直线的几何特性及其在空间中的表现方式时，不仅是掌握基础的几何知识，更是一个体会做人做事基本原则的过程。直线的笔直和坚定象征着正直与坚持，不偏不倚的特性更启发在生活和工作中要保持中正之道，不因外界干扰而偏离方向。

（1）正直如线——做人的道德准则。在几何学中，直线具有唯一性，即通过两点可以确定一条直线。这种唯一性让人联想到做人应具备的品德——正直。正如直线在两点之间以最短的路径连接，我们在为人处事中也应选择直接、坦诚的方式，追求真理和公正。无论在学术研究还是日常生活中，保持正直是赢得他人信任和尊重的基础。正直不仅是一种行为准则，更是一种内在修养。正直的人往往不怕困难，敢于面对问题，坦然地接受挑战，而这种品质会在未来的职业生涯中带来无穷的优势。通过直线的学习，可以认识到正直不仅体现在言行上，还体现在如何与他人相处、如何处理问题，是成就专业素养和职业道德的关键。

（2）坚定如线——面对挑战的信念。直线的另一特性是其坚定不移的方向性，不因外界因素而改变轨迹。这种特性启发在面对困难与挑战时，需像直线一样坚定，不轻易动摇自己的信念和目标。在学习过程中，难免会遇到难题和挫折，但只要保持对知识的热爱和对目标的执着，就能最终达到成功的彼岸。坚定不仅是一种态度，更是一种力量。当面对困惑或压力时，坚定可以帮助保持理性，明确目标，坚定前行的步伐。无论是学业、事业还是生活，坚定的信念是取得成就的关键。希望从直线的特性中汲取力量，理解到在面对未知时，只有坚定地走下去，才能收获成长与进步的果实。

（3）团结如线——集体中的桥梁作用。直线在几何图形中不仅仅是连接的基础，更是形成结构的关键。它的连接作用启发在团队中要发挥桥梁和纽带作用，积极与他人沟通协作，促进集体的和谐与进步。在团队中，每个人既是独立的个体，又是整体的一部分。团队合作不仅能增强解决问题的能力，还能培养责任感、沟通能力和协作意识。直线连接不同的几何点，正如在团队中，每个成员都与他人紧密联系，共同构成集体的整体力量。在课堂上、在工作中，每个人都是团队的重要组成部分。团结与合作是成功的基石，理解并尊重他人的价值，才能在集体中发挥最大作用。希望通过对直线连接特性的学习，深刻理解团队协作的重要性，培养团结意识，为集体目标贡献一己之力。

（4）知识与思想的融合——从几何中汲取人生智慧。直线的学习不仅仅是几何概念的掌握，更是知识与思想的深度融合。几何学中的直线是数学的基本元素，同时也承载着做人做事的深刻道理。正直、坚定、团结等品质都能从直线的特性中得到启示。这样的结合不仅丰富了几何学的内涵，更有助于在学习中提升价值观和人生观。几何知识不再只是冷冰冰的定理和法则，而是充满了生活的智慧和做人的准则。从几何学出发，在学习的过程中不断思考、不断成长，这种知识与思想的融合可以帮助建立更加成熟的自我认知，为未来的生活和职业发展打下良好的思想基础。希望通过对几何知识的学习，不仅能够获取技能，更能在其中找到人生的方向和动力。

3.6　两直线的相对位置

两条空间直线的相对位置有三种情况：平行、相交、交叉，特殊情况下为互相垂直或重合。在日常生活中可以把许多事物抽象成两直线的关系，例如，无轨电车的两条输电线、火车的两条铁轨、商场内自动扶梯的两边扶手等都可抽象地当作两平行直线；又如，大街上的十字路口、一把剪子的两个刃口、大座钟上的时针与分针等可以抽象成两条相交直线；还有，都市中的立交马路、桥梁与河流、高空走钢丝的特技演员手中所持的长棒与脚下的钢索等，也可把它们抽象地理解为两条交叉直线。

3.6.1　两直线平行

空间中两直线平行，则它们的同名投影也必互相平行；且两直线的同名投影的长度之比，都与它们本身的长度之比相等，因而各同名投影之间的长度之比也相等，且指向相同。

如图 3-24（a）所示，直线 *AB* 和 *CD* 互相平行，则过 *AB* 和 *CD* 所作的垂直于 *H* 面的两个投射平面 *ABba* 和 *CDdc* 也必互相平行，因而与 *H* 面交得的投影 *ab* 和 *cd* 也平行。*V* 面和 *W* 面投影同理。

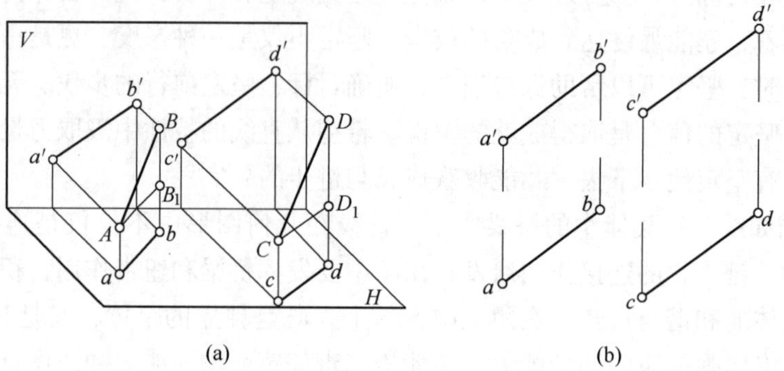

图 3-24　空间中两平行直线

（a）空间状况；（b）投影图

两条一般位置直线的任意两组同名投影互相平行，则这两条直线在空间一定平行。但若两直线都是某一投影面的平行线，则需画出在该投影面上的同名投影才能确定；或者由各同名投影的指向和长度之比是否一致来确定。

例 3-8　如图 3-25 所示，过已知点 *A* 作一直线 *AB*，使 *AB* 平行于另一已知直线 *CD*（*c′d′* 及 *cd* 已知）且点 *B* 位于 *H* 面上，并作出两直线的三面投影。

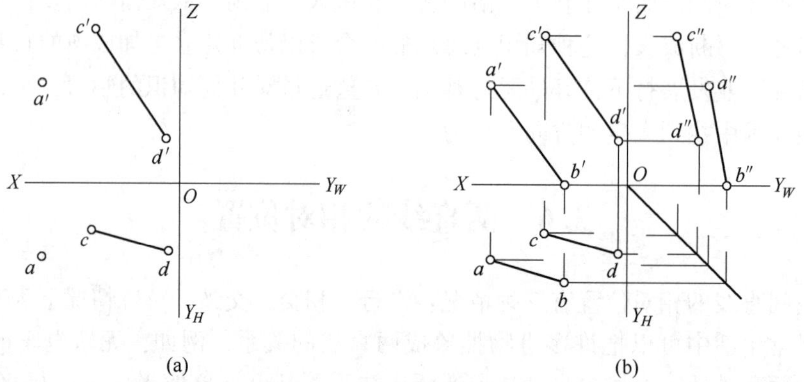

图 3-25　过点 *A* 作直线 *AB* 平行于 *CD*

（a）已知条件；（b）作图过程

解：（1）根据两平行线的投影规律，$AB /\!/ CD$，则三面投影都平行，由此可定出直线 *AB* 的方向。并求出 *CD* 与 *A* 点的 *W* 面投影。

（2）因点 *B* 在 *H* 面上，故 *b′* 应位于 *OX* 轴上，由此可定出点 *b′* 的投影。前面已经作出 *ab* 的方向，长对正得到 *b* 的位置，再做出 *AB* 的 *W* 面投影。

3.6.2 两直线相交

两直线相交，它们的同名投影必相交，而且投影的交点中，每两个必位于同一条连系线上。如图 3-26 所示，两直线 AB 和 CD 相交于点 K。因 K 在 AB 同时也在 CD 上，所以 k 必定在 ab 上，同时又在 cd 上，故 k 为 ab 和 cd 的交点。同样，k'为 $a'b'$和 $c'd'$的交点，以及 k''为 $a''b''$和 $c''d''$的交点。

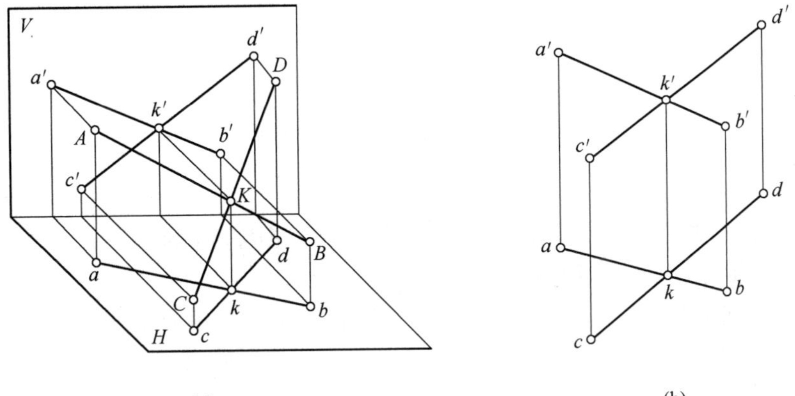

(a) (b)

图 3-26 相交两直线

（a）空间状况；（b）投影图

如图 3-26 所示，因 k 和 k'在一条连系线上，故能定出空间点 K；又因 k 和 k'分别在 ab 和 $a'b'$上，故 K 在 AB 上；又 k 和 k'分别在 cd 和 $c'd'$上，即 K 也在 CD 上，因而 K 必是 AB 和 CD 的交点，故 AB 与 CD 相交。

例 3-9 试检查图 3-27（a）中所给两直线 AB 和 CD 是否相交。

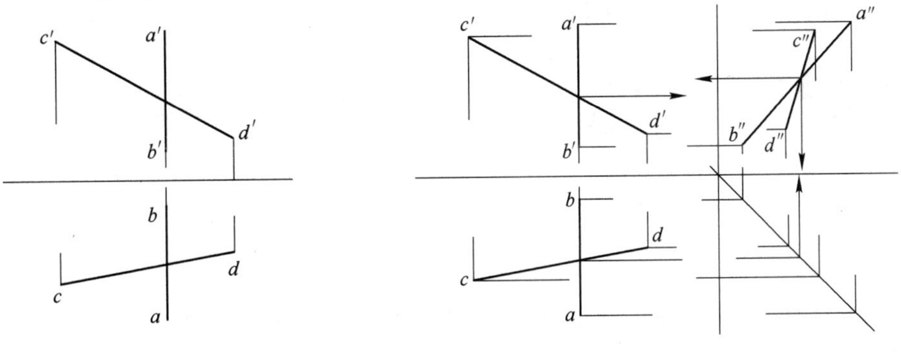

(a) (b)

图 3-27 检查 AB 与 CD 是否相交

解： 已知两直线的两组投影虽然都相交，但由于其中直线 AB 为侧平线，使它们在 H 面和 V 面上的投影交点是否为两直线交点的投影不易直接看出。为此，分别求出第三投影 $a''b''$和 $c''d''$，如图 3-27（b）所示，得出三组投影的交点不是一个点的三个投影，即 AB 和 CD 不是相交两直线的结论。或者不作出第三投影，用等比性来判断。

例 3-10 在图 3-28（a）中作一直线 GH，使它和已知直线 AB 平行且和另两已知直线 CD，EF 均相交。

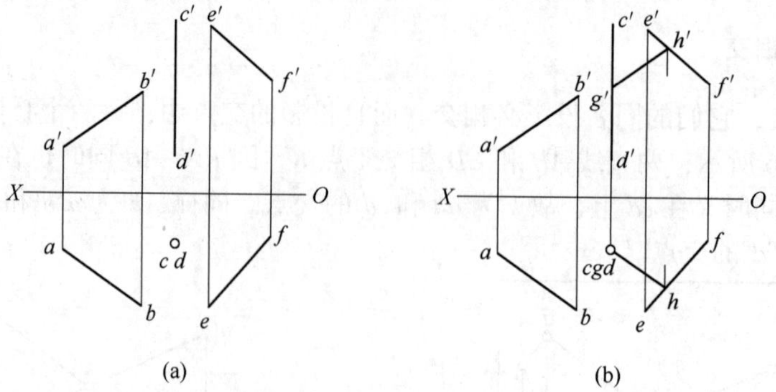

图 3-28　作直线 GH 平行于 AB，且与 CD，EF 相交

（a）已知条件；（b）作图过程

解：（1）根据两直线平行的投影特性可知，$GH /\!/ AB$，则 $gh /\!/ ab$，$g'h' /\!/ a'b'$。点 G 在直线 CD 上，则 g 和 cd 积聚的点重合。

（2）过 g 作直线平行 ab 与 ef 相交于 h，由 h 长对正得 h' 再由 h' 作直线平行 $a'b'$ 与 $c'd'$ 交于 g'，根据上述方法求出 GH 的两投影。如图 3-28（b）所示。

3.6.3　两直线交错

若两直线既不平行又不相交，那就是交错两直线，也称交叉两直线，即异面直线。图 3-29 所示为几种交错两直线的投影图。值得注意的是，在图 3-29（a）、（c）和（d）中，同面投影的交点是两直线上的点在该投影面上的重影点。

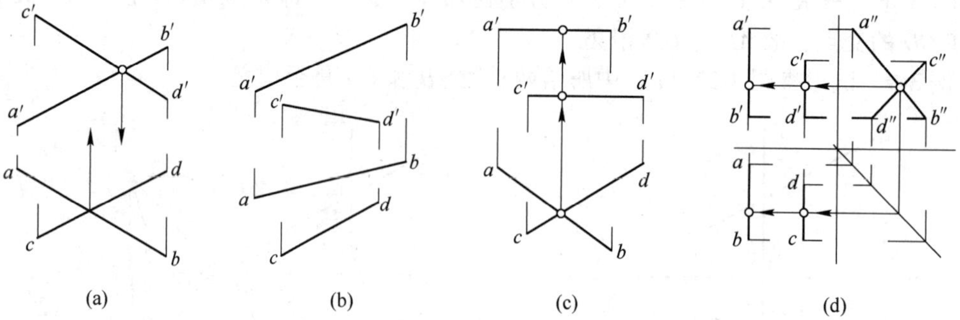

图 3-29　交错两直线

例 3-11　试判断图 3-30 中交错两直线 AB、CD 重影点的可见性。

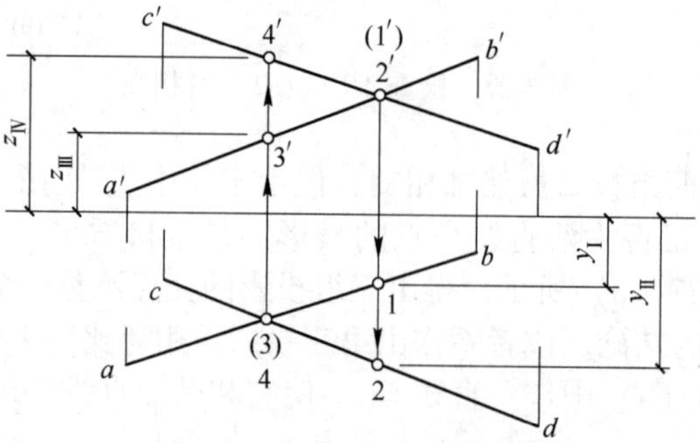

图 3-30　重影点可见性判断

解：从图 3-30 中容易看出直线 AB、CD 在 H 面、V 面上各有一重影点。设 V 面投影中 $a'b'$和 $c'd'$的交点是直线 AB 上点Ⅰ（1，1′）和直线 CD 上点Ⅱ（2，2′）重影。过此重影作投影连线，在 ab 上得点 1、在 cd 上得点 2，由方位关系可以判断，点 2 在 1 点的前方，即由前向后投射时，点Ⅱ在前，应可见，点Ⅰ被遮挡，不可见，将 1′标为（1′）。

用相同的方法可知，在 H 面上的重影是直线 CD 上的点Ⅳ（4，4′）高于直线 AB 上的点Ⅲ（3，3′）。由上向下投射时，点Ⅳ可见，点Ⅳ被遮挡，将点Ⅲ标为（3）。

3.7 一边平行于投影面的直角的投影

当构成角度的两直线平行于同一投影面时，在该投影面上的投影反映该角度的真实大小。若构成平面角的两条直线都是一般位置直线时，在一般情况下，平面角与其投影角是不相等的。当构成直角的两直线中，有一直线是投影面平行线，则此两直线在该投影面上的投影仍相交成直角。这就是画法几何中应用很广泛的直角投影法则。

如图 3-31（a）所示，相交两直线 AB 和 BC，设 $AB \perp BC$，且 AB 平行 H 面，BC 为一般位置直线。因 Bb 垂直 H 面，故 $AB \perp Bb$，于是 AB 垂直于投射平面 $BbcC$；又因 AB 平行 H 面，即 $ab /\!/ AB$，所以 ab 也垂直投射平面 $BbcC$，因而 ab 垂直于投射平面 $BbcC$ 上直线 bc，即 $ab \perp bc$。故此时直角的投影还是直角。图 3-31（b）所示为其投影图。

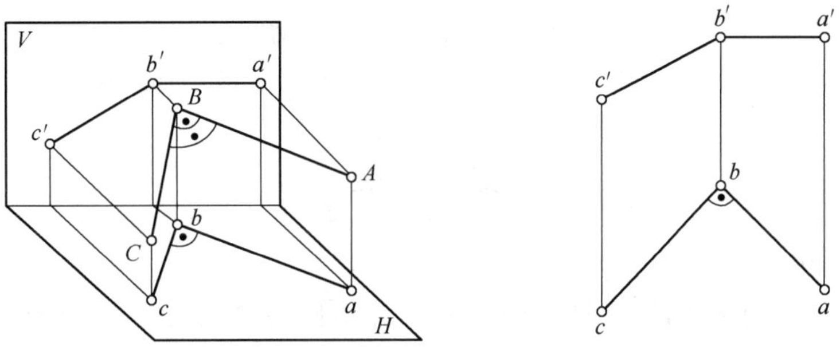

(a) (b)

图 3-31 一边平行于投影面的直角的投影

（a）空间状况；（b）投影图

直角投影法则，同样适用于交叉垂直的两直线。

如图 3-32（a）所示，设直线 AB 与 DE 交叉垂直，且 AB 为 H 面平行线，DE 为一般

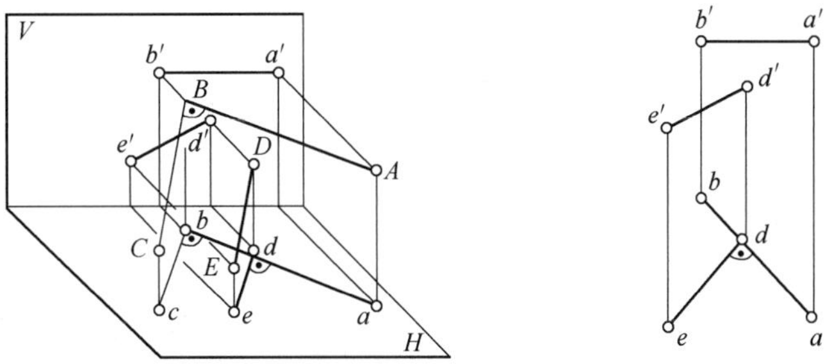

(a) (b)

图 3-32 一直角平行投影面的交叉垂直两直线投影

（a）空间状况；（b）投影图

位置直线。现过 AB 上任一点如 B，作直线 $BC//DE$，则 $AB \perp BC$，且 $ab \perp bc$。因 $BC /\!/ DE$，则 $bc /\!/ de$，故 $ab \perp de$。反之也是。图 3-32（b）所示为其投影图。

例 3-12 如图 3-33 所示，求点 A 到 V 面平行线 CD 的真实距离。

解： 过点 A 作直线 CD 的垂线，设垂足为 B，则 AB 的长度即为所求距离。

因 CD 平行 V 面，故 AB 和 CD 的 V 面投影垂直。作图时，可由 a' 作 $a'b' \perp c'd'$，垂足为 b'；长对正求出 b，可连得 ab。再利用直角三角形法，作出反映 AB 实长的线段 aB_0，其长度即为点 A 到 CD 的真实距离。

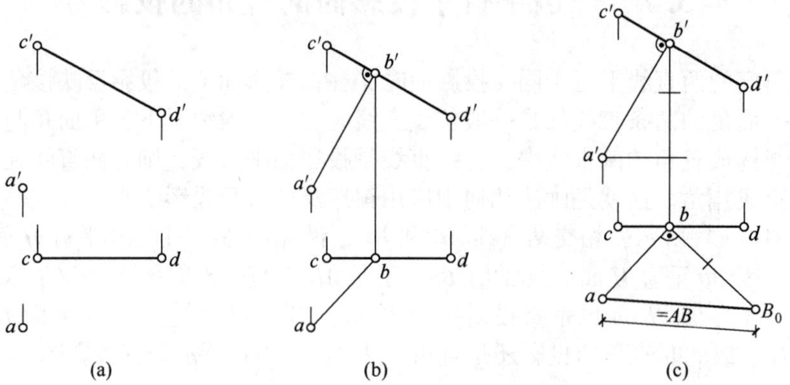

图 3-33 求点 A 到直线 CD 的距离

（a）已知条件；（b）过点 A 作 AB 垂直 CD；（c）求出真实距离

复习思考题

3-1 表达点的空间位置需要几个投影，为什么？

3-2 点的三面投影图是怎样得到的，给定空间点的坐标，如何作点的直观图和投影图？

3-3 在投影图上怎样辨认两点的相对位置？

3-4 如何判断重影点在投影图中的可见性，怎样标记？

3-5 空间直线如何分类，各类直线有什么投影特性，如何根据直线的两面投影判定直线的类别？

3-6 简述直角三角形法中直线的倾角、线段的实长及其投影之间的关系。

4 平面的投影

本章讨论各种位置平面的投影规律，平面上取点、线的方法，以及如何利用平面内最大斜度线求一般位置平面的倾角。

基本要求：

1. 了解平面的投影表示法；
2. 掌握各种位置平面的投影规律；
3. 掌握点和直线与平面的相对关系；
4. 掌握平面内投影面平行线的投影特性；
5. 熟悉平面内最大斜度线的概念。

4.1 平面的投影表示法

4.1.1 平面的几何元素投影表示法

由初等几何可知，不属于同一直线的三点、一直线及直线外一点、相交两直线、平行两直线或任何一平面图形都可确定一平面。因此，可以用上述任一组几何元素的投影来表示平面的投影（见图 4-1）。

（1）不属于同一直线的三点（见图 4-1（a））。

（2）一直线和不属于该直线的一点（见图 4-1（b））。

（3）相交两直线（见图 4-1（c））。

（4）平行两直线（见图 4-1（d））。

（5）任一平面图形［例如三角形（见图 4-1（e）），圆及其他平面图形］。

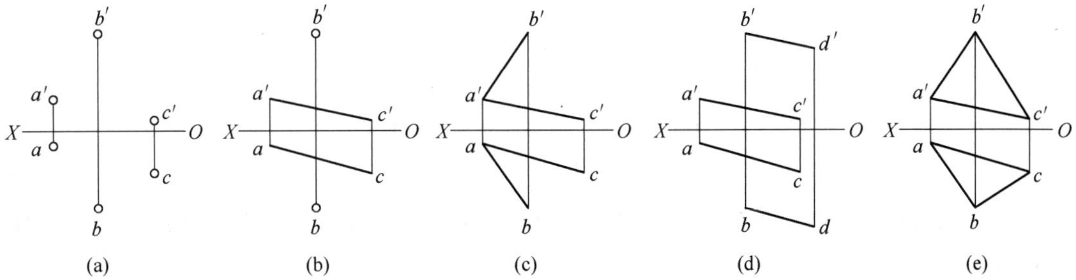

图 4-1　平面的几何元素投影表示法

（a）三点表示平面；（b）一点一直线表示平面；（c）相交两直线表示平面；（d）平行两直线表示平面；（e）平面多边形表示平面

4.1.2 平面的迹线表示法

空间平面与投影面相交，其交线称为平面的迹线。平面与 V 面的交线称为正面迹线，

平面与 H 面的交线称为水平迹线，平面与 W 面的交线称为侧面迹线。若平面用 P 标记，则其正面迹线用 P_V 标记，水平迹线用 P_H 标记，侧面迹线用 P_W 标记。P_V 是属于 V 面的一条直线，其正面投影与本身重合，习惯上就用 P_V 来表示平面 P 的正面投影，其水平投影与投影轴 OX 相重合，不另标符号。P_H 是属于 H 面的一条直线，其水平投影与本身重合，就用 P_H 来表示平面 P 的水平投影，其正面投影与投影轴 OX 相重合，也不另标符号。

因为迹线 P_V 和 P_H 是属于平面 P 的相交两直线，所以可以用平面的迹线来表示该平面（见图 4-2）。有时平面的两条迹线是互相平行的两直线，当然也可用来表示平面（见图 4-3）。

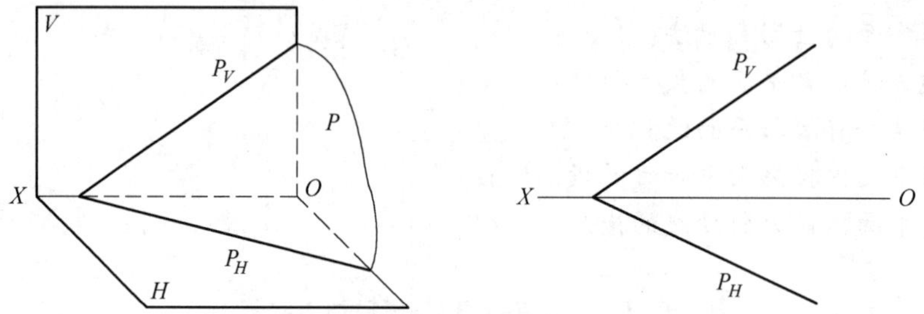

(a)　　(b)

图 4-2　相交两迹线表示的平面
（a）直观图；（b）投影图

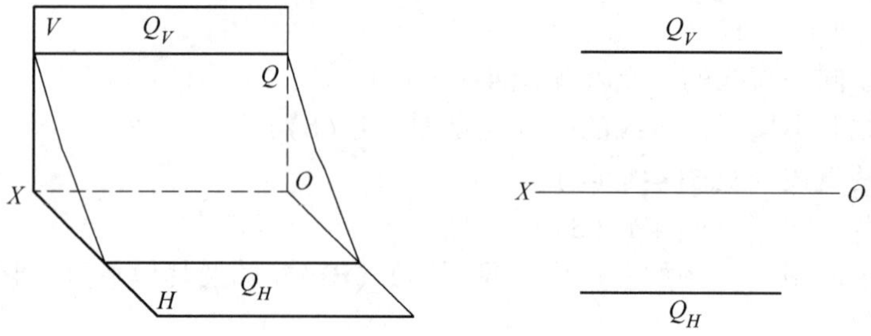

(a)　　(b)

图 4-3　平行两迹线表示的平面
（a）直观图；（b）投影图

若平面未用迹线表示，例如平面 P 由 $\triangle ABC$ 给定（见图 4-4），则可经过作图而转换为迹线表示的形式。

根据两点确定一直线，因此，作出属于 P_V 的任意两点和属与 P_H 的任意两点，即可作出迹线。从图 4-5 可以看出，取属于平面的任意两直线，如 AB 和 BC，作出该两直线的水平迹点 D 和 F，则 D 和 F 必属于平面 P 与 H 面的水平迹线 P_H，所以连点 D 和 F 即为水平迹线 P_H。同理，作出该两直线的正面迹点 E 和 G，连点 E 和 G 即为正面迹线 P_V（见图 4-5）。故求作平面的迹线可归结为求作属于平面内任意两直线的迹点问题。

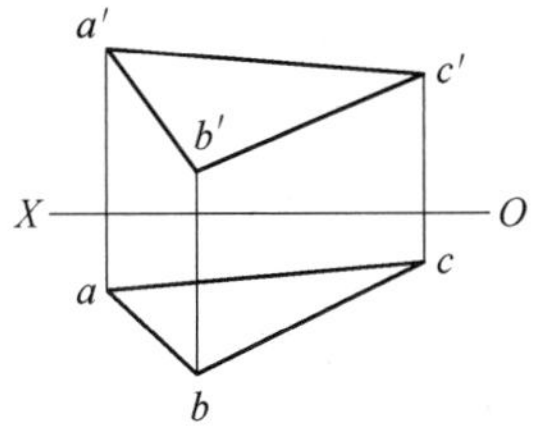

图 4-4 △ABC 给定的平面

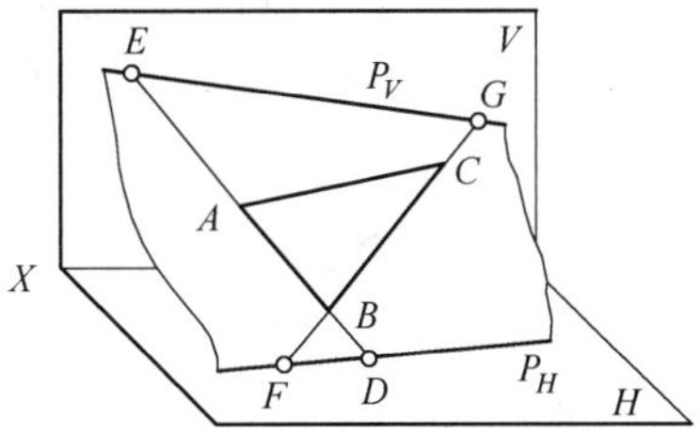

图 4-5 用几何元素表示的平面转换为迹线表示的平面

4.2 平面与投影面的相对位置

在三投影面体系中，空间平面与投影面的相对位置可以分为三类：（1）一般位置平面；（2）投影面垂直面；（3）投影面平行面。后两类统称为特殊位置平面。

4.2.1 一般位置平面

对三个投影面都倾斜的平面称为一般位置平面（见图 4-6（a））。其三面投影图都是三角形，与其实形具有相似性（见图 4-6（b））。若用迹线表示此平面，则其各条迹线必与相应的投影轴倾斜（见图 4-6（c））。

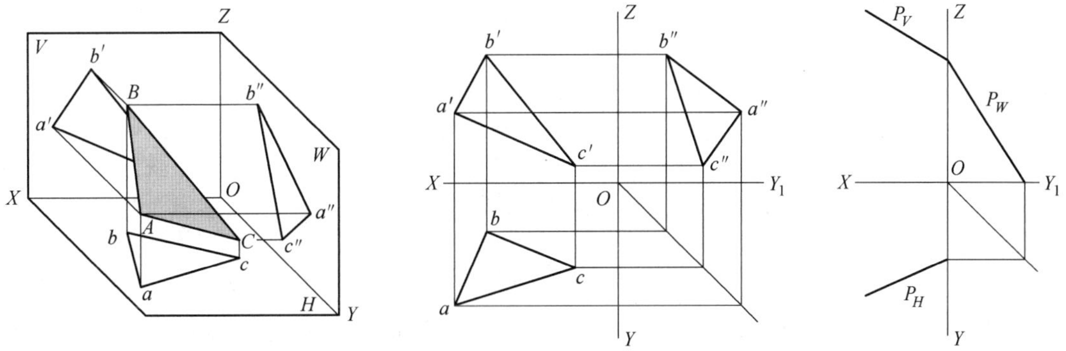

(a) (b) (c)

图 4-6 一般位置平面

（a）直观图；（b）投影图；（c）用迹线表示的投影图

4.2.2 投影面垂直面

垂直于某个投影面，而倾斜于另外两个投影面的平面称为投影面垂直面。其中，垂直于 H 面的平面称为铅垂面；垂直于 V 面的平面称为正垂面；垂直于 W 面的平面称为侧垂面。

图 4-7 所示为由△ABC 给定的铅垂面。它有下列性质：

（1）铅垂面的水平投影积聚为一条倾斜直线。由于铅垂面垂直于 H 面，属于铅垂面的所有点，例如点 A，向 H 面作投射线 Aa 时，Aa 也属于铅垂面。Aa 与 H 面的交点 a（即

点 A 的水平投影）一定属于铅垂面与 H 面的交线。两平面只有唯一交线，所以铅垂面上所有点的水平投影，均属于此交线。投影的这种性质称为积聚性。

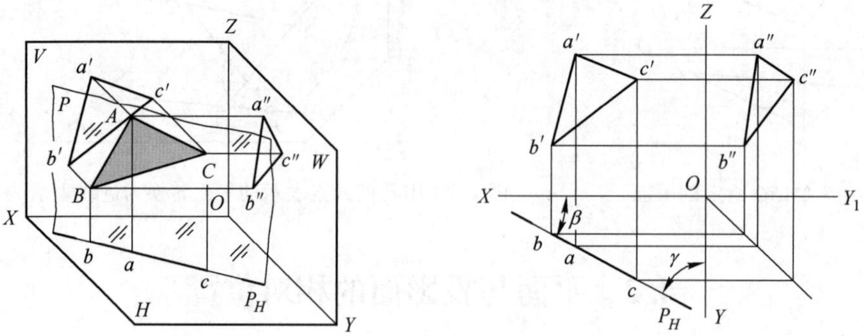

图 4-7 铅垂面△ABC 的直观图和投影图

（a）直观图；（b）投影图

（2）铅垂面的水平投影和它的水平迹线相重合。铅垂面的三条迹线如图 4-8 所示，正面迹线 P_V 和侧面迹线 P_W 分别垂直于相应的投影轴，水平迹线 P_H 与投影轴 OX、OY 倾斜。

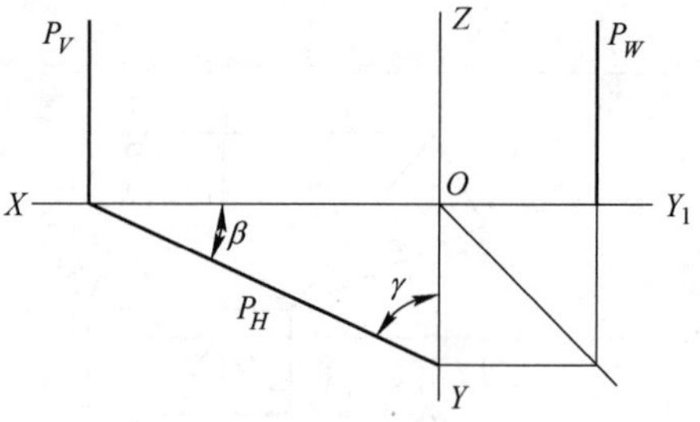

图 4-8 铅垂面的三条迹线

（3）铅垂面的水平投影与 OX 轴的夹角，反映该平面对 V 面的倾角 β；铅垂面的水平投影与 OY 轴的夹角，反映该平面对 W 面的倾角 γ。

对于正垂面和侧垂面也可作同样的分析，得到类似的性质，见表 4-1。

表 4-1 投影面垂直面

平面的位置	直 观 图	投 影 图	迹线表示法
垂直于 H 面 （铅垂面）	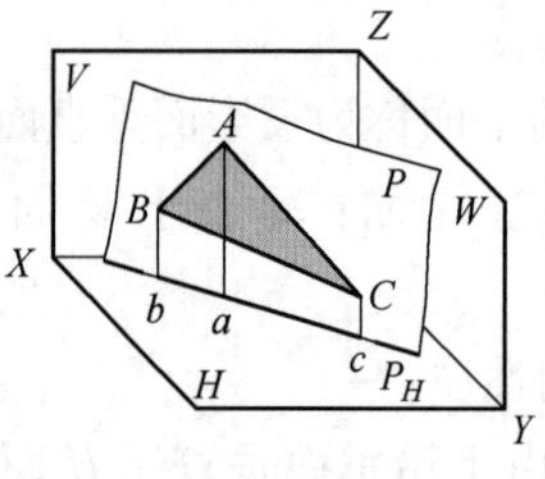	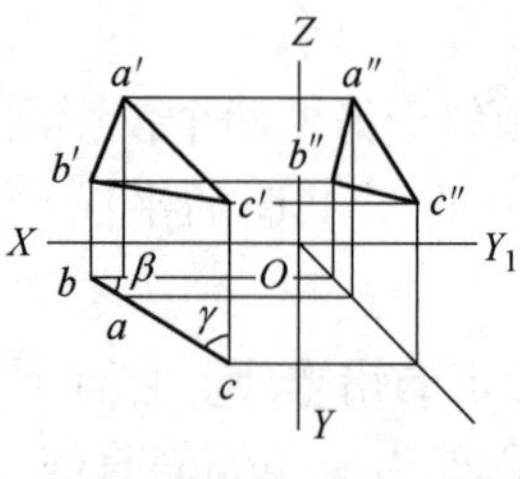	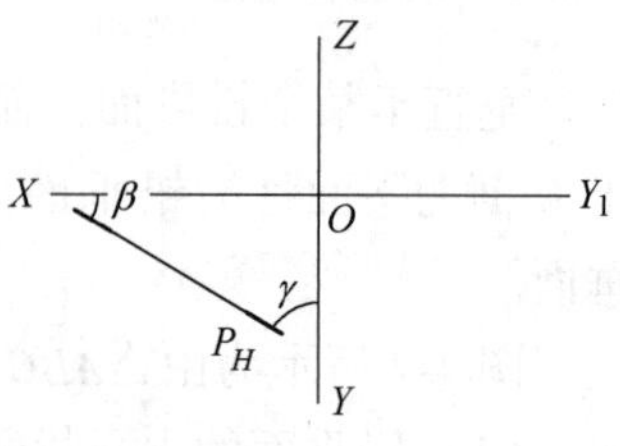

续表 4-1

平面的位置	直 观 图	投 影 图	迹线表示法
垂直于 *V* 面 （正垂面）	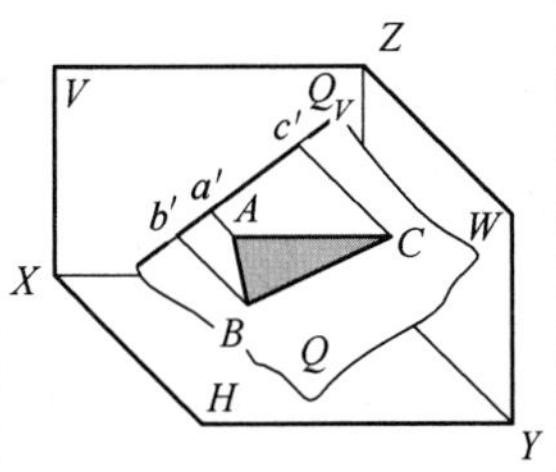	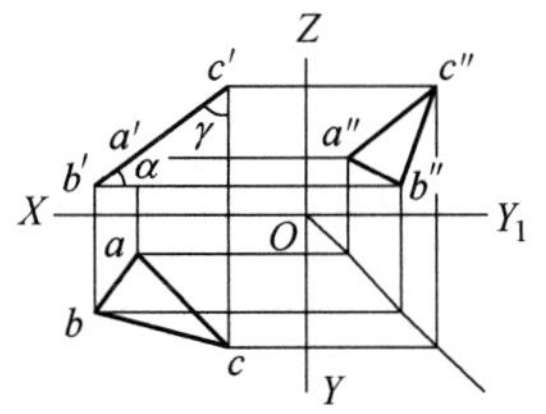	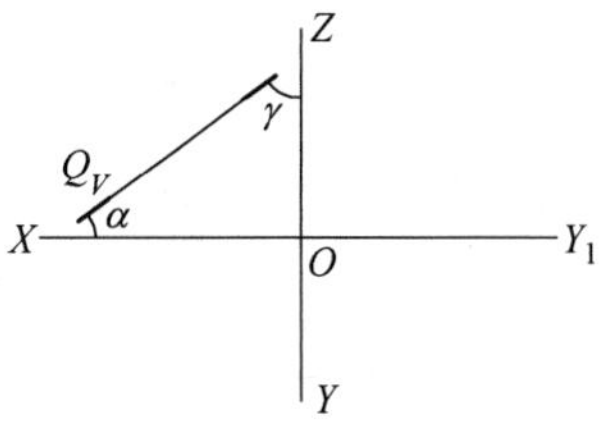
垂直于 *W* 面 （侧垂面）	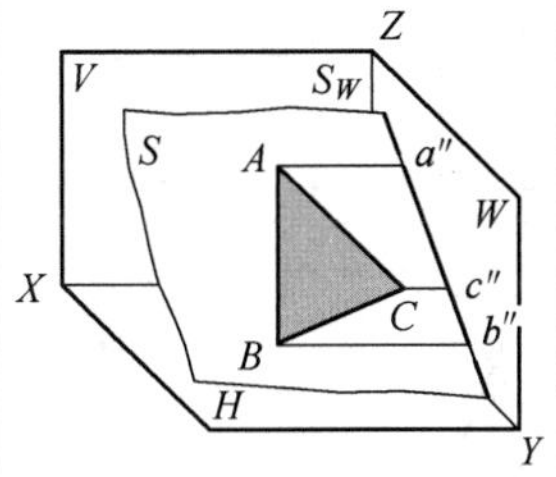	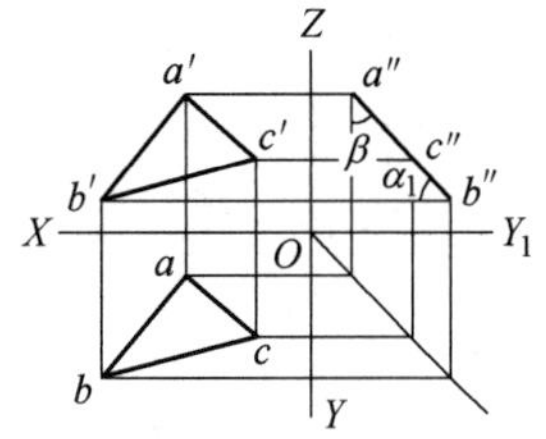	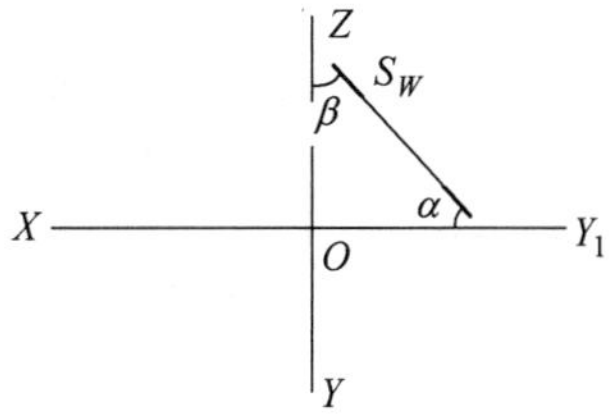

4.2.3 投影面平行面

平行于某个投影面，而垂直于另外两个投影面的平面称为投影面平行面。平行于 *H* 面的平面，称为水平面；平行于 *V* 面的平面，称为正平面；平行于 *W* 面的平面，称为侧平面。

图 4-9 所示为一由四边形 *ABCD* 给定的正平面。它有下列性质：

（1）正平面的水平投影和侧面投影各积聚为一直线，且分别平行于投影轴 *OX* 和 *OZ*。

（2）正平面的水平投影和侧面投影分别和它的水平迹线 Q_H 和侧面迹线 Q_W 相重合。

（3）正平面的正面投影反映实形。

水平面和侧平面也有类似的性质，见表 4-2。

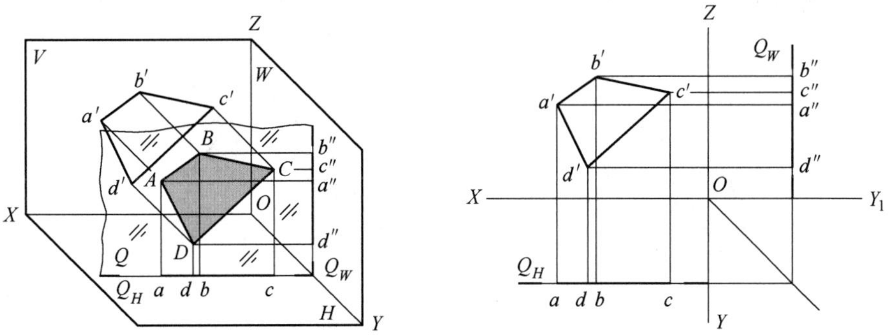

(a)　　(b)

图 4-9　正平面的直观图（a）和投影图（b）

表 4-2 投影面平行面

平面的位置	直 观 图	投 影 图	迹线表示法
平行于 H 面（水平面）	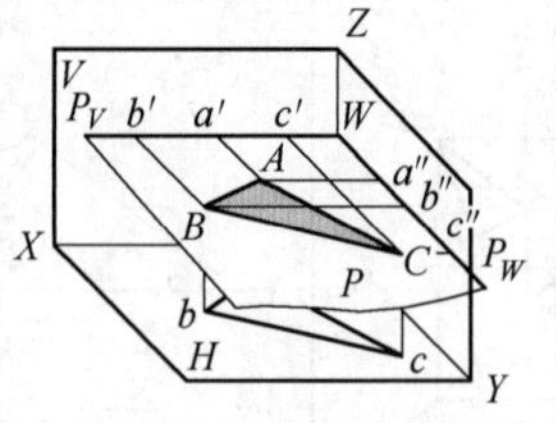	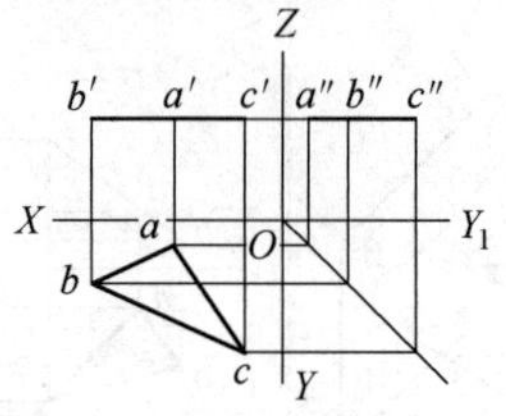	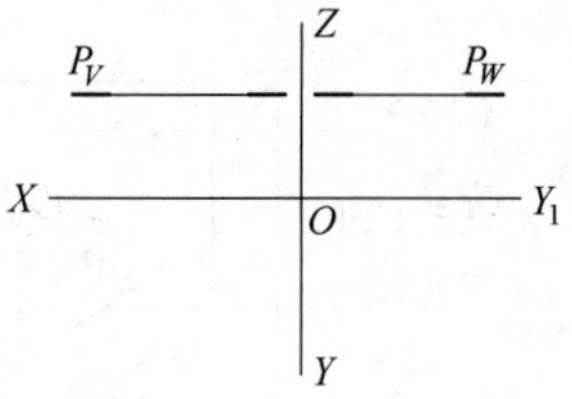
平行于 V 面（正平面）	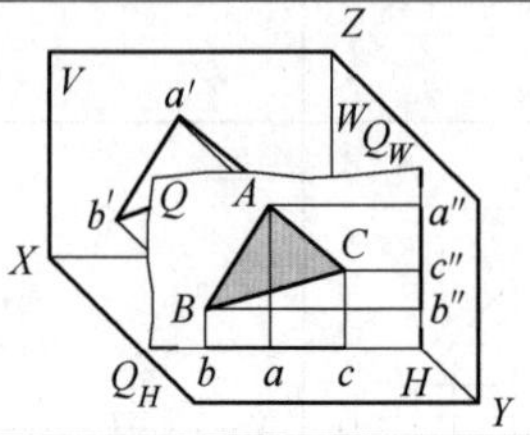	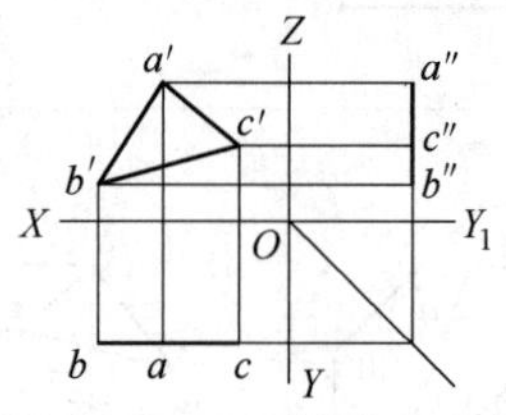	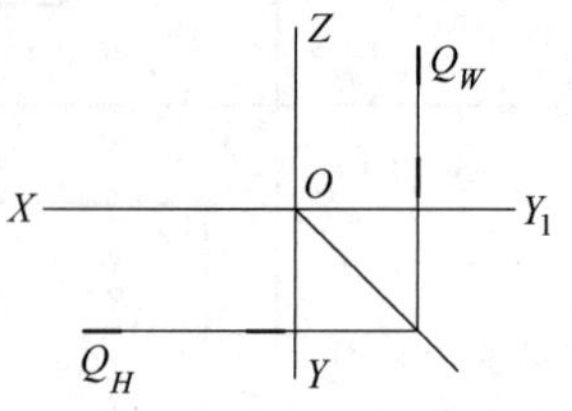
平行于 W 面（侧平面）	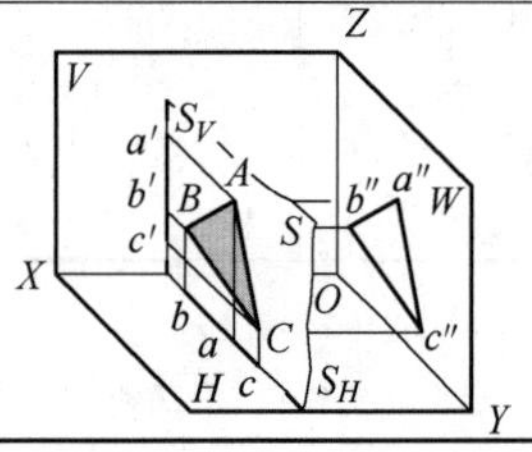	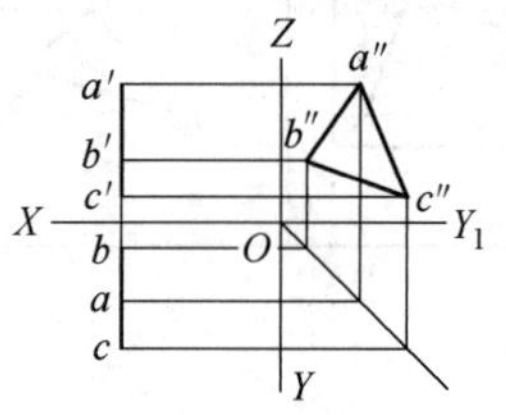	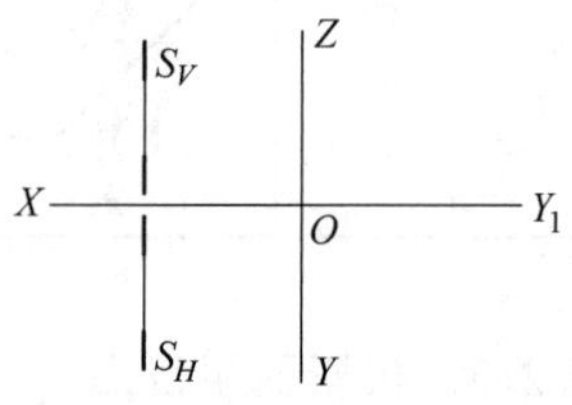

4.3 平面上的点和直线

4.3.1 属于一般位置平面的点和直线

4.3.1.1 属于平面的点

若点在平面内的任一直线上，则该点必在该平面内。因此，取属于给定平面的点，要取自属于该平面的一条直线。

例 4-1 已知相交两直线 *AB* 和 *BC* 给定一平面，试取属于该平面的任意两点（见图 4-10）。

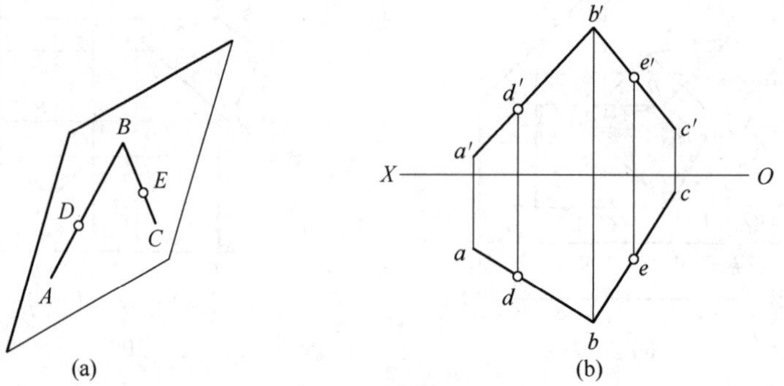

(a) (b)

图 4-10 取属于平面的点
（a）直观图；（b）投影图

解：取属于面内已知直线 AB 的任意点 $D(d,\ d')$，则点 D 属于给定平面；取属于面内已知直线 BC 的任意点 E $(e,\ e')$，则点 E 也属于给定平面。

4.3.1.2 属于平面的直线

若直线通过已知平面内的两点；或直线通过已知平面内的一点，且平行于该平面内的一条直线，则该直线在已知平面内。因此，取属于给定平面的直线，要经过属于该平面的两点；或经过属于该平面的一点且平行于属于该平面的一条直线。

例 4-2 已知相交两直线 AB 和 BC 给定一平面，试取属于该平面的任意两直线（见图 4-11）。

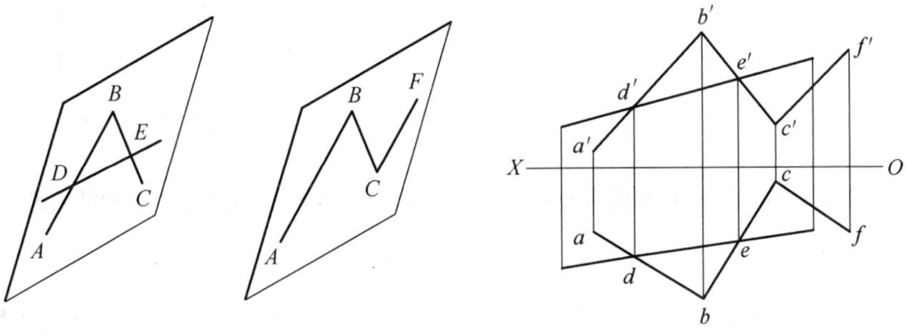

(a) (b) (c)

图 4-11 取属于平面的直线

（a）经过两点；（b）经过一点且平行于一直线；（c）投影图

解：先取属于给定平面的任意两点 $D(d,\ d')$ 和 E $(e,\ e')$，过点 D、E 的直线 DE $(de,\ d'e')$ 必属于给定平面；经过属于给定平面的已知点 $C(c,\ c')$ 作直线 CF $(cf,\ c'f')$ 平行于面内的已知直线 $AB(ab,\ a'b')$，直线 CF 也属于给定平面。

例 4-3 已知△ABC 给定一平面，试判断点 S 是否属于该平面（见图 4-12）。

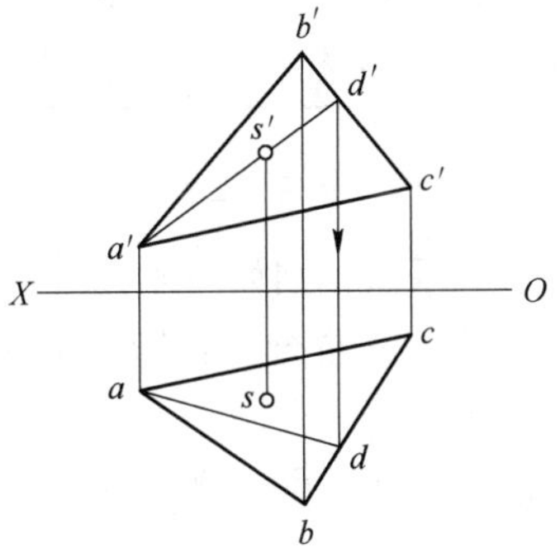

图 4-12 判断点 S 是否在平面内

解：作属于给定平面的辅助线 AD $(ad,\ a'd')$，先使 $a'd'$ 经过 s'；再看 ad 是否经过 s；因这里 $s \notin ad$，故点 S 不属于定平面。

4.3.2 属于特殊位置平面的点和直线

4.3.2.1 取属于特殊位置平面的点和直线

属于特殊位置平面的点和直线，它们至少有一个投影必重合于该平面具有积聚性的投影。如图 4-13 所示，正垂面 P 由 P_V 给定。取属于该平面的点，先自 P_V 取点的正面投影，再在投影连线上任取其水平投影，如点 $A(a, a')$ 和点 $B(b, b')$ 都属于平面 P。又如图 4-14 所示，已知正平面 Q 由 Q_W 给定。取属于该平面的直线，先自 Q_W 取直线的侧面投影，再任取其正面投影，如直线 $CD(c'd', c''d'')$ 便属于平面 Q。

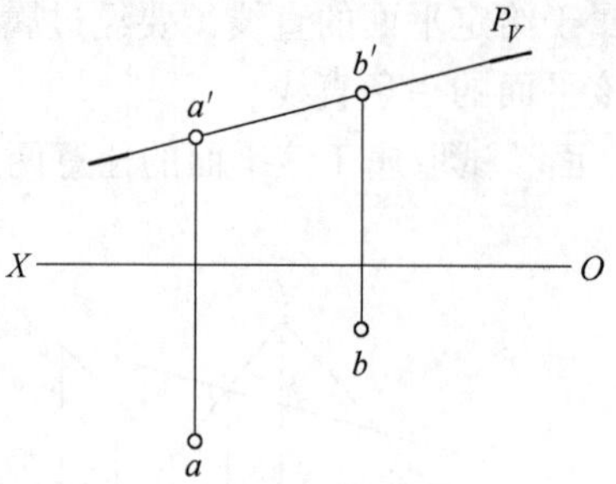

图 4-13　取属于正垂面的点

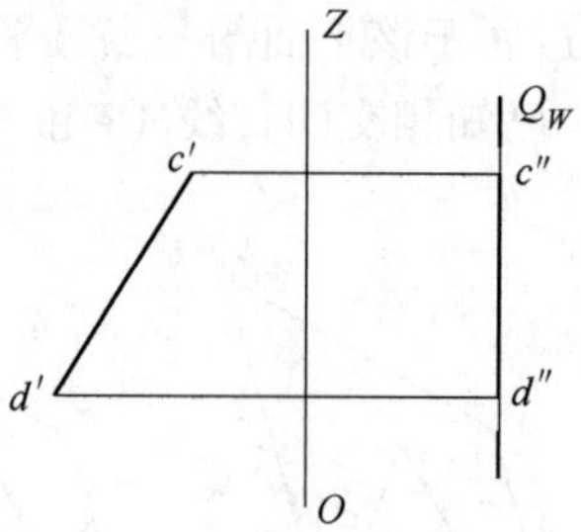

图 4-14　取属于正平面的直线图

4.3.2.2　过一般位置直线总可作投影面垂直面

欲过已知一般位置直线 EF 作铅垂面，总是可能的（见图 4-15）。证明如下：过属于已知直线的任意点，如点 E，作铅垂线 EM；则 $EM \perp H$ 面，那么过 EM 的所有平面均垂直于 H 面，因此相交两直线 EM 和 EF 确定的平面 S 必垂直于 H 面，即平面 S 是铅垂面。

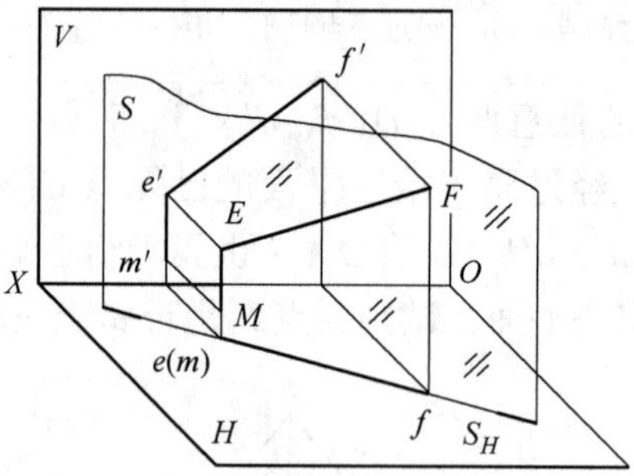

图 4-15　取属于正垂面的点

若用几何元素 EM 和 EF 表示该平面，则如图 4-16（a）所示。若用迹线表示该平面，则其水平迹线 S_H 必与直线的水平投影 ef 重合。投影图上作图则甚为简便，过 ef 引 S_H 便是，如图 4-16（b）所示。

同理，过一般位置直线 EF 总可作正垂面和侧垂面。

4.3.2.3　过特殊位置直线作平面

欲过已知的投影面垂直线或投影面平行线作平面，必须先进行空间分析，然后画出对应投影图。

例 4-4　试过铅垂线 MN 作一平面。经过空间分析可知，过铅垂线 MN 可作一个正平面 P，一个侧平面 Q，并可作无穷多个铅垂面，如图 4-17 所示。

又如，试过正平线 EF 作一平面。经空间分析可知，过正平线可作一个正平面 P，一个正垂面 Q，并可作无穷多个一般位置平面，但不能作铅垂面及侧垂面，其投影图如图 4-18 所示。

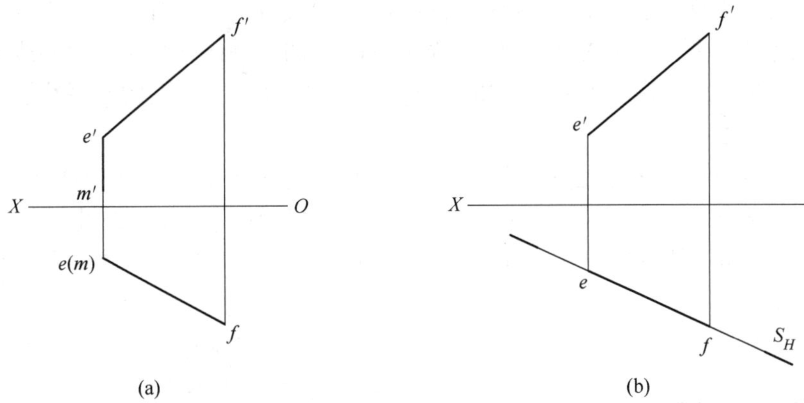

图 4-16 过一般位置直线作铅垂面

（a）几何元素表示法；（b）迹线表示法

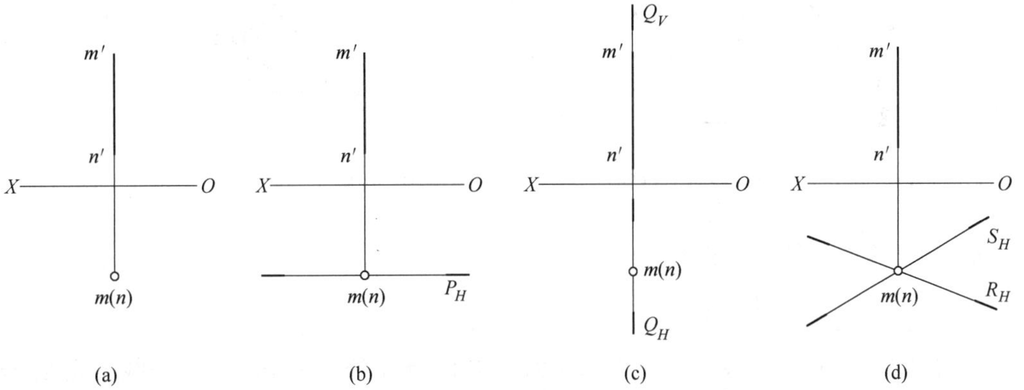

图 4-17 过铅垂线作平面

（a）给题；（b）作正平面；（c）作侧平面；（d）作铅垂面

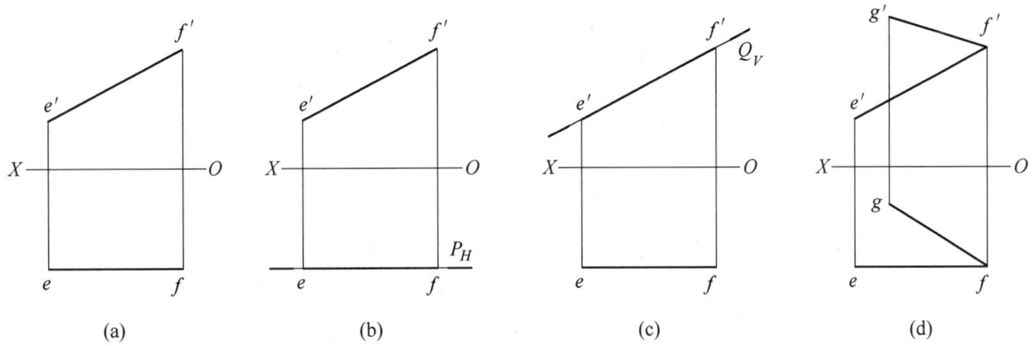

图 4-18 过正平线作平面

（a）给题；（b）作正平面；（c）作正垂面；（d）作一般位置平面

4.3.3 属于平面的投影面平行线

属于平面的投影面平行线具有投影面平行线的投影性质，又与所属平面保持从属关系。

属于一般位置平面或投影面垂直面的投影面平行线方向是一定的。如图 4-19 所示，属于平面 P 的水平线平行于水平迹线 P_H。属于平面 P 的正平线平行于正面迹线 P_V。

例 4-5 已知△ABC 平面（见图 4-20），试过点 A 作属于该平面的水平线，过点 C 作属于该平面的正平线。

解：水平线的正面投影总是平行于 OX 轴。因此先过 a'作 $a'e'$平行于 OX 轴，与 $b'c'$交于 e'；然后作出 e，连 ae；AE（ae，$a'e'$）即为所求水平线。同理，先过 c 做 cd 平行于 OX 轴，与 ab 交于 d；然后作出 d'，连接 $c'd'$；CD（cd，$c'd'$）即为所求正平线。

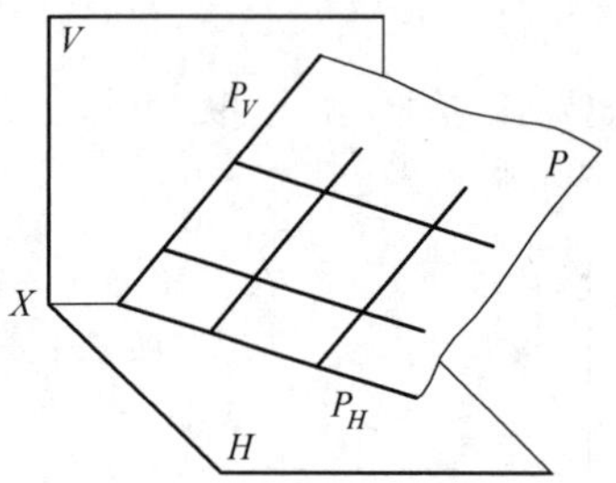

图 4-19 属于平面的投影面平行线

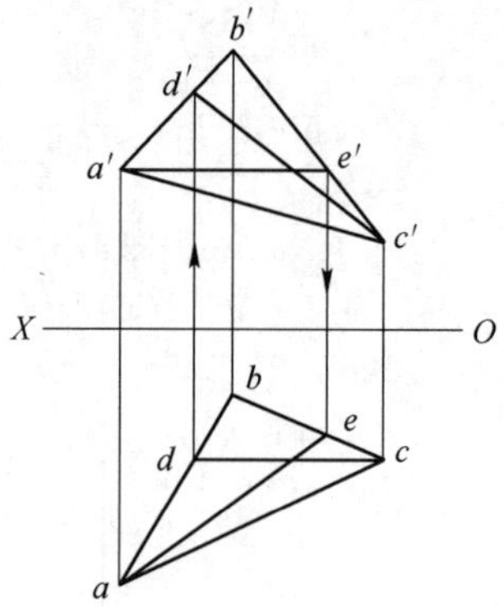

图 4-20 作属于平面的水平线和正平线

4.3.4 属于平面的最大斜度线

4.3.4.1 最大斜度线的定义

在图 4-21（a）中，假设有一小球从斜面 P 的点 A 处自由滚下，其路线一定是 AK，而不是其他直线，如 AK_1、AK_2 等。从几何角度分析，直线 AK 具有两个特性：(1) AK 是平面 P 上过点 A 向 H 面所能画出的无数条倾斜线中，倾角最大的一条，即 $\alpha > \alpha_1$，α_2，…；(2) 直线 AK 垂直于迹线 P_H，亦即垂直于斜面 P 上的水平线。

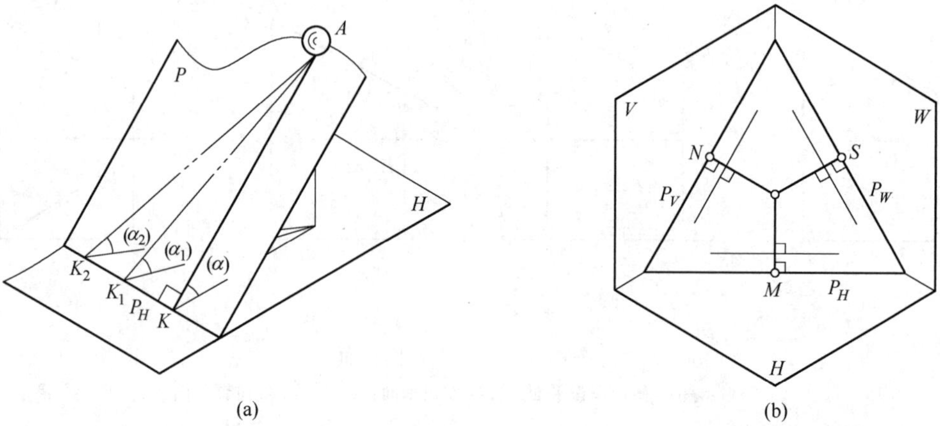

(a) (b)

图 4-21 属于平面的最大斜度线

在画法几何中，把平面上相对投影面倾角最大的直线称为该平面的最大斜度线，它是属于并垂直于该平面的投影面平行线的直线（见图 4-21（b））。属于平面的最大斜度线有三种，平面上垂直于水平线的直线，称为对水平面的最大斜度线；垂直于正平线的直线，称为对正立面的最大斜度线；垂直于侧平线的直线，称为对侧立面的最大斜度线。

如图 4-22 所示，直线 *CD* 是属于平面 *P* 的水平线，垂直于 *CD* 且属于平面 *P* 的直线 *AE* 是平面 *P* 上对 *H* 面的最大斜度线。显然，已知平面对 *H* 面的最大斜度线有互相平行的无穷条。

如图 4-23 所示，已知平面△*ABC*，为作属于平面上对水平面的最大斜度线，先任意作面内的一条水平线 *CD*(*cd*，*c′d′*)。再根据直角投影定理在平面上任作 *CD* 的垂线 *AE*(*ae*，*a′e′*)，则 *AE* 便是△*ABC* 上对水平面的最大斜度线。

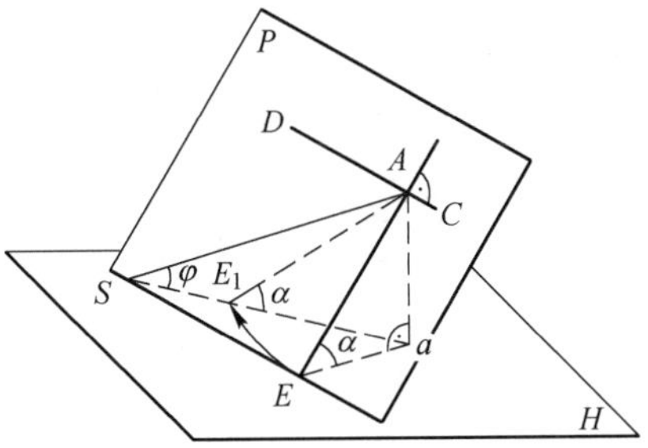

图 4-22　最大斜度线

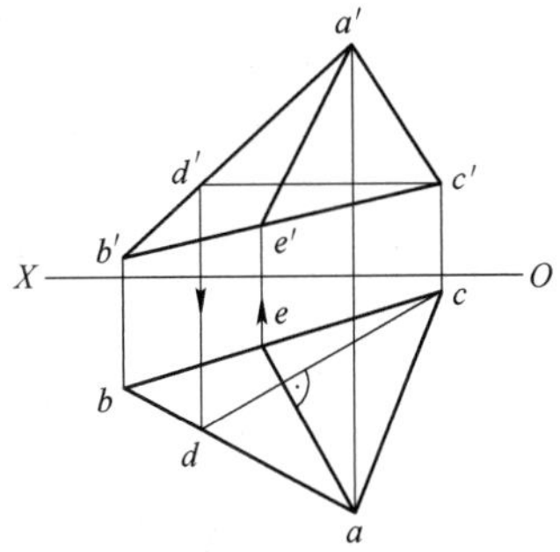

图 4-23　作△*ABC* 对 *H* 面的最大斜度线

4.3.4.2　平面对投影面的倾角

最大斜度线的几何意义是可以用它来测定平面对投影面的倾角。二面角的大小是用平面角测定的。在图 4-22 中，平面 *P* 与 *H* 面构成二面角，其平面的倾角 α 即为最大斜度线 *AE* 对 *H* 面的倾角。换言之，平面对某一投影面的倾角，即为平面上对该投影面的最大斜度线的倾角。

如图 4-24 所示，已知△*ABC*，求该平面对 *H* 面的倾角 α，则先任作一条该平面上对 *H* 面的最大斜度线 *AE*。再用直角三角形法求出 *AE* 对 *H* 面的倾角 α 即可。

欲求该平面对 *V* 面的角度 β，则要作对 *V* 面的最大斜度线，如图 4-25 中的 *CG*。然后作出 *CG* 对 *V* 面的倾角 β 即可。

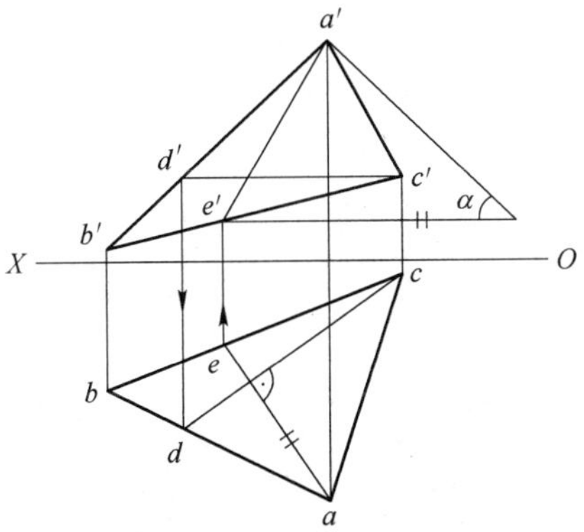

图 4-24　平面对 *H* 面的倾角

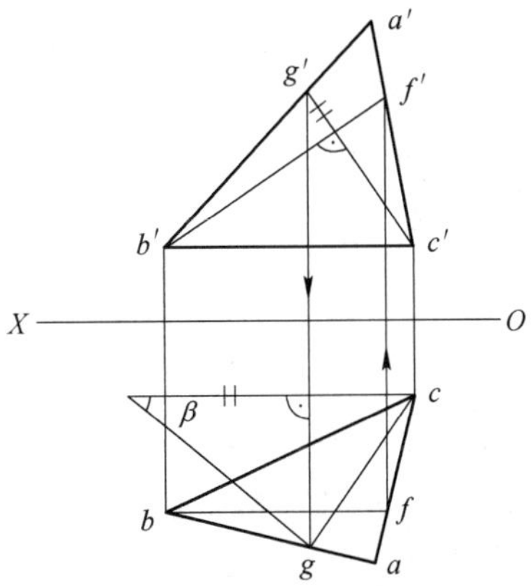

图 4-25　平面对 *V* 面的倾角

复习思考题

4-1 平面根据对投影面的相对位置不同，可分为哪几种类型，分别各有什么投影特性？

4-2 点在平面上需要满足什么几何条件，取平面上的点的作图方法是什么？

4-3 直线在平面上需要满足什么几何条件，取平面上的直线的作图方法是什么？

4-4 平面上的正平线具有哪些投影特性，平面上的水平线具有哪些投影特性？

5 辅助投影法

本章主要介绍了辅助投影法的解题思路。

基本要求：

1. 了解投影变化的几种方法；
2. 掌握换面法的换面方法。

5.1 概　　述

投影变换是研究如何通过改变空间几何元素对投影面的相对位置或改变投射方向达到简化解题的目的。由表 5-1 可以看出，当空间的直线和平面对投影面处于一般位置时，则它们的投影都不反映真实大小，也不具有积聚性；当它们和投影面处于特殊位置时，则它们的投影有的反映真实大小，有的具有积聚性。从这里可以得到启示，当要解决一般位置几何元素的度量或定位问题时，如果能把它们由一般位置改变成为特殊位置，问题就容易获得解决。投影变换正是研究如何改变空间几何元素对投影面的相对位置或改变投射方向，以达到简化解题的目的。

表 5-1　几何元素对投影面的相对位置

相对位置	求距离	求实形	求夹角	求共有点
一般位置	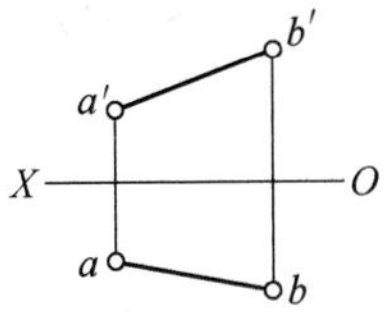	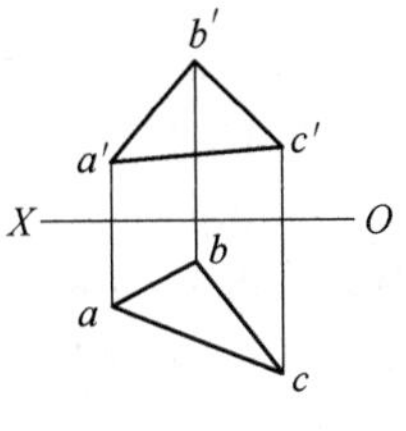	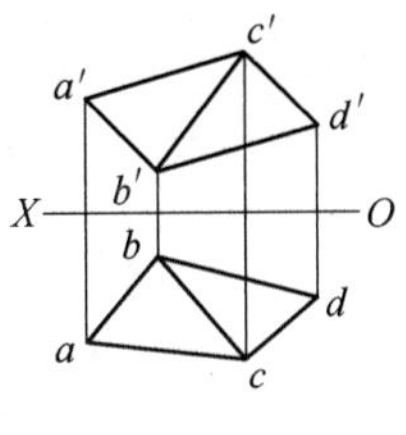	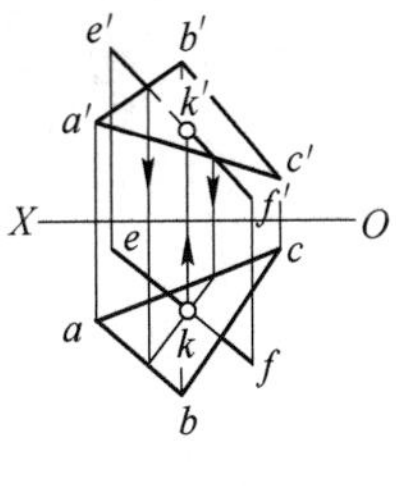
特殊位置	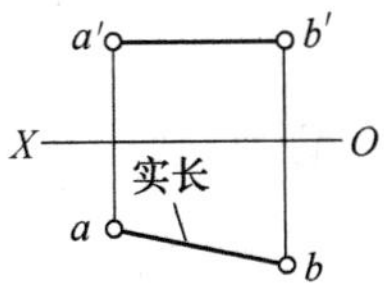 两点之间距离	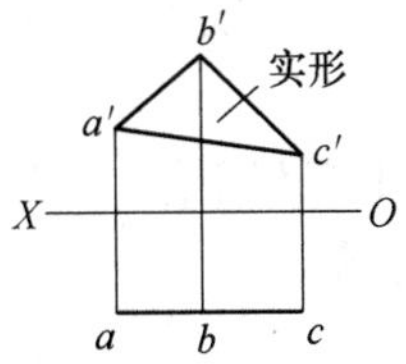 三角形实形	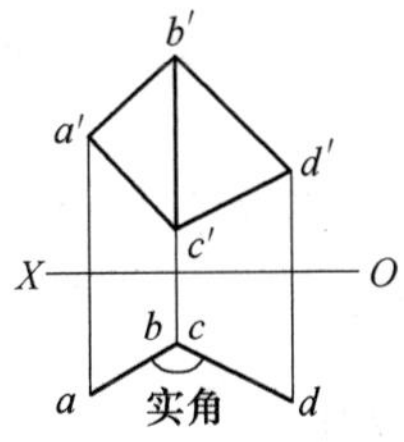 两平面夹角	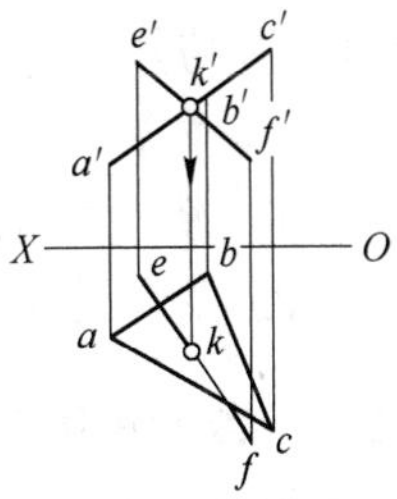 直线与平面的交点

为了达到上述投影变换的目的，主要有以下两种方法：

（1）空间几何元素的位置保持不动，用新的投影面代替旧的投影面，使空间几何元素对新投影面的相对位置变成有利于解题的位置，然后找出其在新投影面上的投影。这种方法称为换面法。

（2）投影面保持不动，使空间几何元素绕某一轴旋转到有利于解题的位置，然后找出其旋转后的新投影。这种方法称为旋转法。

本书主要介绍土木建筑专业常用的换面法。

5.2 换 面 法

5.2.1 换面法的基本概念

图5-1（a）表示一铅垂面△ABC，该三角形在V面和H面构成的两投影面体系（简称V/H体系）中的两个投影都不反映实形。为了使投影反映实形，取一个平行于该三角形且垂直于H面的V_1面来代替V面，则新的V_1面和不变的H面构成一个新的两面体系V_1/H。该三角形在V_1/H体系中V_1面的投影△$a_1'b_1'c_1'$就反映三角形的实形。再以V_1面和H面的交线X_1为新投影轴，将V_1面围绕新投影轴旋转展开至与H面重合，就得出V_1/H体系的投影图，如图5-1（b）所示。

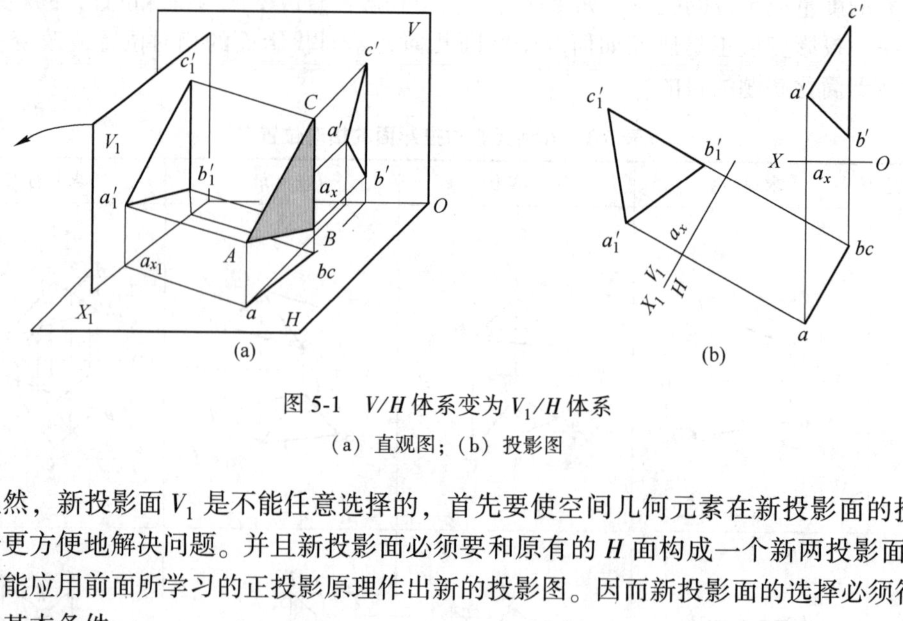

图5-1 V/H体系变为V_1/H体系

（a）直观图；（b）投影图

显然，新投影面V_1是不能任意选择的，首先要使空间几何元素在新投影面的投影能有助于更方便地解决问题。并且新投影面必须要和原有的H面构成一个新两投影面体系，这样才能应用前面所学习的正投影原理作出新的投影图。因而新投影面的选择必须符合以下两个基本条件：

（1）新投影面必须与空间几何元素处于有利于解决问题的位置。

（2）新投影面必须垂直于一个不变的投影面。

5.2.2 点的投影变换规律

5.2.2.1 点的一次变换

点是一切几何形体的基本元素。因此，必须首先掌握点的投影变换规律。

现在来研究更换正立投影面时，点的投影变换规律。图 5-2（a）表示点 A 在 V/H 体系中，正面投影为 a'，水平投影为 a。现在令 H 面不变，取一铅垂面 $V_1(V_1 \perp H)$ 代替正立投影面 V，形成新两面体系 V_1/H。将点 A 向 V_1 投影面投射，得到新投影面上的投影 a_1'。这样，点 A 在新、旧两体系中的投影（a，a_1'）和（a，a'）都为已知。其中 a_1'为新投影，a'为旧投影，而 a 为新、旧体系中共有的不变投影。它们之间有下列关系：

（1）由于这两个体系具有公共的水平面 H，因此点 A 到 H 面的距离（即 Z 坐标），在新旧体系中都是相同的，即 $a'a_x = Aa = a_1'a_{x_1}$。

（2）当 V_1 面围绕 X_1 轴旋转展开至与 H 面重合时，根据点的投影规律可知 aa_1'必定垂直于 X_1 轴。这和 $aa' \perp X$ 轴的性质是一样的。

根据以上分析，可以得出点的投影变换规律：

（1）点的新投影和不变投影的连线，必垂直于新投影轴。

（2）点的新投影到新投影轴的距离等于旧投影到旧投影轴的距离。

图 5-2（b）所示为根据上述规律，由 V/H 体系中的投影（a，a'）求出 V_1/H 体系中的投影的作图法。首先按要求条件画出新投影轴 X_1，新投影轴确定了新投影面在投影图上的位置。然后过点 a 作 $aa_1' \perp X_1$，在垂线上截取 $a_1'a_{x_1} = a'a_x$，则 a_1'即为所求的新投影。水平投影 a 为新、旧两投影体系所共有。

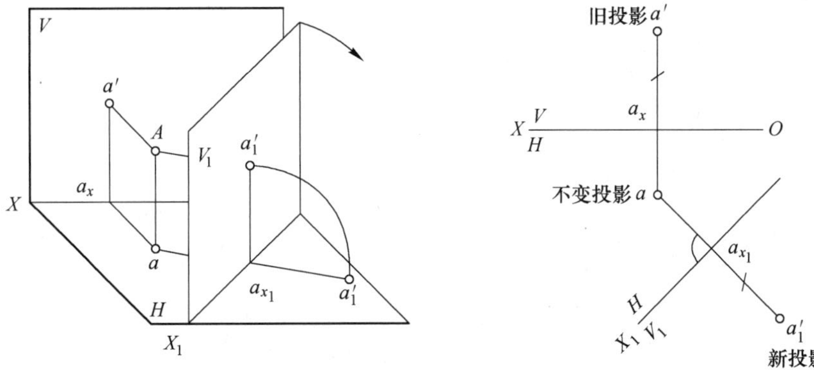

(a) (b)

图 5-2 点的一次变换（V_1/H 体系）

（a）直观图；（b）投影图

图 5-3（a）表示变换水平投影面。取正垂面 H_1 来代替 H 面，H_1 面和 V 面构成新两面体系 V/H_1，求出其新投影 a_1。因新、旧两体系具有公共的 V 面，因此 $a_1a_{x_1} = Aa' = aa_x$。图 5-3（b）表示其投影图的作法。

5.2.2.2 点的两次变换

在运用换面法解决实际问题时，有时更换一次投影面不足以解决问题，因而必须更换两次。图 5-4 表示点变换两次投影面时的方法，其原理和变换一次投影面是相同的。

必须指出：在变换两次投影面时，新投影面的选择除必须符合前述的两个条件外，还必须是在一个投影面变换完之后，在新的两面体系中交替地再变换另一个。如在图 5-4 中先 V_1 面代替 V 面，构成新体系 V_1/H；再以这个体系为基础，取 H_2 面代替 H 面，又构成新体系 V_1/H_2。

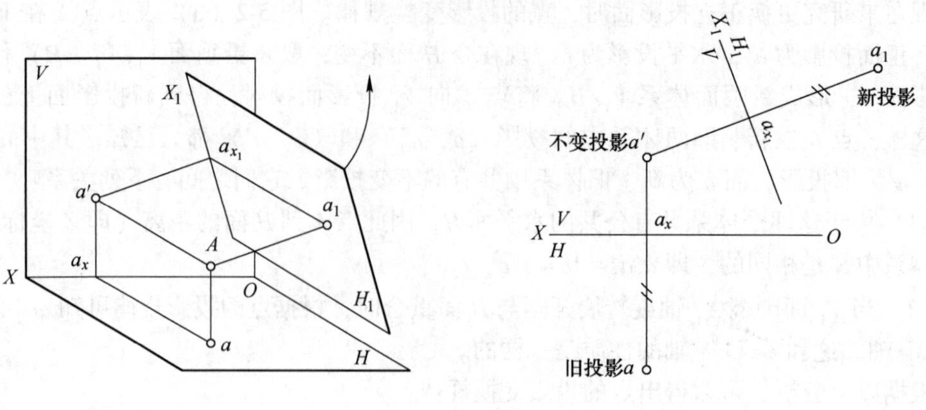

(a) (b)

图 5-3 点的一次变换（V/H_1 体系）

（a）直观图；（b）投影图

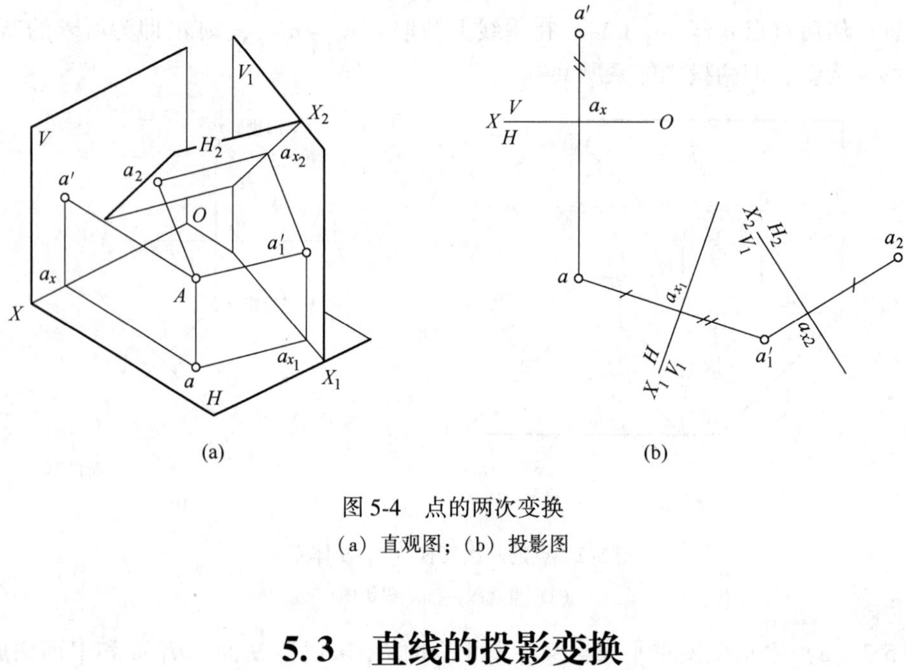

(a) (b)

图 5-4 点的两次变换

（a）直观图；（b）投影图

5.3 直线的投影变换

5.3.1 直线的一次变换

5.3.1.1 把一般位置直线变为投影面平行线

要把一般位置直线变为投影面平行线，变换一次投影面即可。如图 5-5（a）所示，直线 *AB* 在 V/H 体系中为一般位置直线，取 V_1 面代替 V 面，使 V_1 面平行直线 *AB* 并垂直于 H 面。此时，*AB* 在新体系 V_1/H 中成为新投影面的平行线。求出 *AB* 在 V_1 面上的投影 $a'_1b'_1$，则 $a'_1b'_1$ 反映线段 *AB* 的实长，并且 $a'_1b'_1$ 和 X_1 轴的夹角 α 即为直线 *AB* 对 H 面的倾角。

图 5-5（b）表示把一般位置直线变为投影面平行线的投影图的作法。首先画出新投影轴 X_1，X_1 必须平行于 ab，但和 ab 间的距离可以任取。然后分别求出线段 AB 两端点的投影 a_1' 和 b_1'，连 $a_1'b_1'$ 即为直线的新投影。

假如不更换正立投影面，而更换水平投影面，同样可以把它变成新投影面的平行线，图 5-6 表示了其投影图的作法。

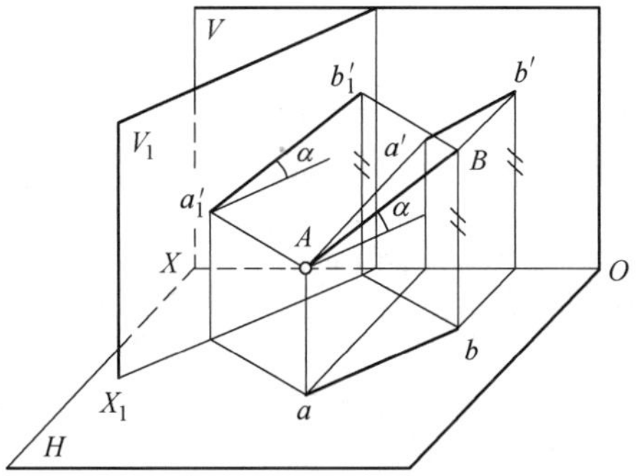

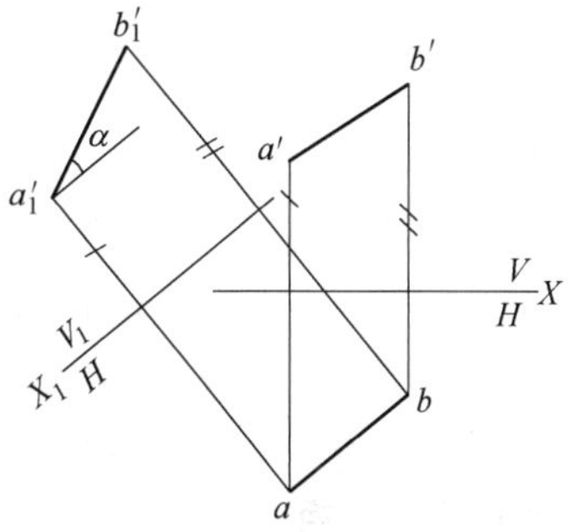

图 5-5　一般位置直线一次变换为投影面平行线（V_1/H 体系）

（a）直观图；（b）投影图

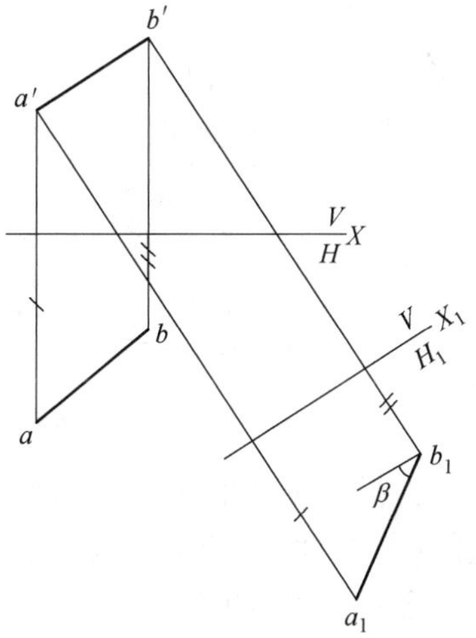

图 5-6　一般位置直线一次变换为投影面平行线（V/H_1 体系）

5.3.1.2　把投影面平行线变为投影面垂直线

要把投影面平行线变为投影面垂直线，变换一次投影面即可。如图 5-7（a）所示，由于 AB 为正平线，因此所作垂直于直线 AB 的新投影面 H_1 必垂直于原体系中的 V 面，这样 AB 在 V/H_1 体系中变为投影面垂直线。其投影图作法如图 5-7（b）所示，根据投影面垂直线的投影特性，取 $X_1 \perp a'b'$，然后求出 AB 在 H_1 面上的新投影 a_1b_1，a_1b_1 必积聚为一点。

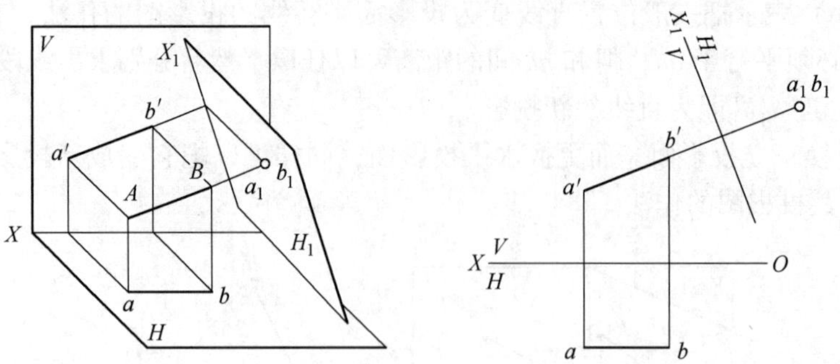

(a)　　　　(b)

图 5-7　投影面平行线一次变换为投影面垂直线

（a）直观图；（b）投影图

5.3.2　直线的两次变换

要把一般位置直线变为投影面垂直线，显然，只换一次投影面是不行的。如图 5-8 所示，若选新投影面 P 直接垂直于一般位置直线 AB，则平面 P 也是一般位置平面，它和原体系中的投影面均不垂直，因此不能构成新的投影面体系。

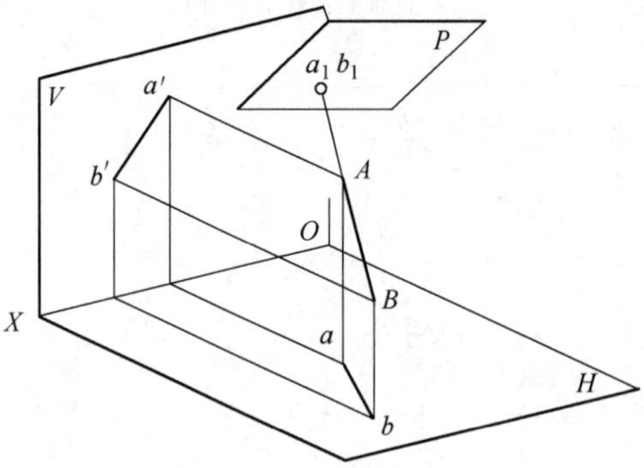

图 5-8　新投影面 P 与 V 面、H 面无法构成新两投影面体系

因此，要把一般位置直线变为投影面垂直线，必须变换两次投影面，如图 5-9（a）所示。第一次把一般位置直线变为投影面 V_1 的平行线；第二次再把投影面平行线变为投影面 H_2 的垂直线。图 5-9（b）表示其投影图的作法。

例 5-1　过点 M 作直线与直线 AB 垂直相交（见图 5-10（a））。

解：要过点 M 作直线与 AB 垂直相交，假设 K 为垂足，则 $MK \perp AB$；题目中直线 AB 为一般位置直线，无法直接作出 MK 的投影，若 AB 为某投影面平行线，根据直角投影法则，则它们在该投影面的投影互相垂直。如图 5-10（b）所示，先在新两面体系 V_1/H 将一般位置直线 AB 通过一次换面变换为投影面平行线。作出 AB 的新投影 $a_1'b_1'$ 和点 M 的新投影 m_1'，因为 $AB /\!/ V_1$ 面，故在 V_1 面上 $m_1'k_1' \perp a_1'b_1'$，由此可作出 k_1'；再由 k_1' 作出原 V/H 体系中的 k 和 k'，连接 mk 和 $m'k'$ 即为所求直线 MK 的投影。

例 5-2　求两平行线 AB、CD 之间的距离（见图 5-11（a））。

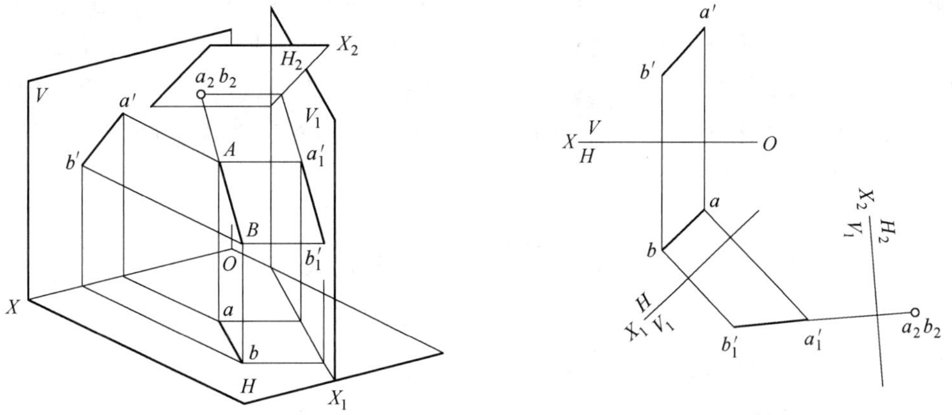

(a) (b)

图 5-9 一般位置直线两次变换为投影面垂直线

(a) 直观图；(b) 投影图

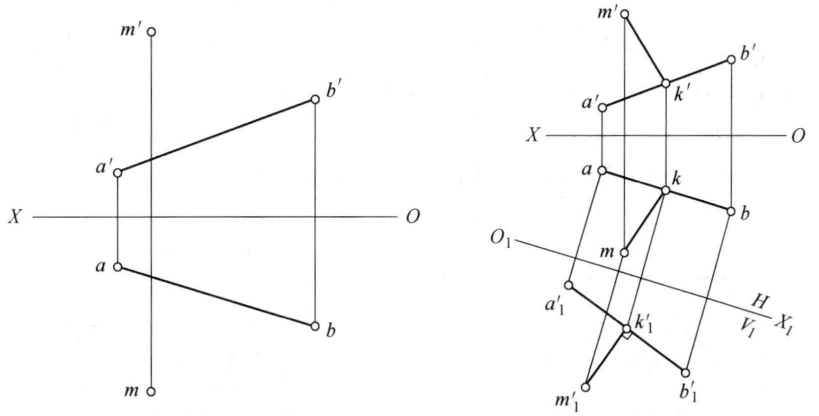

(a) (b)

图 5-10 过点 M 作直线与直线 AB 垂直相交

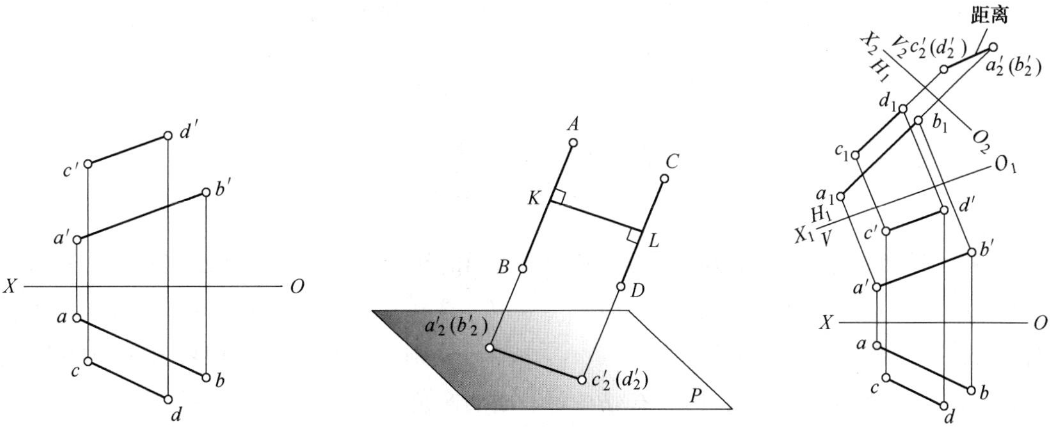

(a) (b) (c)

图 5-11 求两平行线 AB、CD 之间的距离

解：由图 5-11（b）可知，空间两直线 $AB /\!/ CD$，如果它们与投影面 P 垂直，则在该投影面上它们的投影积聚为 $a_2'b_2'$ 和 $c_2'd_2'$，$a_2'b_2'$ 和 $c_2'd_2'$ 连线的长度即为两平行线 AB、CD 之间的距离。题中两平行线 AB、CD 为一般位置直线，如图 5-11（c）所示，将一般位置直线 AB 和 CD 通过两次换面变换为投影面垂直线，得到其积聚投影 $a_2'b_2'$ 和 $c_2'd_2'$，$a_2'b_2'$ 和 $c_2'd_2'$ 连线的长度即为所求距离。

5.4 平面的投影变换

5.4.1 平面的一次变换

5.4.1.1 把一般位置平面变为投影面垂直面

要把一般位置平面变为投影面垂直面，变换一次投影面即可。图 5-12（a）所示为把一般位置平面 ABC 变为投影面垂直面的情况。为了使平面 $\triangle ABC$ 变为投影面垂直面，必须使属于该平面的任意一条直线垂直于新投影面。而新投影面又必须垂直于一个不变投影面（V 面）。因此，必须先在平面 $\triangle ABC$ 上任取一条投影面平行线（正平线 A_1）为辅助线，再取与它垂直的平面作为新投影面（H_1 面），这样，即可实现平面 $\triangle ABC$ 垂直于新投影面（$\triangle ABC \perp H_1$），同时，新投影面垂直于一个不变投影面构成新两面体系（V/H_1 体系），从而实现将一般位置平面 $\triangle ABC$ 变为投影面垂直面。

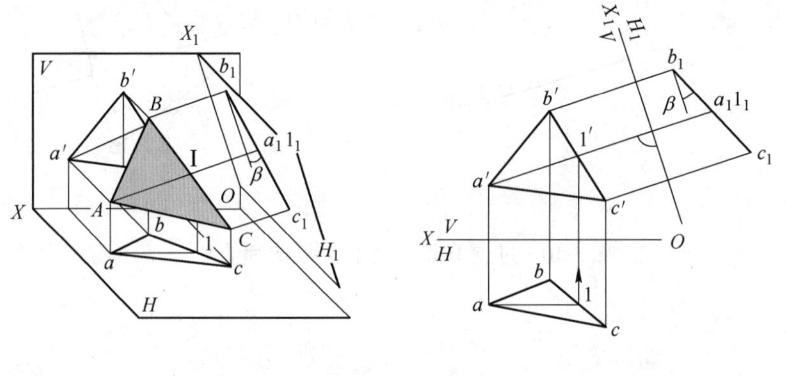

(a)　　　　(b)

图 5-12　一般位置平面一次变换为投影面垂直面

（a）直观图；（b）投影图

图 5-12（b）表示把 $\triangle ABC$ 变为投影面垂直面的作图过程。首先在 $\triangle ABC$ 上取一条正平线 $A\,\mathrm{I}$（$a1$，$a'1'$），然后使新投影轴 $X_1 \perp a'1'$，这样 $\triangle ABC$ 在 V/H_1 体系中就成为投影面垂直面。求出 $\triangle ABC$ 三顶点的新投影 a_1、b_1、c_1，则 a_1、b_1、c_1 必积聚为一条直线段，并且 $b_1a_1c_1$ 和 X_1 轴的夹角 β 即为 $\triangle ABC$ 对 V 面的倾角。

例 5-3　已知点 E 和 $\triangle ABC$ 的 H 面、V 面投影，求点 E 到 $\triangle ABC$ 的距离及点 E 到 $\triangle ABC$ 的垂线的垂足 $F(f,\ f')$（见图 5-13（a））。

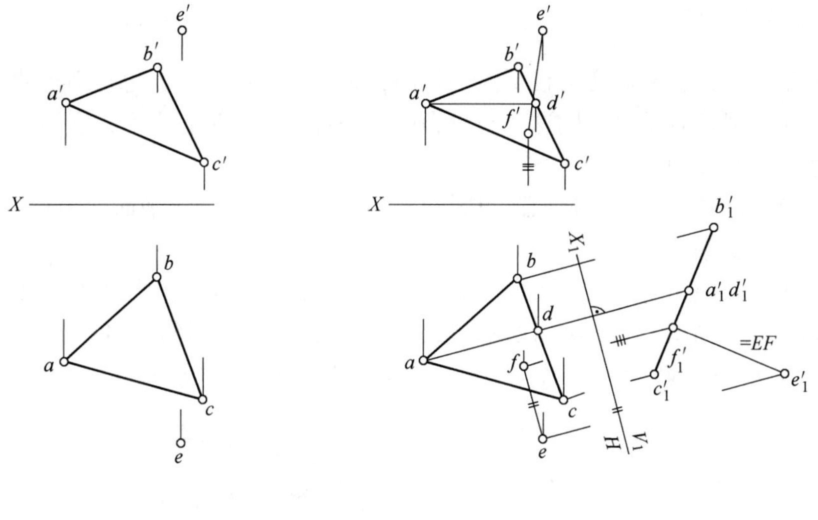

图 5-13　求点 E 到△ABC 的距离及垂足

解：当平面垂直于某投影面时，一点到平面的距离及垂足，可在该投影面上反映出来。故取 V_1 面垂直于△ABC 上的水平线 AD，则新投影轴 $X_1 \perp ad$，作出△ABC 在 V_1 面的新投影积聚成直线段的 $a'_1b'_1c'_1$，作出点 E 在 V_1 面的新投影 e'_1，可由 e'_1向 $a'_1b'_1c'_1$作垂线，垂足即为f'_1，$e'_1f'_1$的长度即为所求距离；由f'_1可作出f和f'，如图 5-13（b）所示。

5.4.1.2　投影面垂直面变为投影面平行面

要把投影面垂直面变为投影面平行面，变换一次投影面即可。如图 5-14（a）所示，平面△ABC 为铅垂面，取 V_1 面代替 V 面，使 V_1 面平行于平面△ABC 并垂直于 H 面。此时，平面△ABC 在新体系 V_1/H 中成为新投影面平行面。

图 5-14（b）表示把△ABC 变为投影面平行面的作图过程。首先画出新投影轴 X_1，X_1 必须平行于 abc，但和 abc 间的距离可以任取。然后求出△ABC 的新投影 $a'_1b'_1c'_1$，则 $a'_1b'_1c'_1$反映△ABC 的实形。

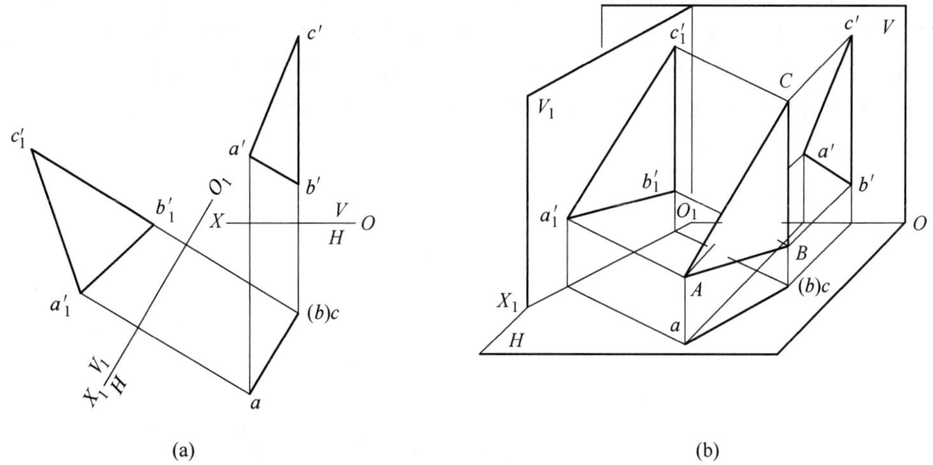

图 5-14　投影面垂直面一次变换为投影面平行面

5.4.2 平面的两次变换

如果要把一般位置平面变为投影面平行面，只变换一次投影面也是不行的。因若取新投影面平行于一般位置平面，则这个新投影面也一定是一般位置平面，它和原体系的哪一个投影面都不能构成两投影面体系。

要解决这个问题，必须变换两次投影面。第一次把一般位置平面变为投影面垂直面，第二次再把投影面垂直面变为投影面平行面。

图 5-15 所示为把一般位置平面△ABC 变为投影面平行面的作图过程。第一次变为投影面垂直面，作法同图 5-1；第二次变为投影面平行面，作法同图 5-14，取轴 $X_2 /\!/ b_1a_1c_1$，作出△ABC 在 V_2 面的新投影 $a_2'b_2'c_2'$，则 $a_2'b_2'c_2'$反映△ABC 的实形。

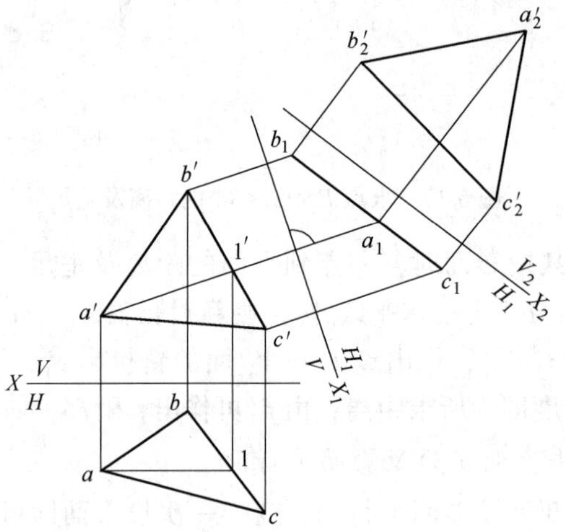

图 5-15　一般位置平面两次变换为投影面平行面

复习思考题

5-1　将一般位置直线变为投影面平行线需要几次变换，辅助投影的作图方法是什么？

5-2　将一般位置平面变换为投影面的垂直线需要几次变换，辅助投影的作图方法是什么？

5-3　一般位置平面变换为投影面的垂直面需要几次变换，辅助投影轴的作图方法是什么？

5-4　一般位置平面变换为投影面的平行面需要几次变换，辅助投影轴的作图方法是什么？

6　直线与平面、平面与平面的相对位置

本章主要介绍直线与平面、平面与平面的平行、垂直及相交的基本原理及投影特性。

基本要求：

1. 熟悉直线与平面平行、平面与平面平行的基本原理及投影特性；
2. 熟悉直线与平面相交、平面与平面相交的投影特性；
3. 熟悉直线与平面垂直、平面与平面垂直的基本原理及投影特性。

6.1　直线与平面、平面与平面平行

6.1.1　直线与平面平行

从初等几何知道，若一条直线平行于属已知平面内的一直线，则直线与该平面平行。图 6-1 中，直线 *AB* 平行于属于平面 *P* 的直线 *CD*，则直线 *AB* 与平面 *P* 平行。

例 6-1　试判断已知直线 *AB* 是否平行于平面 *CDE*（见图 6-2）。

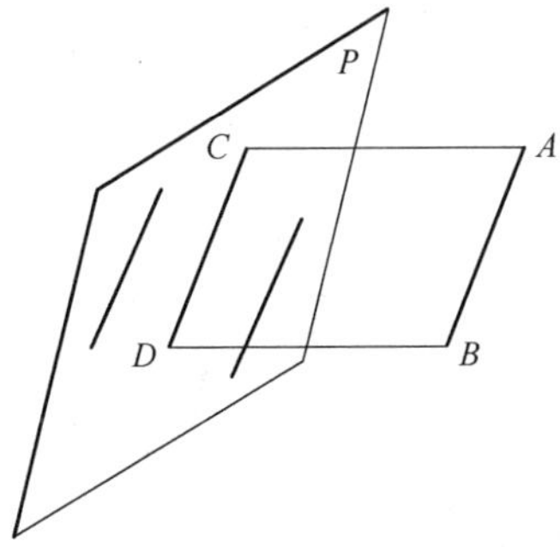

图 6-1　直线平行于平面的直观图

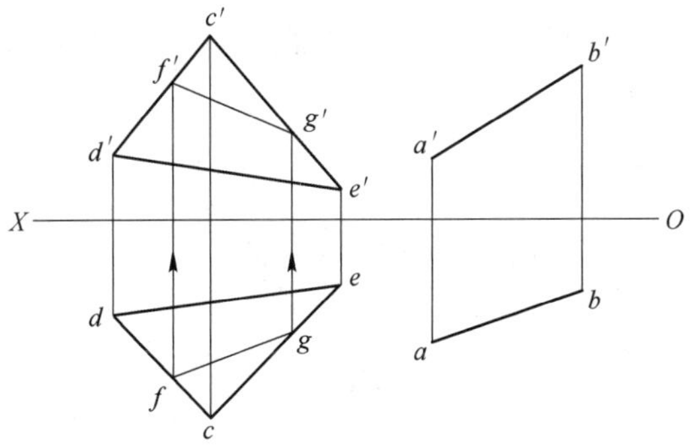

图 6-2　判断直线与已知平面是否平行

解： 问题取决于是否可作出一条属于平面且平行于 *AB* 的直线。为此，作属于平面的辅助线 *FG*，先使 $fg /\!/ ab$，再作出相应的正面投影 $f'g'$，看 $f'g'$ 与 $a'b'$ 是否平行。因 $f'g'$ 不平行 $a'b'$，则 *FG* 不平行 *AB*，即平面上没有与直线 *AB* 相平行的直线。所以直线 *AB* 不平行于平面 *CDE*。

例 6-2　过已知点 *K* 作一水平线平行于已知平面 *ABC*（见图 6-3）。

解： 过点 *K* 可作无穷多条平行于已知平面的直线，其中只有一条水平线。可先作属于已知平面的任一水平线 *CD* 为辅助线；再过点 *K* 作直线 *EF* 平行于 *CD*。因 *EF* 平行于已知平面内的水平线 *CD*，所以 *EF* 一定也是水平线，且平行于已知平面 *ABC*。

6.1.2 两平面平行

从初等几何知道，若属于一个平面的相交两直线对应平行于另一平面内的相交两直线，则此两平面平行。由图 6-4 直观图说明，两对相交直线 *AB*、*BC* 和 *DE*、*EF* 分别属于平面 *P* 和 *Q*，且它们对应平行，则平面 *P* 和平面 *Q* 相互平行。

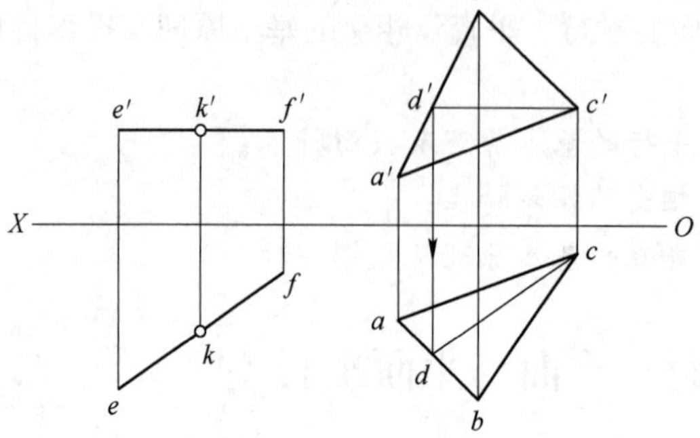

图 6-3 作直线平行于已知平面

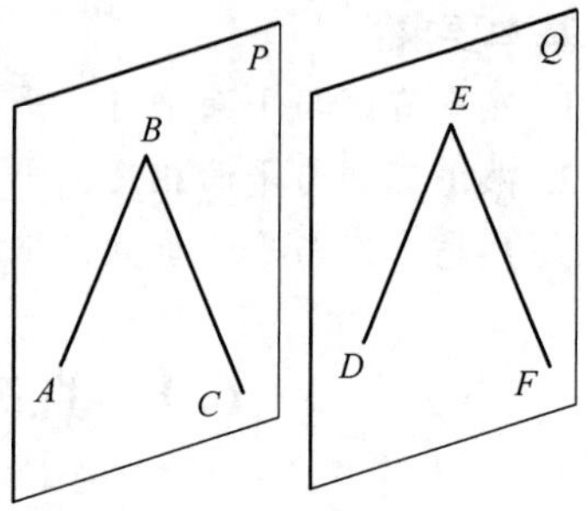

图 6-4 两平面平行的直观图

例 6-3 试判断两已知平面 *ABC* 和 *DEF* 是否平行（见图 6-5）。

解： 可先作属于一个平面内的一对相交直线，再看是否能作出另一个平面的一对相交直线和它们对应平行。因此，作分别属于两平面的水平线和正平线，属于平面 *ABC* 的是 *CM* 和 *AN*，属于平面 *DEF* 的是 *DK* 和 *EL*。由于 *CM*∥*DK*，*AN*∥*EL*，所以两平面平行。

例 6-4 已知平面由平行两直线 *AB* 和 *CD* 给定，试过点 *K* 作一平面平行于已知平面（见图 6-6）。

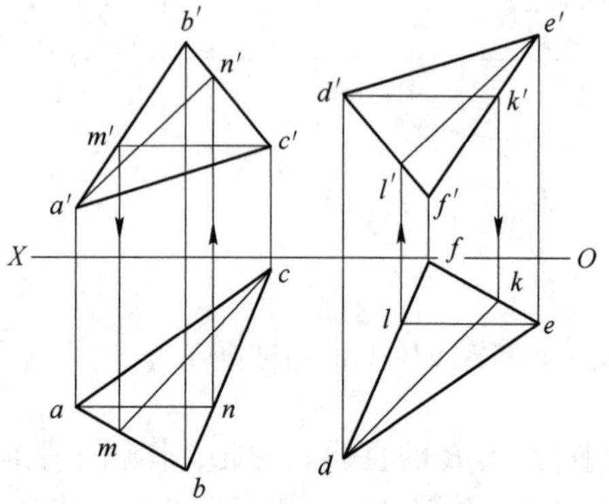

图 6-5 判断两平面是否平行

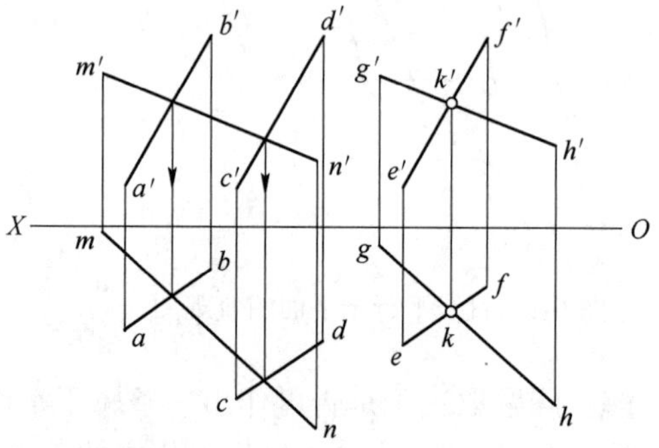

图 6-6 作平面平行于已知平面

解： 只要过点 *K* 作一对相交直线对应地平行于已知平面内的一对相交直线，则该对相交直线便可代表所求的平面。因此需先作出一对属于已知平面的相交直线。但题目只给了一对平行线，所以作属于该平面的一条直线 *MN* 与它们相交。然后过点 *K* 再作一对相交直线 *EF* 和 *GH*，使它们分别平行于直线 *AB* 和 *MN*。相交两直线 *EF* 和 *CH* 确定的平面即为所求。

若要判断同时垂直于某一投影面的两平面是否互相平行，则只需检查它们具有积聚性的投影是否平行即可。

由图 6-7（a）已知，平面 P、Q 均垂直于 H 面。根据投影面垂直面的性质，属于平面 P 和 Q 上所有直线的水平投影分别积聚在水平迹线 P_H 和 Q_H 上。

又根据两平行平面 P、Q 与第三平面 H 相交，其交线 P_H、Q_H 必平行的原理，即 $P_H /\!/ Q_H$，如图 6-7（b）所示，即可得出 $P /\!/ Q$ 的结论。

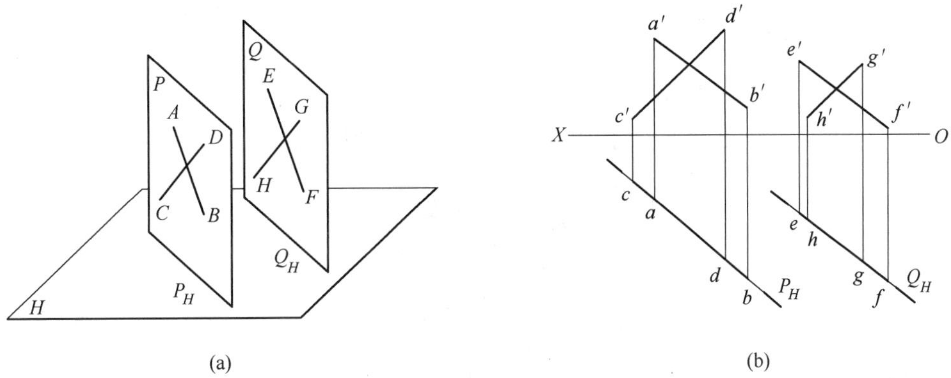

图 6-7 两特殊位置平面平行

（a）直观图；（b）投影图

6.2 直线与平面、平面与平面相交

直线和平面相交，会产生一个交点，它是直线和平面的共有点。它既属于直线，又属于平面。

两平面相交，会产生一条交线，它是两平面的共有线。要作出这条交线，只要找出属于它的两点（或找出一点和交线的方向）即可。

6.2.1 一般位置直线与特殊位置平面相交

由于特殊位置平面的某些投影有积聚性，因此交点可直接得出。图 6-8（a）所示为直线 MN 和铅垂面△ABC 相交。△ABC 的水平投影 abc 积聚成一直线。交点 K 既然是属于平面的点，那么它的水平投影一定属于 ABC 的水平投影。同时交点 K 又属于直线 MN，它的水平投影必属于 MN 的水平投影。因此水平投影 mn 与 abc 的交点 k，便是交点 K 的水平投影。然后，在 $m'n'$ 上找出对应于 k 的正面投影 k'。点 $K(k, k')$ 即为直线 MN 和铅垂面△ABC 的交点。

图 6-8（b）表示直线 MN 和同一个铅垂面相交，平面以迹线 P_H 表示。由于 P_H 是平面的积聚性投影，因此 mn 和 PH 的交点 K 即为所求交点的水平投影。然后，在 $m'n'$ 上作出对应于 k 的正面投影 k'。$K(k, k')$ 即为所求的交点。图 6-9 是图 6-8 的直观图。

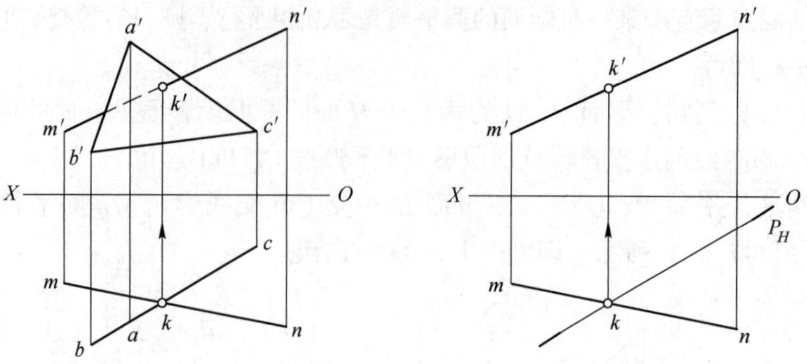

(a) (b)

图 6-8 一般位置直线与特殊位置平面相交求交点

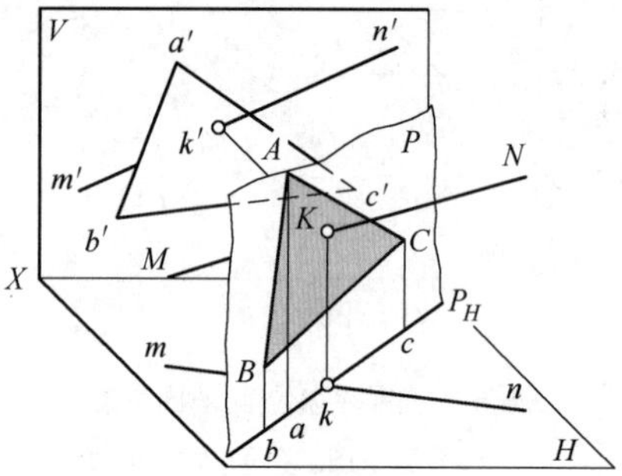

图 6-9 一般位置直线与特殊位置平面相交

6.2.2 一般位置平面与特殊位置平面相交

常把求两平面交线的问题看作是求两个面共有点的问题。要求出图 6-10（a）中两平面△*ABC* 和△*DEF* 的交线，按图 6-10（b）分析，只要求出属于交线的任意两点（例如 *K* 和 *L*）就可以了。显然，*K*、*L* 是 *AC*、*CB* 两边与△*DEF* 的交点。

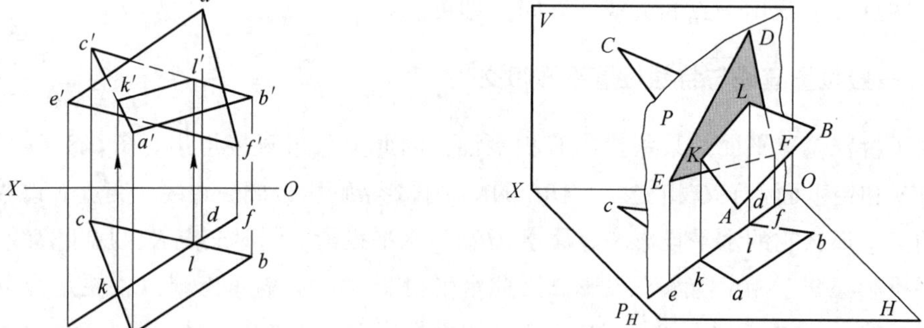

(a) (b)

图 6-10 一般位置平面与特殊位置平面相交

（a）投影图；（b）直观图

△*DEF* 是铅垂面，直线 *AC*、*BC* 与特殊位置平面交点的求法在前面已研究过，其作图

过程如图 6-10 所示，所得的 KL（kl，$k'l'$）即为两平面的交线。

图 6-11 表示△ABC 和同一个铅垂面相交，但铅垂面用迹线 P_H 表示。其原理和作图过程与图 6-10 完全相同。

6.2.3　一般位置直线与一般位置平面相交

由于一般位置平面的投影没有积聚性，因此当一般位置直线与一般位置平面相交时，不能在投影图上直接定出交点来，而必须采用辅助平面，经过一定的作图过程才能求得。

要求图 6-12 中所示一般位置直线 DE 与一般位置平面△ABC 的交点，按图 6-13（a）所示，假设点 K 为直线 DE 与平面△ABC 的交点，则点 K 必属于△ABC 面上的一簇过点 K 的直线（MN，FG，LV，…）。为求该簇直线之一，只要包含直线 DE 任作一辅助平面 S，求出平面 S 与已知平面的交线，例如 MN，如图 6-13（b）所示。这时，直线 DE 与交线 MN 的交点 K 即为所求。为便于在投影图上求作交线，应使辅助平面 S 处于特殊位置，便可利用上述图 6-10 方法作图。

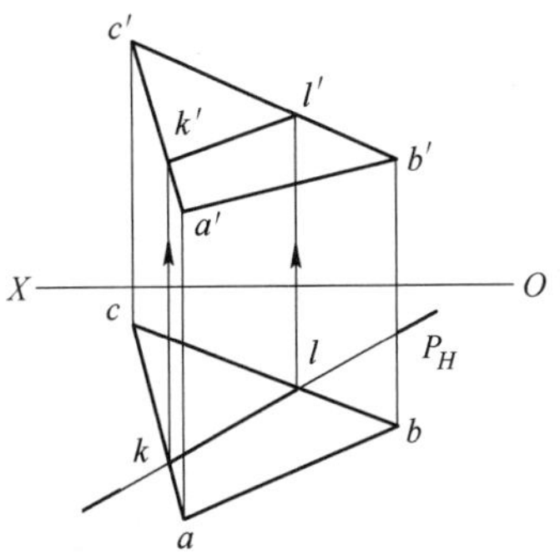

图 6-11　一般位置平面与特殊位置平面的交线

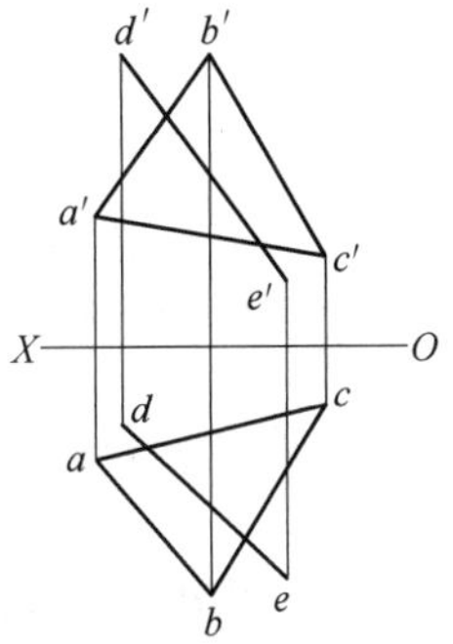

图 6-12　一般位置直线与一般位置平面相交

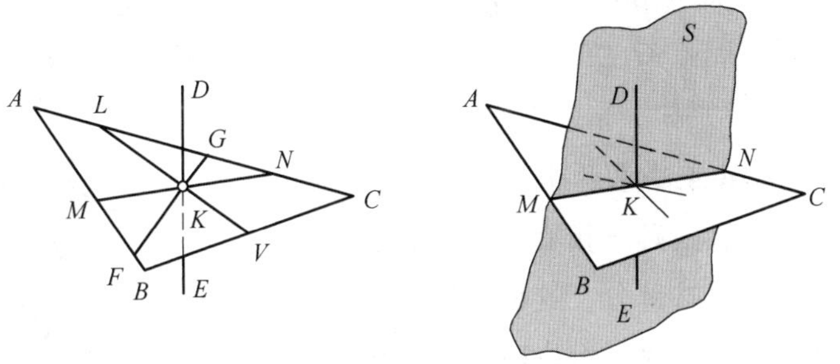

(a)　　(b)

图 6-13　求一般位置直线与一般位置平面交点示意图

（a）直线 DE 与△ABC 交于点 K；（b）含 DE 作辅助平面 S 交△ABC 于 MN

在投影图上按照如下三步求出交点（见图 6-14）：

第一步：包含直线 DE 作特殊位置辅助平面。这里作的是正垂面 S，它的正面迹线 S_V 是平面 S 的积聚投影，与 $d'e'$ 相重合（见图 6-14（a））。

第二步：求出辅助平面 S 和平面△ABC 的交线 MN（mn，$m'n'$）（见图 6-14（b））。

第三步：求出交线 MN 和 DE 的交点 $K(k, k')$，即所求直线与平面的交点（见图 6-14（c））。

图 6-14 中所作的辅助平面 S 为正垂面，也可过直线 DE 作铅垂面，采用同样的方法求得交点 K。

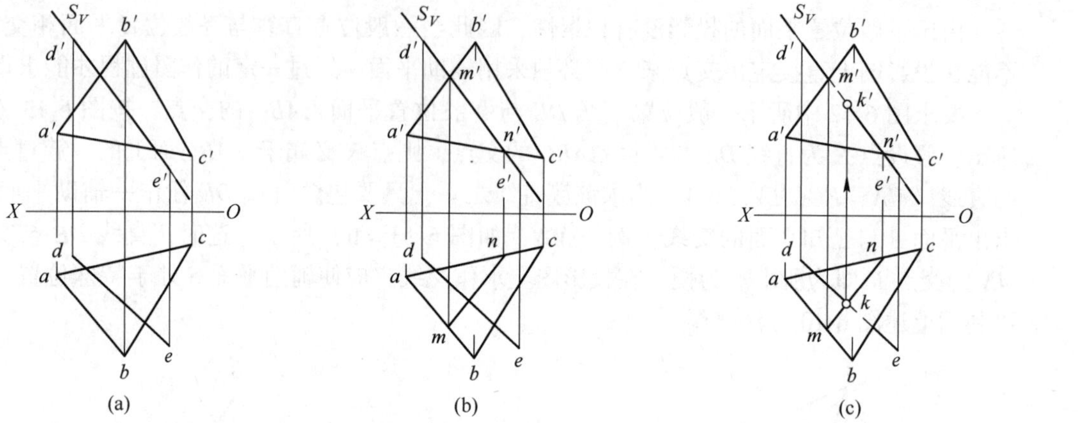

图 6-14　一般位置直线与一般位置平面的交点作法

（a）含直线 DE 作辅助平面 S；（b）作辅助平面 S 与△ABC 的交线 MN；（c）求交线 MN 与 DE 的交点 K

6.2.4　两个一般位置平面相交

6.2.4.1　用直线与平面求交点的方法求两平面的交线

对两个一般位置的平面来说，同样可以分别作出一个平面的两直线与另一平面相交求出两交点的方法来确定交线。作图方法同图 6-14，要将前述三个步骤重复 2 次分别作出两个交点。

图 6-15 所示为两平面△ABC 和△DEF 相交。可分别求出边 DE、DF 与△ABC 的两个交点 $K(k, k')$ 和 $L(l, l')$。KL 便是两平面的交线。由于△ABC 为一般位置平面，因此求交点时，过 DE 及 DF 分别作了辅助平面 S 和 R。

6.2.4.2　用三面共点法求两平面的交线

空间两平面不平行，则必然相交，但若它们在空间未表现出相交的公共部分，这种情况可用三面共点法来求两平面的交线。图 6-16 所示为用三面共点法求两平面共有点的示意图，图中已给两平面 R 和 S。为求该两平面的共有点，取任意辅助平面 P，它与 R、S 分别相交于直线Ⅰ-Ⅱ和Ⅲ-Ⅳ，而Ⅰ-Ⅱ和Ⅲ-Ⅳ的交点 K_1 为三面所共有，当然是 R、S 两平面的共有点。同理作辅助平面 Q 可再找出一个共有点 K_2。K_1K_2 即为两平面 R、S 的交线。

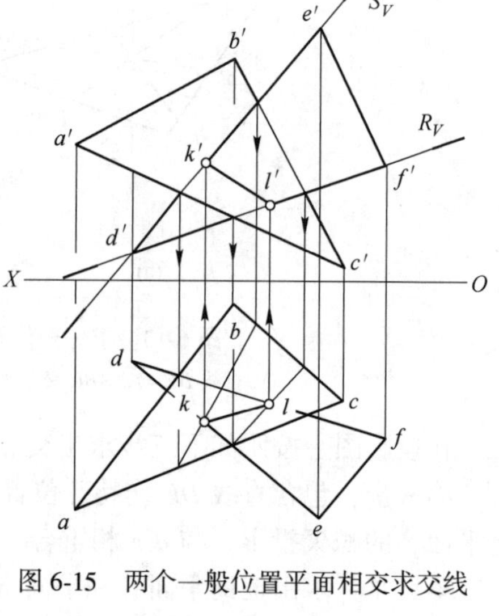

图 6-15　两个一般位置平面相交求交线

图 6-17 中△*ABC* 和一对平行线 *DE*、*FG* 各决定一平面。为求该两平面的交线，根据图 6-17 所示的原理，取水平面 *P* 为辅助平面。利用积聚性，分别作出平面 *P* 与原有两平面的交线Ⅰ-Ⅱ（12，1′2′），Ⅲ-Ⅳ（34，3′4′）。Ⅰ-Ⅱ和Ⅲ-Ⅳ的交点 $K_1(k_1, k_1')$ 便为一个共有点。同理，以辅助平面 *Q* 再求出一共有点 $K_2(k_2, k_2')$。K_1K_2 线即为所求的交线。

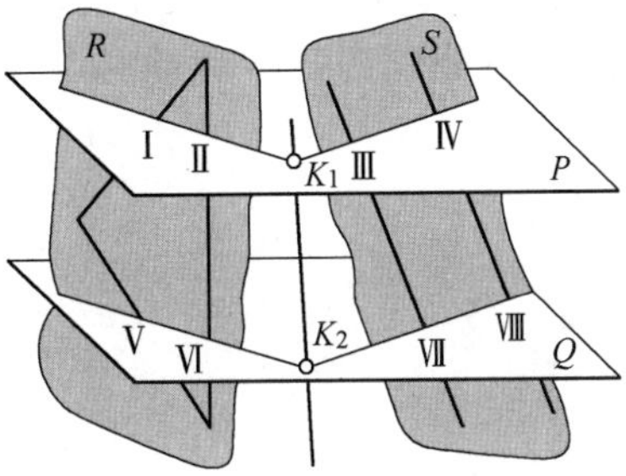

图 6-16 三面共点法示意图

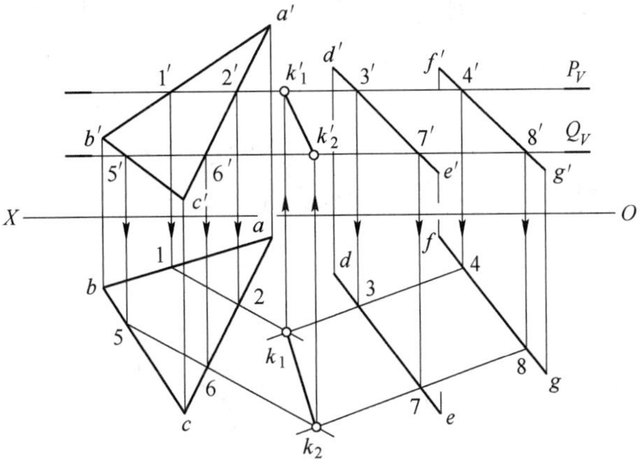

图 6-17 用三面共点法求交线

辅助平面 *P*、*Q* 是原则上可任取，但为了作图简便，应取特殊位置面为辅助面，这里取的是水平面。若取正平面或其他特殊位置平面，则作图过程也一样。

6.2.5 投影图上的可见性问题

图 6-18（a）中 *K* 是直线 *MN* 和△*DEF* 的交点。但为了使图形层次明显，通常把直线 *MN* 被△*DEF* 遮住部分用细虚线来表示。交点 *K* 是直线 *MN* 可见部分和不可见部分的分界点。

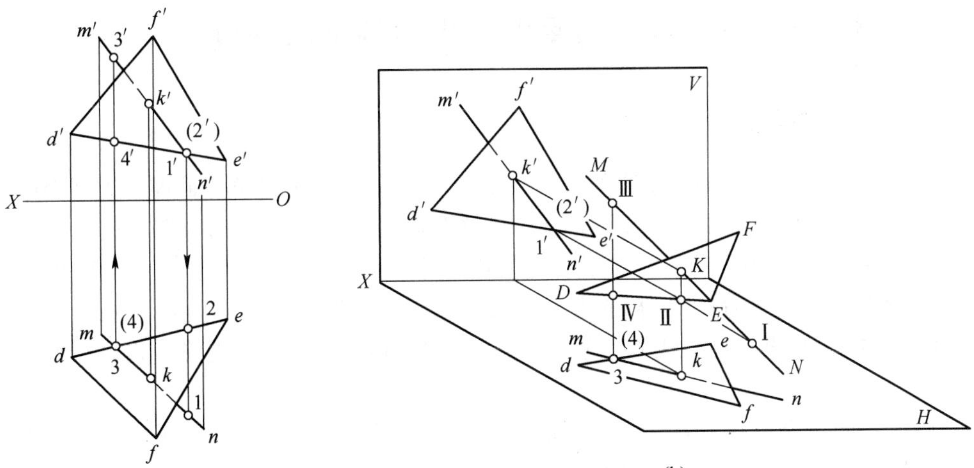

(a) (b)

图 6-18 投影图上的可见性判断

（a）投影图；（b）直观图

判别可见性的原理是利用重影点。在图 6-18（a）所示的 *V* 面上取一对重影点Ⅰ（1，

1′）和Ⅱ(2，2′）可以判断 *V* 面投影的可见性。点Ⅰ(1，1′）属于 *KN*，点Ⅱ(2，2′）属于 *DE*。从水平投影上看，Ⅰ比Ⅱ离 *OX* 轴远，因此 *KN* 在 *DE* 的前面。所以在正面投影上把 *kn* 画成粗实线，而把另一端被平面遮挡部分画成细虚线。

同理，用 *H* 面上的一对重影点Ⅲ（3，3′）和Ⅳ（4，4′）可以判断 *H* 面投影的可见性，*MK* 可见。因此在水平投影上把 *mk* 画成粗实线，而把另一端被平面遮住部分画成细虚线。它们的空间情况，如图 6-18（b）所示。

图 6-19 所示为两个平面相交后可见性的判断。两平面的交线是两平面在投影图上可见与不可见的分界线，根据平面的连续性，只要判别出平面的一部分的可见性，另一部分自然就明确了。尽管每个投影面上都有 4 对重影点，实际只要分别选择一对重影点判别即可。

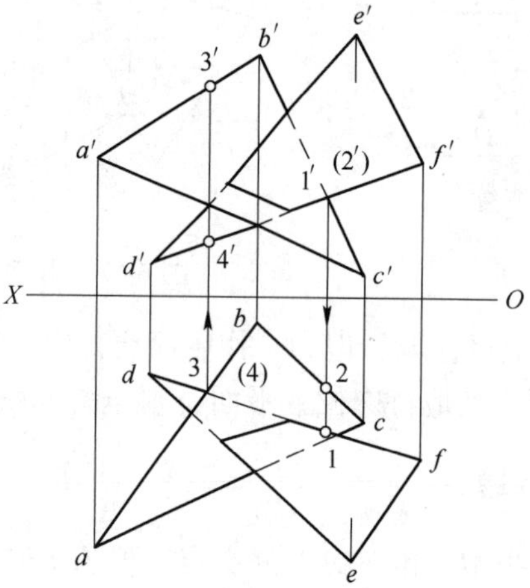

图 6-19　两相交平面的投影可见性判断

6.3　直线与平面、平面与平面垂直

6.3.1　直线与平面垂直

从初等几何知道，如果一条直线垂直于一个平面，那么该直线必垂直于该平面内的所有直线。图 6-20 中直线 *LK* 垂直于平面 *P*，则必垂直于属于平面 *P* 的所有直线，其中包括水平线 *AB* 和正平线 *CD*。属于已知平面的投影面平行线的方向是一定的。根据直角投影法则，投影图上必表现为直线 *LK* 的水平投影垂直于水平线 *AB* 的水平投影（$lk \perp ab$），直线 *LK* 的正面投影垂直于正平线 *CD* 的正面投影（$l'k' \perp c'd'$）。上述投影关系可归纳为下面的定理。

定理Ⅰ：若一条直线垂直于一个平面，则该直线的水平投影必垂直于该平面内水平线的水平投影；该直线的正面投影必垂直于该平面内正平线的正面投影。

如图 6-21 所示，已知平面由过点 *E* 的水平线 *AB* 和正平线 *CD* 给出，令直线 *LK* 垂直于该平面，则其水平投影 $lk \perp ab$，正面投影 $l'k' \perp c'd'$。

定理Ⅱ(逆)：若一条直线的水平投影垂直于已知平面内水平线的水平投影，该直线的正面投影垂直于已知平面内正平线的正面投影，则该直线必垂直于已知平面。

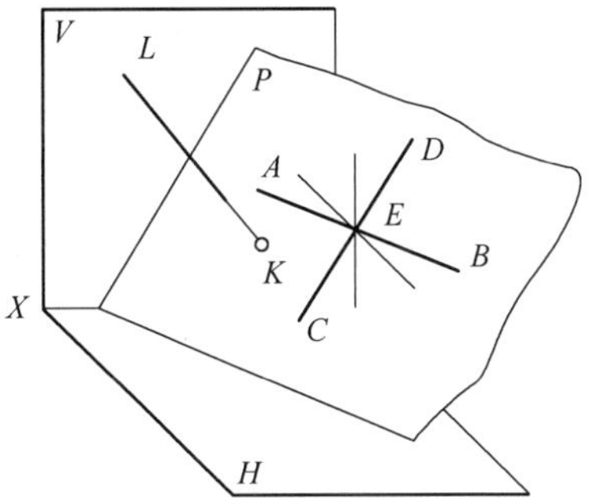

图 6-20 直线与平面垂直

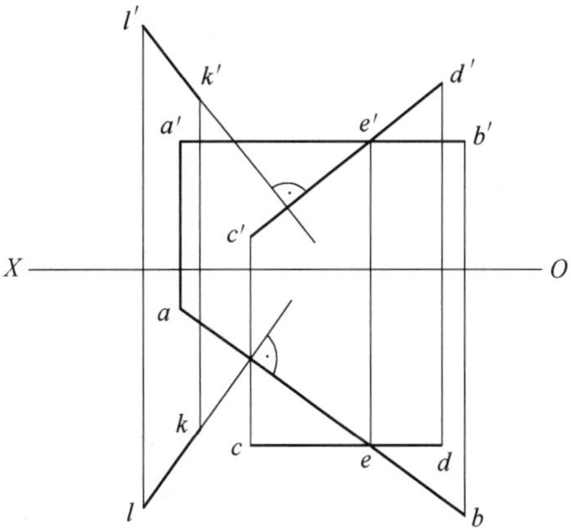

图 6-21 直线与平面垂直的投影图

这是因为直线和平面垂直的必要和充分条件是：该直线垂直于属于平面的相交两直线。例如图 6-20 所示，直线 *LK* 垂直于已知平面的水平线 *AB* 和正平线 *CD*，满足了必要和充分条件。因此判定直线 *LK* 垂直于已知平面。

例 6-5 已知由平行两直线 *AB* 和 *CD* 给定的平面，试判断直线 *MN* 是否垂直于该平面（见图 6-22）。

解：直线 *AB* 和 *CD* 是正平线。作属于已知平面的任意水平线 *EF*（*ef*，*e′f′*），因 $m'n' \perp c'd'$，但 *mn* 不垂直于 *ef*，故判定直线 *MN* 与该平面不垂直。

6.3.2 两平面相互垂直

从初等几何知道，若一条直线垂直于一平面，则包含这条直线的所有平面都垂直于该平面。如图 6-23 所示，直线 $KL \perp$ 平面 *Q*，则包含直线 *KL* 的所有平面如 P_1、P_2、P_3 等，都垂直于平面 *Q*。反之，与平面 *Q* 垂直的任何平面，如 P_1，其一定包含与平面 *Q* 垂直的直线，如 *KL*。

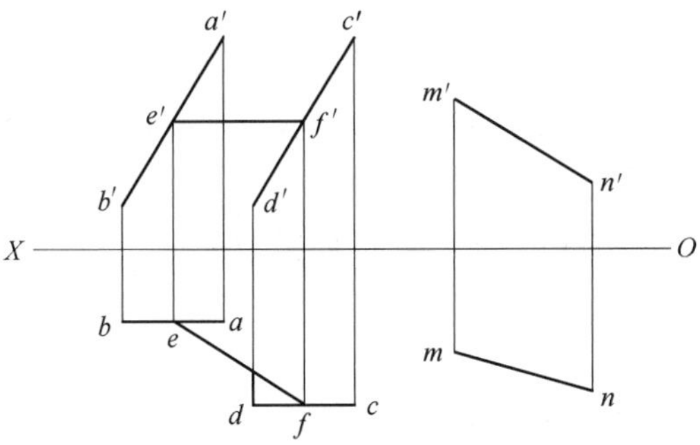

图 6-22 判断直线与平面是否垂直

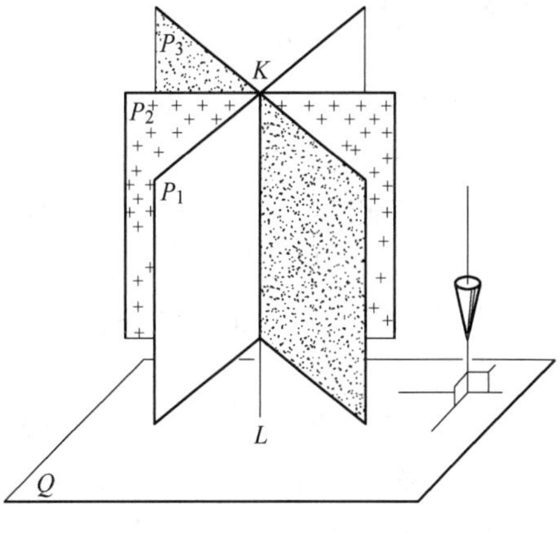

图 6-23 平面与平面垂直的直观图

例 6-6 过点 *S* 作平面垂直于平面的△*ABC*（见图 6-24）。

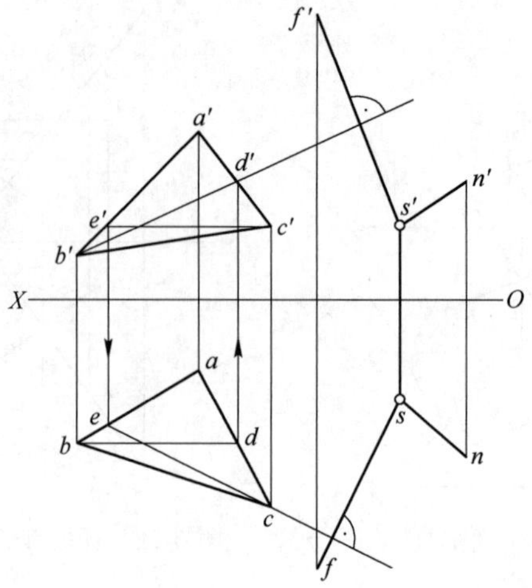

图 6-24 过已知点作平面垂直于已知平面

解：首先过点 S 作△ABC 的垂线 SF。包含垂线 SF 的所有平面均垂直于△ABC。本题有无穷多解。例如任作一直线 SN(sn，s′n′) 与 SF 相交，则 SF 与 SN 所确定的平面便是其中之一。

6.4 综合问题

6.4.1 图解问题总结

工程实际问题一般是复杂的、综合性的。解决综合问题往往需先从空间分析入手，将综合问题分解为简单的、各种相对位置问题的组合，进而明确解题步骤。本节试图通过对典型综合问题的分析，使读者建立清晰的空间概念，掌握并综合运用点、线、面的投影规律和基本作图方法。

关于前面学习的点、直线和平面的图解问题，总结如下。

(1) 定位问题，可分为以下几种：

1) 从属问题——直线上点，平面上点和直线；

2) 平面问题——过两点作一直线，过不在同一条直线上三点、一直线和线外一点、两相交直线、两平行直线作一平面；

3) 相交问题——两直线的交点，直线与平面的交点，两平面的交线，三平面的交点。

(2) 量度问题，可分为以下几种：

1) 直线和平面本身的量度问题——求直线段的实长，平面图形的实形；

2) 距离问题——两点间距离，一点与一直线间距离，两平行直线间距离，两交叉直线间距离，点与平面间距离，平行的直线与平面间距离，两平行平面间距离；

3) 角度问题——两直线间的夹角（相交或交叉），一直线与平面间的夹角（包括直线对投影面的倾角），两平面间的夹角（包括平面对投影面的倾角）；

4）平行问题——两直线互相平行，直线与平面互相平行，两平面互相平行；

5）垂直问题——两直线互相垂直（相交或交叉），直线与平面互相垂直，两平面相互垂直。

6.4.2 解题的步骤和方法

解题的一般步骤如下：

（1）分析题意，主要分析清楚已知条件和需要求的结果，以及所应满足的条件；

（2）确定解题方法和步骤，这是解题的关键；

（3）投影作图。

解题方法主要是综合分析法。综合分析法就是从已知条件出发，根据作图的要求条件，逐步推理，最后得到需要的结果。

6.4.3 综合题举例

例 6-7 如图 6-25 所示，试过点 *K* 作直线 *KL*，使其同时垂直于两交叉直线 *AB*、*CD*。

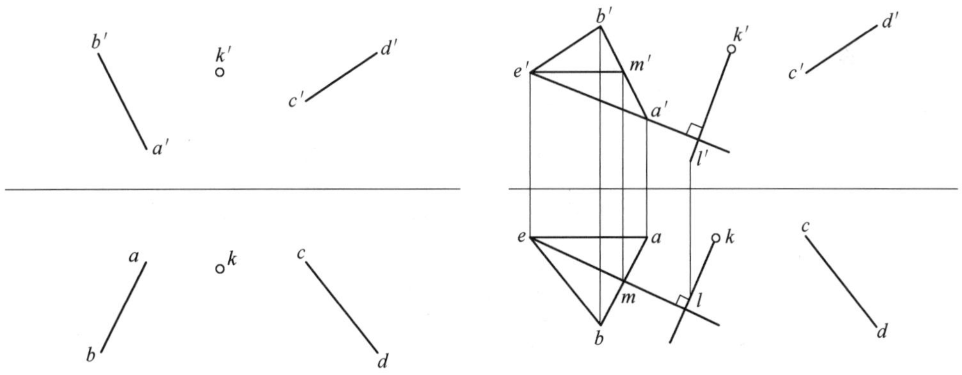

(a) (b)

图 6-25 过定点作两交叉直线的垂线

（a）已知条件；（b）投影图

解：由已知条件可知，所要求的直线 *KL* 应满足三个条件：*KL* 过点 *K*，$KL \perp AB$ 及 $KL \perp CD$。因要求 *KL* 同时垂直于 *AB* 和 *CD*，因此，*KL* 一定垂直于与 *AB* 和 *CD* 都平行的平面 *P*。为作图简便起见，先包含直线 *AB* 作一平行于 *CD* 的平面 *P*。

作图步骤：

（1）包含直线 *AB* 作一平行于 *CD* 的平面 *P*，过点 *B* 作直线 *BE*//*CD*，*BE* 与 *AB* 组成的平面即为平面 *P*。

（2）过 *K* 做平面 *P* 的垂线，先在平面 *P* 内作正平线 *AE*，再作水平线 *EM*，根据直角定理，分别作 $k'l' \perp a'e'$，$kl \perp em$，得出 *KL* 的方向。

（3）在 *KL* 方向上取 *L* 点，直线 *KL* 即为所求。

例 6-8 如图 6-26 所示，已知点 *A* 和直线 *BC*，求点 *A* 与直线 *BC* 间距离。

解：过点 *A* 作一平面垂直于 *BC*，故过点 *A* 作一条长度任意的垂直于 *BC* 的 *H* 面平行线 *M*，m'水平，$m \perp bc$；再作一条垂直 *BC* 的 *V* 面平行线 *N*，使 *n* 水平，$n' \perp b'c'$，则直线 *M*

和 N 所确定的平面，垂直于 BC。再求出该平面与 BC 的交点 F。最后，求出连线 AF 的真实长度 CA。CA 的实长即为 A 到 BC 的距离。

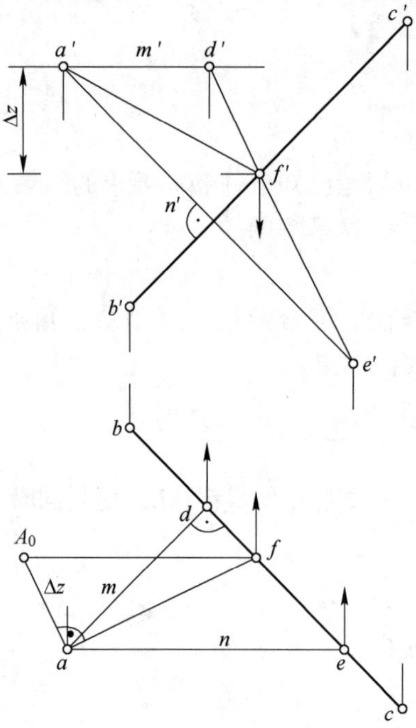

图 6-26 求 A 与 BC 间距离

复习思考题

6-1 直线与平面、平面与平面相平行的几何条件是什么，在投影图上是怎样反映的？

6-2 直线与平面、平面与平面相交时，要解决的是什么问题，相关元素中有积聚投影时，如何求解其共有元素及如何判断可见性？

6-3 相交元素都是一般位置时，如何求其共有元素，如何判断可见性？

6-4 直线与平面、平面与平面垂直的几何条件是什么，在投影图上是怎样反映的？

7 多 面 体

本章讨论了多面体求交线、交点、相贯线及判断可见性的方法。

基本要求：

1. 了解棱柱和棱锥的投影；
2. 掌握在多面体表面求点的投影；
3. 掌握平面与多面体表面相交求交线的方法；
4. 掌握直线与多面体表面相交求交点的方法；
5. 掌握两多面体表面相交求相贯线的方法；
6. 熟悉同坡屋面的画法。

7.1 概　　述

不管建筑物的形状有多么复杂，都可以把它看成是若干的简单几何形体（如棱柱体、棱锥体、圆柱体、球体、圆锥体等）经过叠砌、切割或相交而组成的。这些常见的简单几何形体又称为基本几何形体。基本几何形体分为平面立体和曲面立体两大类。表面由若干平面围成的立体，称为平面立体，如棱柱体、棱锥体等。表面由曲面或曲面与平面围成的立体，称为曲面立体，如圆柱体、圆锥体、球体等。

表面全是平面的立体，称为平面立体或多面体。每个表面是平面多边形，称为棱面。各棱面相交形成棱线，棱线相交得到的交点称为顶点，平面立体的投影，实际上可归结为棱面、棱线和顶点的投影，加以可见性的判断。常见的平面立体有棱柱、棱锥和棱台。棱柱的棱线互相平行、棱锥的棱线交于一点，棱台可以看作棱锥的底面和平行于底面的一个截面间的部分。

7.2 棱 柱 体

在一个多面体中，如果有两个面相互平行，而其余每相邻两个面的交线都相互平行，这样的多面体称为棱柱。平行的两个面为棱柱的上底面和下底面，其余的面为棱柱的侧面或棱面，相邻两棱面的交线称为棱柱的侧棱或棱线。棱柱体分为直棱柱体和斜棱柱体，侧棱垂直于底面的棱柱为直棱柱；侧棱与底面倾斜的棱柱则称为斜棱柱。底面是正多边形的直棱柱称为正棱柱。

图 7-1 所示为一个正五棱柱及其在三个投影面上的投影。为了便于画图和读图，让它的底面平行于 H 面，后面的棱面平行于 V 面。

（1）H 面上的投影。五棱柱体的水平投影图是一个正五边形。上底面 $ABCDE$ 和下底面 $A_1B_1C_1D_1E_1$ 在水平投影面上的投影两两重合，且反映底面的实形——正五边形；五个

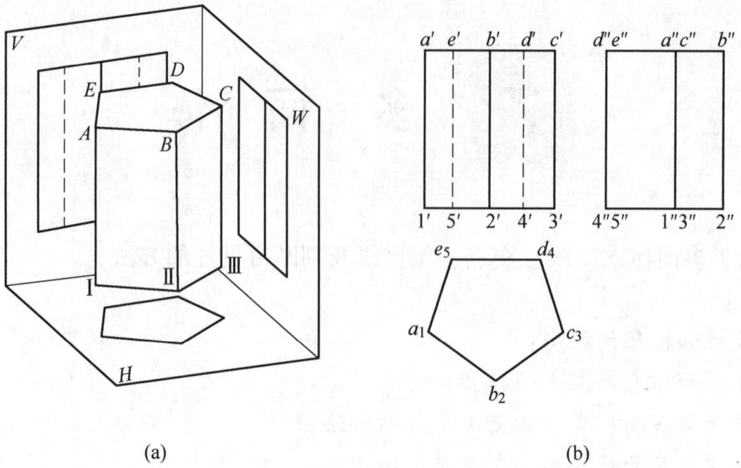

(a) (b)

图 7-1 五棱柱的投影

侧面与 *H* 面垂直，根据垂直投影的积聚性可以推出，侧面在水平投影面上积聚为正五边形的五条边；五条侧棱垂直于水平投影面，积聚为五个点。

（2）*V* 面上的投影。矩形 *a*′1′3′*c*′ 是侧面 *A*′1′2′*B*′、侧面 *A*′1′5′*E*′、侧面 *B*′2′3′*C*′、侧面 *C*′3′4′*D*′和侧面 *E*′5′4′*D*′重合的投影，其中 *V* 面投影图中虚线围合成的矩形是正五棱柱体后侧面 *E*′5′4′*D*′的投影，反映后侧面的实形。

（3）*W* 面上的投影。五棱柱上、下两底面的投影在 *W* 面上是两段水平直线。后棱面 *DE*Ⅴ-Ⅳ垂直于 *W* 面，所以投射成竖直的直线 *d*″*e*″，5″4″。左边的棱面投射成两个可见的矩形；右边的两个棱面的投影则分别与左边两个棱面的投影重合，它们是不可见的。

在学习中，立体上每个棱面或底面、每一条侧棱或底边、每个顶点在投影中都应得到反映，要根据投影特性识别它们在每个投影中的位置和表现形式。

图 7-2 所示为一个斜三棱柱的投影图。该三棱柱的上下底面均为水平面，在 *H* 面上反映实形，在 *V* 面上积聚为线段。三条侧棱线 *AD*、*BE*、*CF* 相互平行，均为一般位置直线。在 *V* 面投影中，棱线 *b*′*e*′被侧棱面 *a*′*d*′*f*′*c*′所遮挡，不可见，画成虚线。同理，在 *H* 面投影中。棱线 *de* 被 *acfd* 和 *bcfe* 所遮挡，不可见，画成虚线。

7.3 棱 锥

7.3.1 棱锥的投影

棱锥体的侧棱交于一点，即顶点（又称锥顶），各个侧面都是三角形。棱锥体就是由一个多边形的底面和若干个三角形围合而成的平面立体。通常可根据底面多边形的边数来区分不同的棱锥。若棱锥底面为正多边形且锥顶在底面上的投影与底面的形心重合，称为正棱锥；若不重合，称为斜棱锥。在画棱锥体的三面投影图时，为了方便作图，一般棱锥的底面和水平投影面平行，这样与人们观察形体的习惯一致，视觉上具有稳定性，能较好地表示外观，如图 7-3 所示。

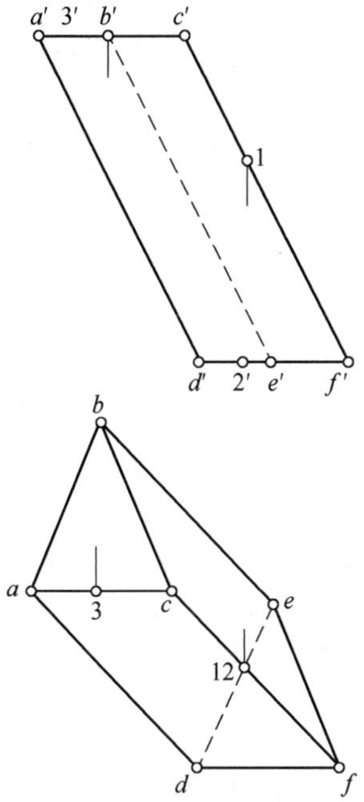

图 7-2 斜三棱柱

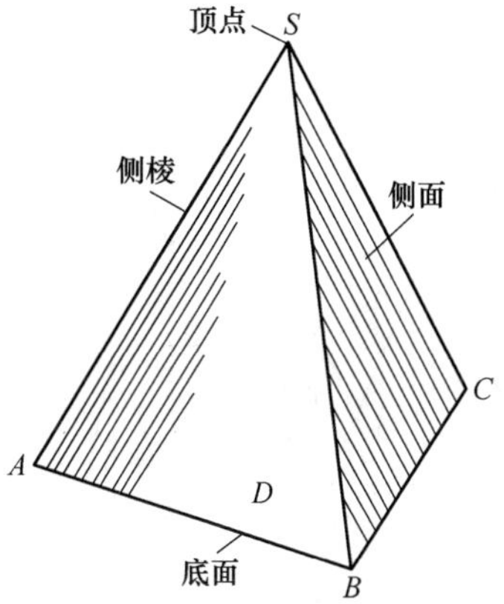

图 7-3 三棱锥

图 7-4 所示为一个正五棱锥投影形成的空间状况和投影图。五棱锥的底面为一个水平的正五边形 *ABCDE*。它的 *H* 面投影 *abcde* 反映实形；*V* 面和 *W* 面投影各积聚成一条水平线。作图时，宽度可由先作出的 *H* 面投影来作出。顶点 *S* 的 *H* 面投影 *s* 位于五边形 *abcde* 的中心。*s* 与五边形 *abcde* 的顶点连线，即为各侧棱的 *H* 面投影。

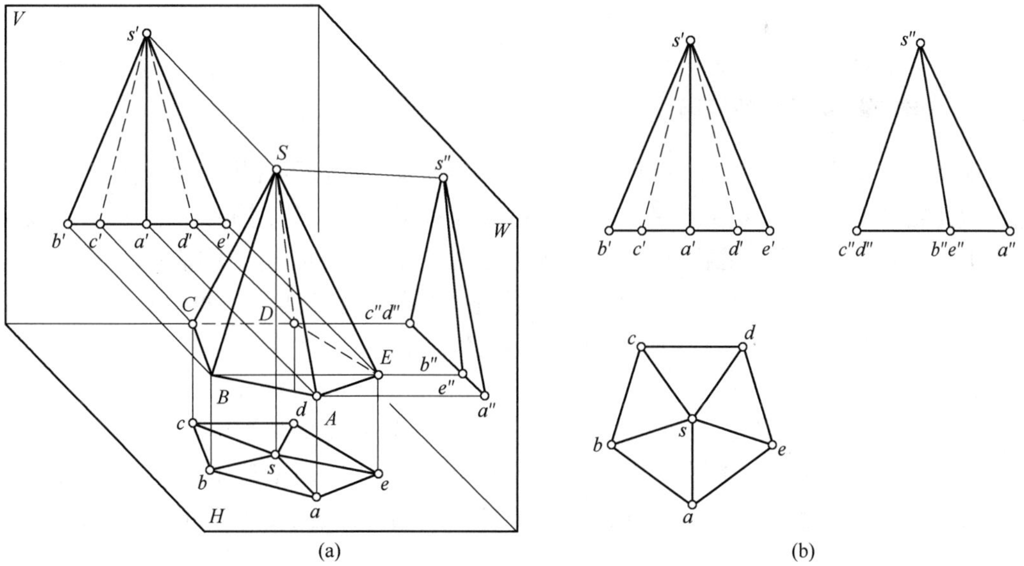

图 7-4 五棱锥

（a）空间状况；（b）投影图

同样，作出顶点 S 的 V 面、W 面投影 s'、s''后，可连得各侧棱的投影。注意这里需要判断可见性，由于侧棱 SC 和 SD 位于立体的后方不可见，故它们的 V 面投影 $s'c'$和 $s'd'$用虚线表示。

同理，根据 S 点的两面投影，求出 W 面投影 s''，连接 S''与底面五边形的各顶点。

图 7-5 所示为正四棱锥，其底面 $ABCD$ 为水平面，其水平投影反映实形，另外两投影积聚为直线；四个侧棱面均为一般位置平面，其三面投影都为类似三角形。作图时可先画出该棱锥底面的三面投影（建议先做水平投影），再画出锥顶的三面投影，然后连接锥顶和底面四个顶点的同面投影即可。

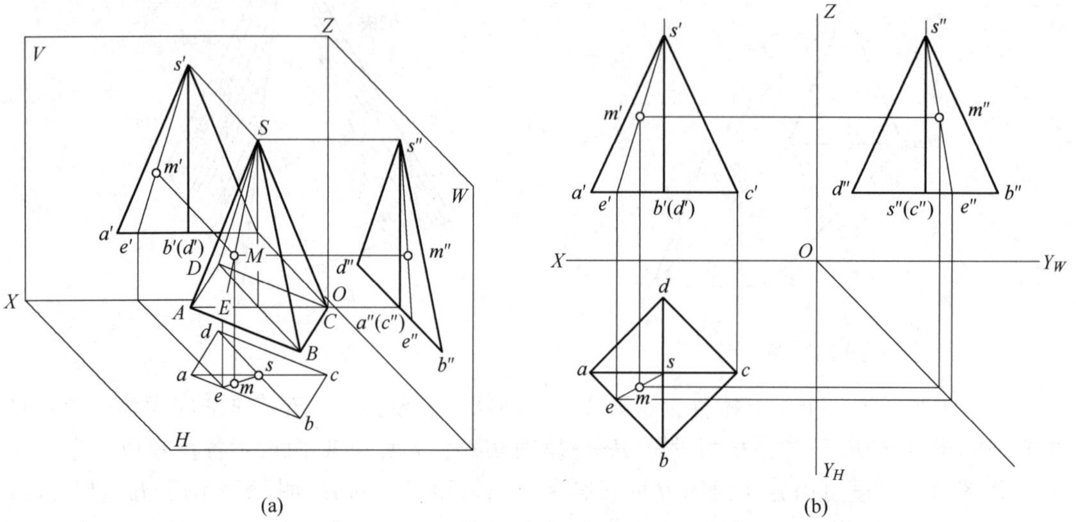

图 7-5 正四棱锥的投影及其表面的点

（a）空间状况；（b）投影图

7.3.2 金字塔是棱锥体的原因

埃及有一句谚语：人类惧怕时间，时间惧怕金字塔！在世界古代七大奇迹里，金字塔比其他几项早了 2000 多年，却是唯一没有被时光摧毁，至今屹立不倒的。几乎可以说，在人类的文明史上，金字塔就是永恒的象征！在古代埃及文中，金字塔是梯形分层的，因此又称作层级金字塔。这是一种高大的角锥体建筑物，底座四方形，每个侧面是三角形，样子就像汉字的“金”字，所以我们叫它“金字塔”。

金字塔为何是棱锥体？

（1）沙漠的风是猛烈且具有破坏性的。由于金字塔独特的造型，迫使凌厉的风势不得不沿着塔的斜面或棱角缓缓上升，塔的受风面由下而上，越来越小，在到达塔顶的时候，塔的受风面趋近于零，这种以逸待劳、以柔克刚的独特造型，把风的破坏力化解到最小程度。

（2）有人做过这样一个实验：把一定数量的米、沙、碎石子，分别从上向下慢慢地倾倒，不久就会形成三个圆锥体，尽管它们质量不同，但形状却异常相似。测量一下，它们的锥角都是 52°。这种自然形成的角是最稳定的角，人们把它称为“自然塌落现象的极限角和稳定角”。金字塔正好是 51°5′9″，说明它就是按照这种“极限角和稳定角”来建造的。

(3) 棱锥稳定性强，重心低且抗风、抗震。锥形建筑也是最节省材料的。

此外，金字塔的建造完美地运用了地磁场和磁轴与地球自转轴稍倾斜的原理，建造在非常接近正北纬 30°的 29°58′51″的线上，这一有意的误差使得金字塔随地球自转运动而承受极小振幅，可以常年屹立不倒。

7.4 棱　　台

棱台是棱锥的底面和平行于底面的一个截面间的部分。棱台的两个底面彼此平行且相似，其余各面都是梯形，所有的侧棱延长后相交于一点。

图 7-6 所示为一个以矩形为底面的四棱台的水平投影和正面投影。图 7-6 表示了根据已知的棱台两投影作出其侧面投影的情况。作图前首先要根据已知的投影想象物体的形状和它的各个面与各投影面的相对位置。V 面、W 面投影是高度相等的等腰梯形。左右两个侧面在 V 面上的投影积聚为两条线段，前后两个侧面在 W 面上的投影积聚为两条线段。上下两个底面的 H 面投影反映实形，V 面和 W 面积聚为线段。

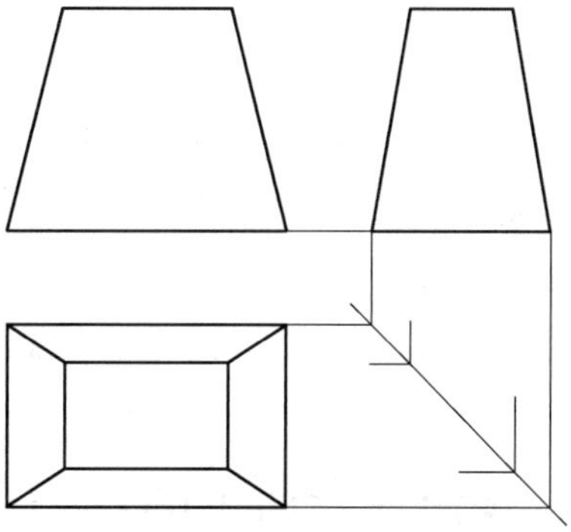

图 7-6　四棱台的投影

以上的例子说明平面立体的投影，就是其各个侧面的投影，而各个侧面的投影实际上是用其各条侧棱的投影来表示的，侧棱的投影又是其各顶点投影的连线。因此平面立体的投影特点有：

(1) 求平面立体的投影实质上就是求形体表面点、线、面的投影。

(2) 投影图中的线段可能是侧棱的投影，也可能是某侧面的积聚投影。

(3) 投影图中线段的交点，可能是顶点的投影，也可能是某侧棱线的积聚投影。

(4) 当向某投影面作投影时，凡看得见的侧棱线用实线表示，看不见的侧棱线用虚线表示，如果可见和不可见的侧棱投影重合时仍用实线表示。

在绘制平面立体的三面投影图时，应尽量将其放在合适的位置，将平面立体的主要表面尽量平行于投影面，使这个面的投影尽量反映实形。绘制时一般先画最能反映实形特征的投影图，然后根据正投影的投影规律——长对正、高平齐、宽相等绘制其他视图，见表 7-1。

表 7-1 平面立体的投影特征

名称	形体在三面投影体系中的投影	三面投影图	投 影 特 点
正六棱柱体	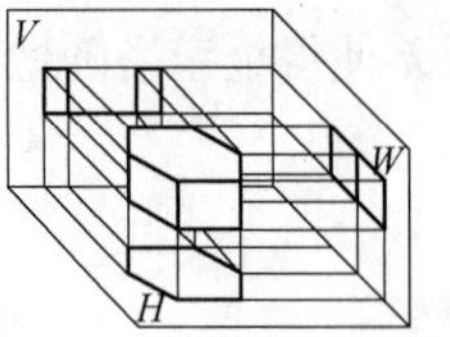	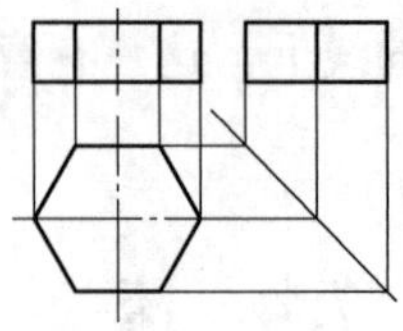	上下两底面与 H 面平行，在 H 面上的投影反映实形，为正六边形；其 V 面、W 面投影各积聚成水平线。前棱面和后棱面与 V 面平行，其 V 面投影反映实形，为矩形；其 H 面、W 面投影积聚成直线。其他四个侧棱面与 H 面垂直。它们的 H 面投影都各积聚成直线；V 面、W 面投影则为类似形
三棱锥体	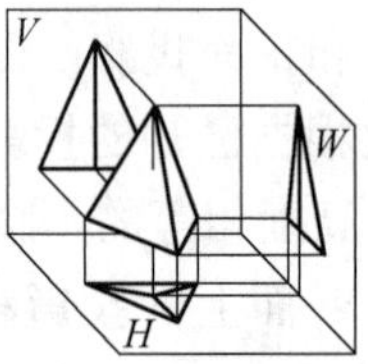	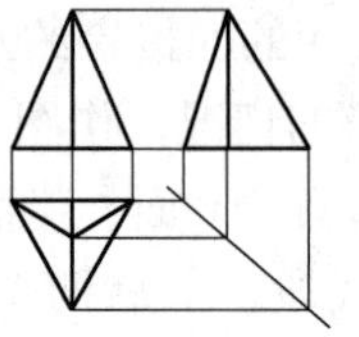	三棱锥摆放位置为底面平行于 H 面，则它的 H 面投影为三角形，反映底面的实形；V 面投影、W 面投影积聚成水平线。后棱面垂直于 W 面，其侧面投影积聚成直线。其他左右两个侧棱面倾斜于三个投影面，它们的三面投影均为类似形。三个侧棱面的 H 投影也均为类似形
正四棱台	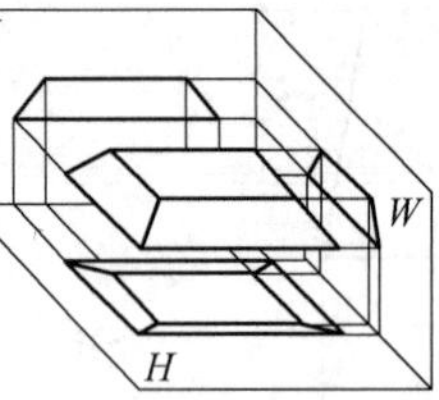	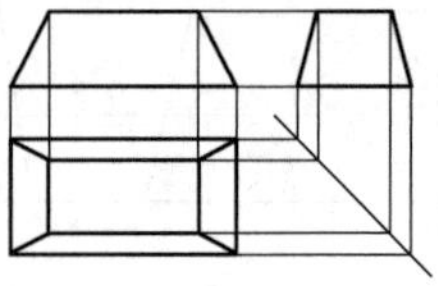	V 面、W 面投影是同一高度的等腰梯形。左右两个侧面在 V 面上的投影积聚为两条线段，前后两个侧面在 W 面上的投影积聚为两条线段。上下两个底面的 H 面投影反映实形

7.5 多面体表面上的点和直线

根据立体表面上的点或直线的一面投影作出其他两面的投影，这类问题不但可进一步熟悉和掌握立体的投影图，同时也是解决有关立体问题的基础。

多面体的表面是由若干平面组成的，立体表面点或直线的可见性决定所在平面的可见性。凡是在投影图中位于立体可见面上的点都是可见的，反之是不可见的。

在解决这类问题时，首先要根据点或直线的已知投影及其可见性鉴别该点位于立体的哪个平面上，然后根据投影规律作出点或直线的其他投影。再判断其所在平面的可见性，进一步判断点或直线的可见性。

例 7-1 已知三棱柱表面上点 D 的水平投影 d 和点 E 的正面投影 e'（见图 7-7)，求作它们的其余两投影。

解：(1) 求 D 点的其他两面投影。因为点 D 的水平投影 d 是可见的，可以判断点 D 应位于棱柱的上底面 ABC 上。上底面是水平面，正面投影和侧面投影都具有积聚性，所以可从点 d 直接在正面投影 $a'b'c'$上作出 d'，并根据三等关系在侧面投影 $a''b''c''$上作出 d''。点 d'和 d''都位于具有积聚性的投影上，可当作不可见。

(2) 求 E 点的其他两面投影。点 E 的正面投影 e' 是可见的，所以点 E 应位于三棱柱右前方的棱面。这个侧棱面是铅垂面，水平投影 bc 具有积聚性，根据点 e' 可直接在 bc 上作出 e，它是不可见的。再根据 e、e' 作出侧面投影中的 e''。由于棱面 BC 位于形体右侧，侧面投影 $b''c''$ 不可见，因此 e'' 也是不可见的。

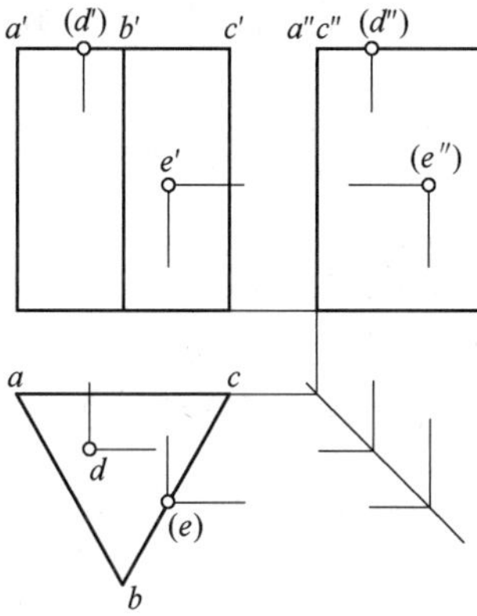

图 7-7　在三棱柱表面上作点

例 7-2　如图 7-8 所示，已知三棱锥的三面投影及其表面上的直线 MN 和 NG 的 V 面投影，并且 $n'g' /\!/ b'c'$。求直线 MN 和 NG 的 H 面、W 面投影。

分析：三棱锥的三个棱面都是一般位置平面，点 N 的投影可以利用点在棱线 SB 上的从属关系求得，而 M、G 两点可采用面上取点作辅助线的方法求得，G 点可以利用平行关系求得。

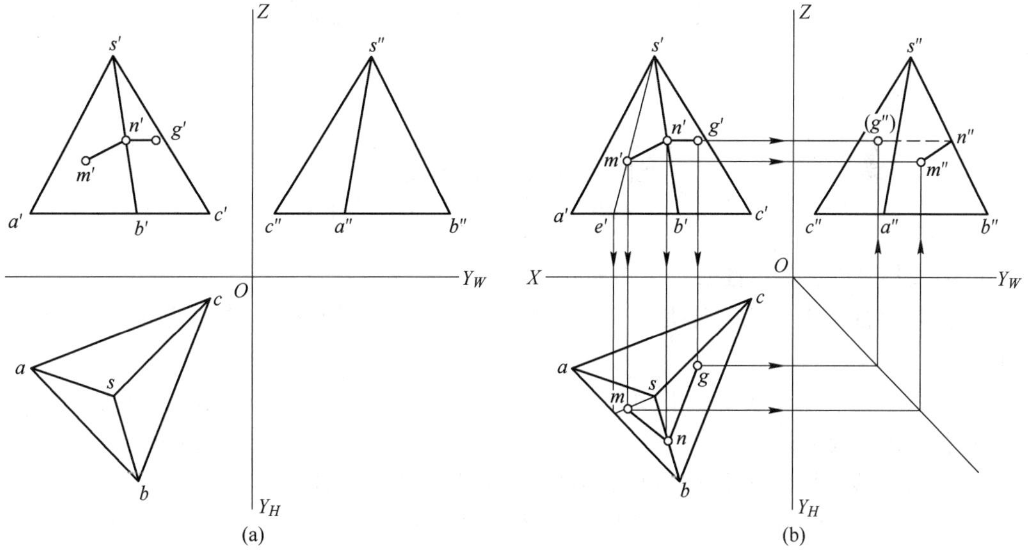

图 7-8　三棱锥表面上的线
(a) 投影图；(b) 作图

作图步骤：

(1) 根据长对正、高平齐，由 n' 作投影连接线，分别交 sb 和 $s''b''$，求得点 N 的其他两面投影 n、n''。

（2）利用平行性，过 n 作 bc 的平行线，与过 g'' 向下引投影连接线相交，交点即为 g，进而可得到 g''。

（3）过 m' 作辅助线 SE 的正面投影 $s'e'$，并求出 e 点的水平投影，进而求得 se，利用点与直线的从属关系，$M \in SE$，可求出 m、m''。

（4）判别 mn、ng、$m''n''$、$n''g''$ 的可见性，并采用正确线型连接，即为所求。

7.6　平面与多面体表面相交

平面与立体表面相交，即用平面截切立体，如图 7-9 所示，截切立体的平面，称为截平面。截平面与立体表面的交线称为截交线。截交线所围成的平面图形，称为断面或截面。根据所截立体的不同，截交线可分为平面体截交线和曲面体截交线两种。本节主要探讨平面体截交线。

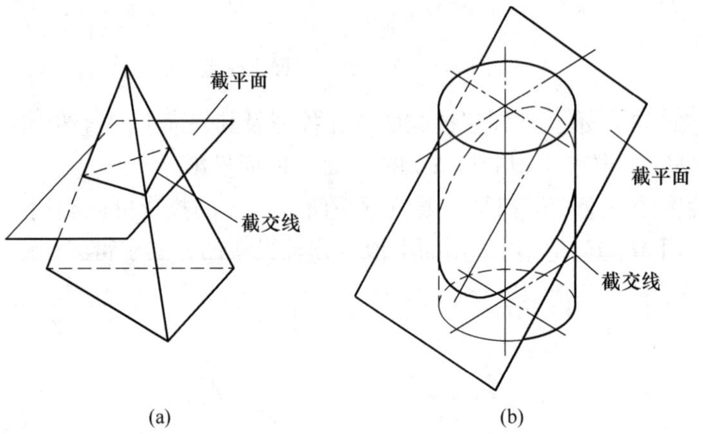

图 7-9　平面截切的截交线

（a）平面截切三棱锥；（b）平面截切圆柱

截交线具有以下基本性质：

（1）封闭性。由于几何体是一个封闭的空间实体，因此截交线一定是封闭的平面图形。

（2）共有性。截交线是截平面与立体表面的共有线。它既是截平面上的又是立体表面上的点集合，故求作截交线归结为求截平面和立体表面共有点的作图问题。

（3）截交线的形状取决于立体表面的形状及截平面与立体的相对位置。

图 7-10 所示为截平面 P 与五棱柱截交的情况。由于多面体的表面都是平面，所以截交线是封闭的多边形。多边形的各边是截平面与多面体棱面和底面的交线，多边形的各顶点则是截平面与多面体侧棱和底边的交点。因此，求作平面与多面体截交线的问题可归结为求多面体侧棱和底边与截平面的交点问题。

求平面与平面立体的截交线的主要原理是根据直线上的点的求法和平面上的点或直线的求法，以及直线和平面相交的交点的求法得来的。

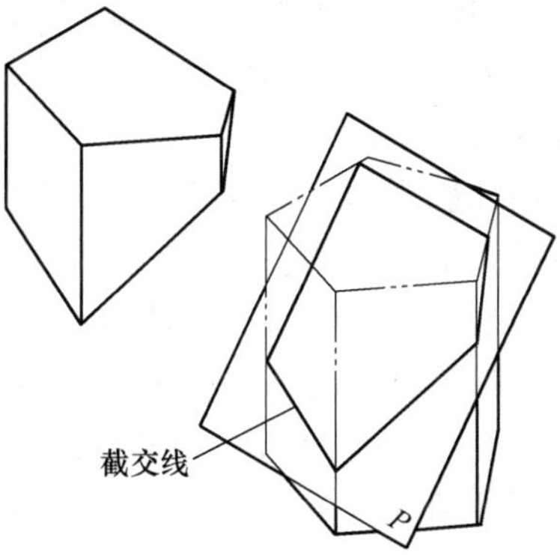

图 7-10　多面体的截断

在求平面立体上的截交线时，要先分析平面立体在未切割之前的形状，以及它所在三面投影体系中的位置，然后再使用交点法或（和）交线法来求出交点。交点法就是先求出平面立体上与截平面相交的侧棱（或底边）和截平面的交点；交线法则是先求出与截平面相交的侧棱面（或底面）的交线，最后将求出的点或线按一定顺序依次连接并判别可见性。

例 7-3　已知五棱柱和垂直于 V 面的截平面 P（见图 7-11（a）），求作被截后棱柱的三面投影和截断面的实形。

解：作出五棱柱的侧面投影（见图 7-11（b））。由于截平面 P 是一个正垂面，因此截交线的正面投影与平面 P 的正面迹线 P_V 重合。从正面投影中可以看出，棱柱上被截的平面是上底面和四个棱面。所以截交线是一个五边形。五边形的五个顶点就是截平面与五棱柱的三条侧棱及上底面的两条底边的交点。

平面 P 与上底面交出一条正垂线 Ⅰ-Ⅱ，它的正面投影 $1'2'$ 由 P_V 与 $a'b'c'd'e'$ 相交得出，重合为一个点。由此作出其水平投影 12。侧面投影 $1''2''$ 是利用宽度 y 相等而定出的。平面 P 与四个棱面的交线的正面投影与 P_V 重合，而水平投影又分别与各棱面的水平投影

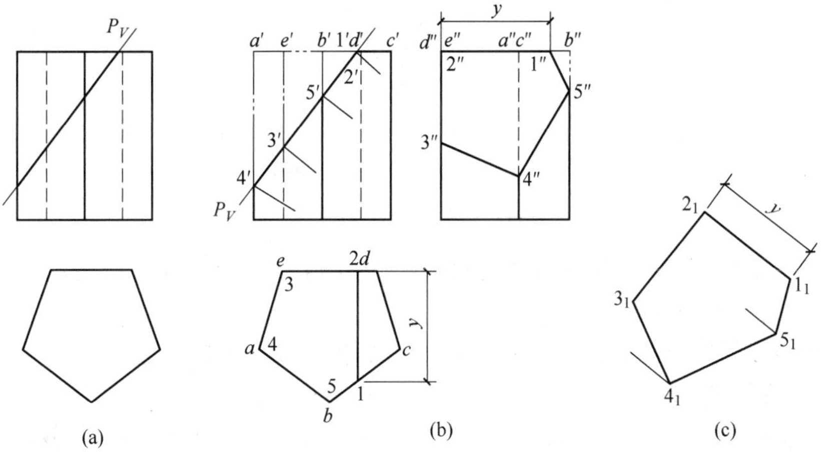

图 7-11　棱柱的截断

（a）已知条件；（b）三面投影；（c）截断面实形

重合。由此，可以确定它们的侧面投影。作图时，先求出侧棱 A、B、E 与平面 P 的交点Ⅳ、Ⅴ、Ⅲ的各投影，依次连接截交线各顶点的投影，判断各侧棱投影的可见性，连接所需要的图线，以完成被截后棱柱的三面投影。

这里应该提出注意的是：棱柱被截后，侧面投影中 $b''5''$和 $e''3''$这两段图线应予擦去；侧棱投影 $a''4''$也因被截而不存在，在这位置上应画成虚线，表示侧棱 C 的侧面投影。为了作出截断面的实形，可建立新投影面 H_1 平行于截平面 P，作出截交线在 H_1 面上的投影 $1_1 2_1 3_1 4_1 5_1$ 即为所求的实形（见图 7-11（c））。图中没有画出新旧投影轴，而是以截断面投影的边线 23 和截断面实形的边线 2_1 作为基准线进行作图的。例如，新投影 1_1 和 2 应分别位于过正面投影中 $1'$和 $2'$且垂直于凡的直线上，点 1_1 至点 2_1 的距离 y 取自水平投影中点 1 至点 2 的距离。

例 7-4 图 7-12 所示为三棱锥体被截平面 P 切割，求截交线。

解： 截平面 P 是正垂面，截交线的正面投影就积聚在截平面的迹线 P_V 上，截平面与三棱锥体的三条侧棱相交，交点分别为点 A、B、C，其 V 面投影就为截平面的积聚投影和三条侧棱的正投影的交点 a'、b'、c'。其中点 A 在与 W 面平行的侧棱上，它的水平投影的求法有两种：

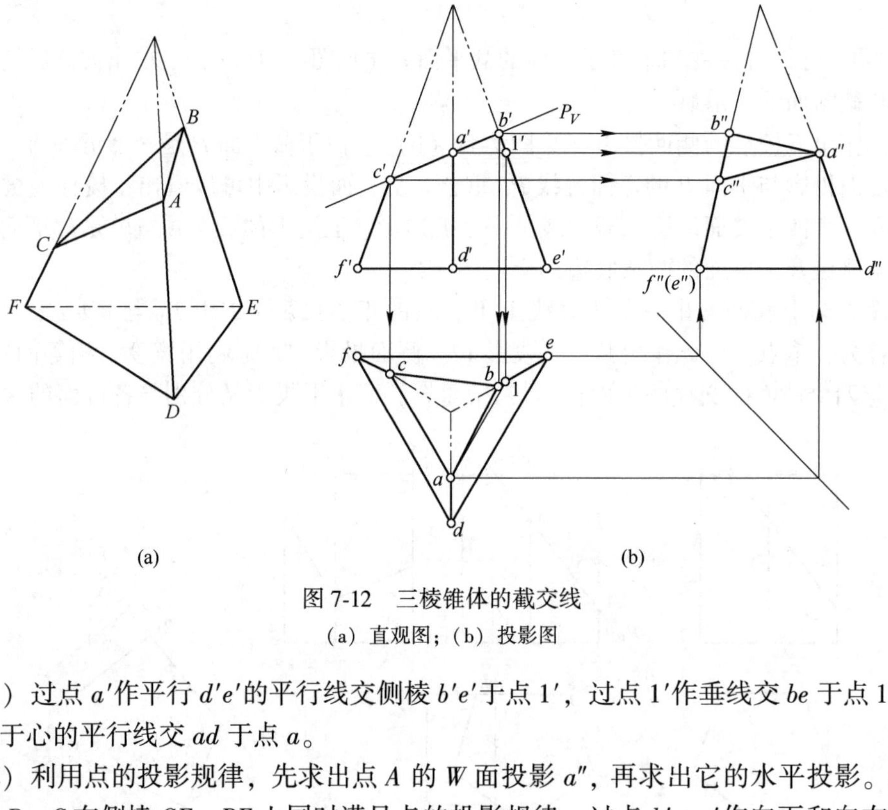

图 7-12 三棱锥体的截交线
（a）直观图；（b）投影图

（1）过点 a'作平行 $d'e'$的平行线交侧棱 $b'e'$于点 $1'$，过点 $1'$作垂线交 be 于点 $1'$过点 1 作平行于心的平行线交 ad 于点 a。

（2）利用点的投影规律，先求出点 A 的 W 面投影 a''，再求出它的水平投影。另外两个交点 B、C 在侧棱 CF、BE 上同时满足点的投影规律，过点 b'、c'作向下和向右垂线就可以求出其水平投影 b、c 和侧面投影 b''、c''。最后依次连接各投影面上截断面的顶点，判断其可见性，就求得了三棱柱体的截交线的三面投影图。

例 7-5 如图 7-13（a）所示，已知正四棱锥及其截切后的正面投影，求其水平投影和侧面投影。

解：由图 7-13（a）中的正面投影可以看出，截平面 *P* 为水平面、*Q* 为正垂面，但它们均未截断四棱锥，两截平面相交于一条正垂线 *HG*。所以其为截平面 *P* 和 *Q* 分别与四棱锥的截交线 *AEHGF* 和 *BCHGD*，以及 *P*、*Q* 的交线 *HG* 所组成。作图步骤如图 7-13（b）所示。

（1）定出其切口的正面投影。

（2）求出截平面 *P* 与四棱锥的截交线的侧面投影及水平投影。由于截平面 *P* 为平行于四棱锥底面的水平面，截平面 *P* 和 *Q* 的交线 *HG* 为正垂线，可利用其投影特性定出其截交线的投影。截交线的侧面投影平行于底面的侧面积聚投影，并积聚为一线段；水平投影平行于四棱锥底边线的水平投影。

（3）求出截平面 *Q* 与四棱锥的截交线的侧面投影及水平投影。点 *B* 、*C*、*D* 的侧面投影和点 *B* 水平投影可直接得到；点 *C* 和 *D* 的水平投影可根据“宽相等”得到，也可通过点 *C* 和 *D* 的水平面与四棱锥的截交线得到。

（4）判别其可见性。截平面 *P* 和 *Q* 的交线 *HG* 的水平投影 *hg* 不可见，四棱锥最左侧棱被截切，最右侧棱未被截切，*b″a″*之间画成虚线。

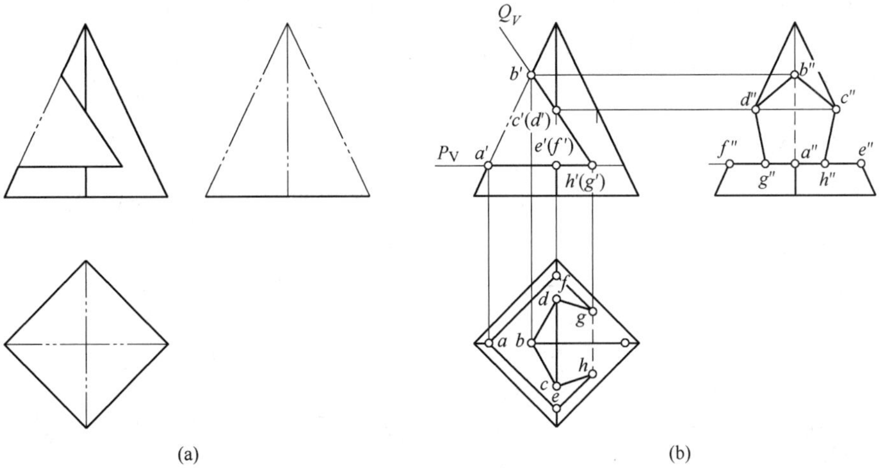

图 7-13　带切口的四棱锥

（a）已知条件；（b）作图步骤

7.7　直线与平面体相交

直线与平面体表面相交，在立体表面产生的交点称为贯穿点。贯穿点是直线和立体表面的公共点。贯穿点必成对出现，有穿入点和穿出点。直线在平面体内的部分不用画出。求贯穿点的问题实质上是求直线与平面的交点问题。贯穿点的可见性决定于该点所在表面的可见性。

7.7.1　利用积聚性求贯穿点

当直线或平面体表面在某个面的投影具有积聚性时，则在具有积聚性的投影面上，直接得到贯穿点在该投影面上的投影；再利用面上定点或线上定点的方法，求出贯穿点在其他投影面上的投影。

7.7.2 利用辅助平面求贯穿点

当直线和平面体表面没有积聚性时，贯穿点的投影不能直接定出，可仿照一般位置直线与一般位置平面求交点的原理和方法辅助平面法，求出贯穿点。利用辅助平面求贯穿点的作图步骤如下：

（1）过已知直线作辅助平面。

（2）求出辅助平面与平面体的截交线。

（3）截交线与已知直线的交点即为所求的贯穿点。

例 7-6 如图 7-14（a）所示，求一般位置直线与三棱锥的贯穿点。

解：通过 AB 作正垂面 P 为辅助平面，P 面的有积聚性的正面迹线 P_V 与直线的正面投影相重合。三棱锥的三条棱线的正面投影分别与之交于 1′、2′、3。由 1′、2′、3′引投影连线，与相应的棱线的水平投影交于 1、2、3，将 1、2、3 连成三角形 123，即为辅助截平面 P 与三棱锥的截交线三角形Ⅰ-Ⅱ-Ⅲ的水平投影；直线的水平投影与三角形 123 交于 m、n 两点，由 m、n 引投影连线，与直线的正面投影相交得 m'、n'。M、N 的两面投影即为所求的贯穿点的两面投影，如图 7-14（b）所示。

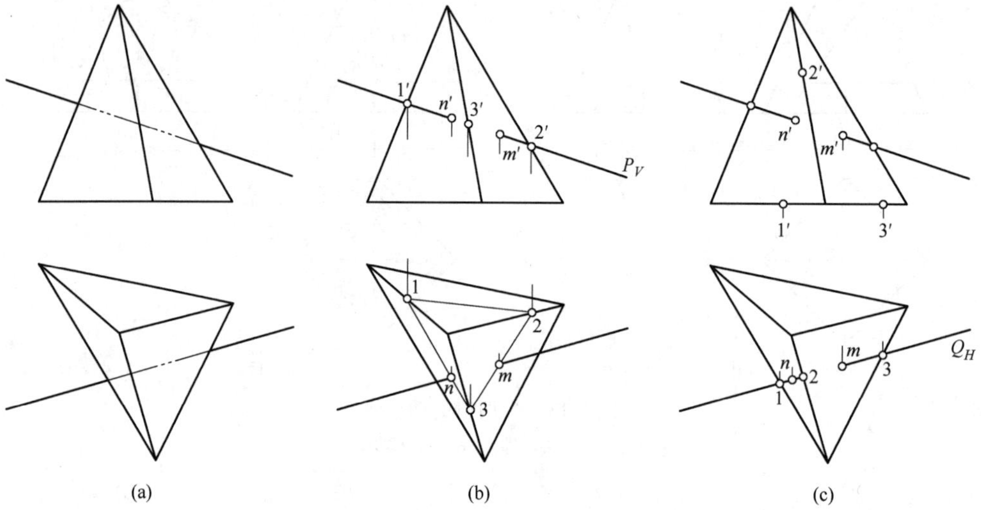

图 7-14 一般位置直线与棱锥相交

（a）已知条件；（b）作法一；（c）作法二

擦去 mn，$m'n'$之间的线段，从图中可以判断出，在 H 面投影中 n 点的左边和 m 点的右边，直线的投影在三棱锥以上，这两部分是可见的，所以画成实线。在 V 面投影中，m' 和 n'所在的侧棱面位于三棱锥的前面，属于可见平面，m' 右边和 n'左边部分画成实线。

7.8 两多面体表面相交

当一立体全部棱线或素线都穿过另一立体时称为全贯，如图 7-15（a）所示；当两立体都只有一部分参与相贯时称为互贯，如图 7-15（b）所示。全贯时一般有两条封闭的空间线段，互贯时只有一条封闭的空间线段。

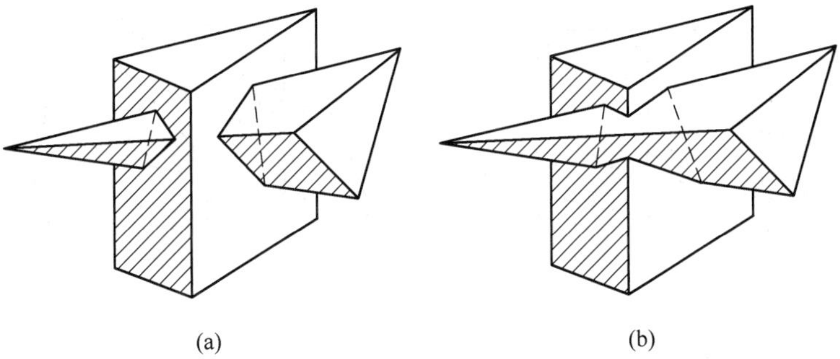

图 7-15 两立体相贯
(a) 全贯；(b) 互贯

求相贯线的作图实质是找出相贯的两立体表面的若干共有点的投影。因为立体表面性质不同，相贯线的特征及求法也不同。

7.8.1 平面立体相贯线的特征

两平面立体的相贯线一般是封闭的空间折线（特殊情况是平面折线或不封闭折线）。折线的各线段是两平面立体相应棱面的交线，如图 7-16 所示的相贯线的各顶点是一个平面立体的棱线（或底面边线）对另一平面立体的贯穿点。

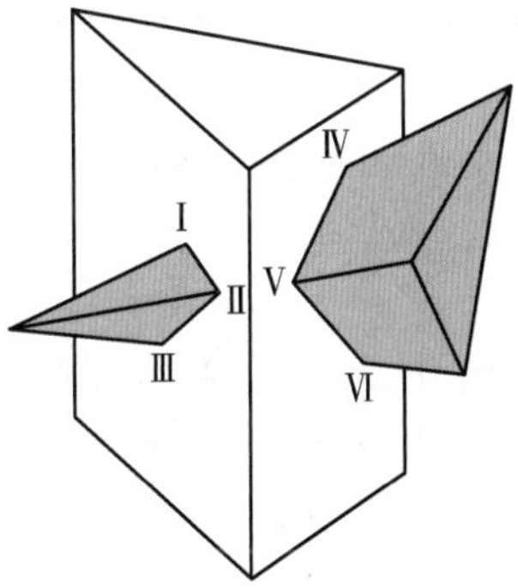

图 7-16 两立体的相关线

7.8.2 作图方法

由相贯线的性质和特征可知，求两平面立体相贯线的方法有以下两种：

(1) 求出两平面立体上的相交棱面的交线。

(2) 求一平面立体的棱线（或底面边线）对另一平面立体表面的交点，并按空间位置关系依次连成相贯线。

例 7-7 求如图 7-17 (a) 所示的两三棱柱的相贯线。

解： 根据已知的水平投影并参照正面投影可以看出两三棱柱为互贯。三棱柱 *DEF* 的棱线 *E* 和 *F* 贯穿三棱柱 *ABC*，棱线 *D* 与三棱柱 *ABC* 不相交；而三棱柱 *ABC* 的棱线 *B* 贯穿三棱柱 *DEF*。其相贯线为一个封闭的空间折线。作图步骤如图 7-17 (b) 所示。

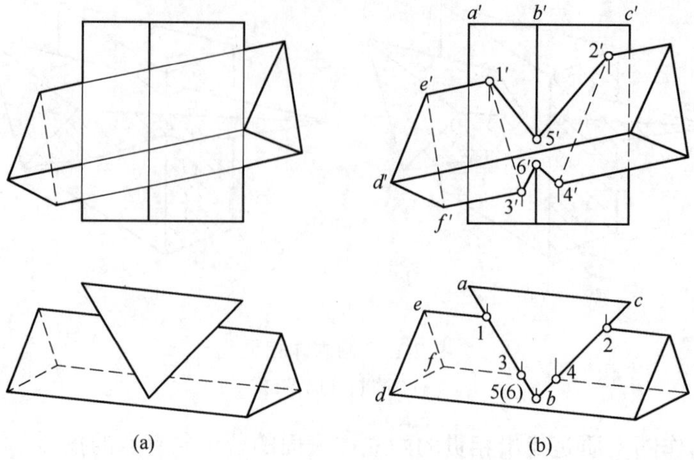

图 7-17　两三棱锥相贯

（a）已知条件；（b）作图步骤

（1）求贯穿点。棱线 *E* 和 *F* 上的贯穿点Ⅰ、Ⅱ和Ⅲ、Ⅳ，利用积聚性，其水平投影 1、2 和 3、4 可直接定出，进而求出正面投影 1′、2′、3′、4′。棱线 *B* 上的贯穿点Ⅴ，Ⅵ，其水平投影 5、6 也可直接定出，利用面上做辅助线定点的方法求出其正面投影 5′、6′。

（2）连接贯穿点。连点原则是：每个点应与相邻的两个点相连，根据 *H* 面确定连接点的顺序，依次为 1、5、2、4、6、3、1，在 *V* 面中按照此顺序连接。

（3）判断可见性。判断可见性的原则是只有两立体可见表面的交线才可见，否则均不可见。Ⅰ-Ⅲ，Ⅱ-Ⅳ位于 *DE* 面，*DE* 平面位于三棱柱后面，在 *V* 面中不可见，所以 1′3′，2′4′用虚线连接。

（4）补全投影。三棱柱 *ABC* 的 *A*、*C* 棱线未参与相贯，位于三棱柱 *DEF* 之后，所以它们的中间段应画虚线，棱线 *B* 在 5′、6′两点之间一段贯入三棱柱 *DEF* 内部，两立体相贯后成为一个整体，这段线不再画出，同理棱柱 *DEF* 上的 1′2′、3′4′之间也是一样，不再画出。

7.9　屋面交线及同坡屋面的画法

屋面就是建筑物屋顶的表面，主要是指屋脊与屋檐之间的部分，这一部分占据了屋顶的较大面积。

7.9.1　同坡屋面

在房屋建筑中，常以坡屋面作为屋顶形式，坡屋面的设计除考虑建筑造型外观的需要，也必须兼顾建筑构造合理排水等要求。其中常见的为同坡屋面（或称为同坡屋顶），即屋顶各檐口同高，且各屋面对地面的倾角都相等。

同坡屋面中相关名词如下，如图 7-18 所示。

（1）屋檐：房屋前后坡的边缘部分（俗称瓦檐），民间也称其为挑檐。

（2）屋脊：由对应屋檐相互平行的两个坡屋相交而成，也称正脊。屋脊和对应的屋檐相互平行。

（3）斜脊：凸墙角处，屋檐相交的两坡屋面相交形成斜脊。

（4）天沟：凹墙角处，屋檐相交的两坡屋面相交形成天沟。

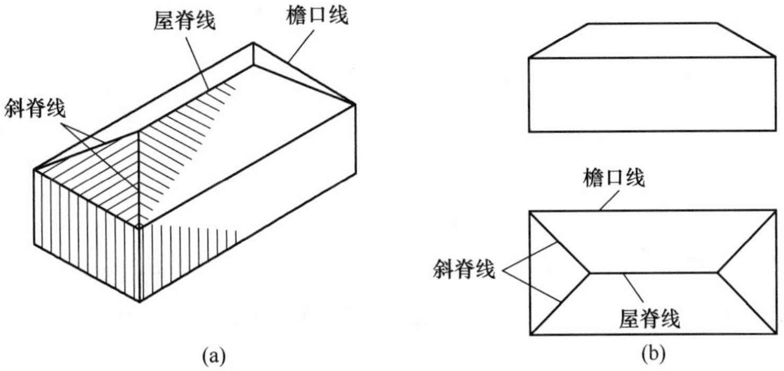

图 7-18 同坡屋面

（a）直观图；（b）投影图

7.9.2 同坡屋面的投影特点和画法

同坡屋面有如下特点：

（1）两屋檐平行的屋面交线。两屋檐平行的屋面交线为水平屋脊线，它与产生此屋脊线的两个屋面的屋檐是平行的，根据平行投影特性，它们的水平投影也平行，且屋脊线至两屋檐之间的距离及它们的水平投影距离相等。

所以平面图中按照要求做两平行屋脊的屋面交线时，只要做一条与两屋檐距离相等的平行线。

（2）两个屋檐相交时的屋面交线。屋檐相交的两屋面必相交于倾斜的屋脊或天沟，其水平投影为两屋檐水平投影的夹角平分线。当两屋檐正交时，斜脊或天沟的水平投影与屋檐的水平投影成 45°角。

（3）在屋面上如果有两条交线交于一点，必有第三条交线交于此点，这个点就是三个相邻屋面的公有点。如图 7-19 所示，设 *P* 和 *R* 两屋面的交线 *BG*，与 *P* 和 *Q* 两屋面的交线 *AB* 交于一点 *B*，则点 *B* 必为 *PQR* 三面的交点，故也为 *QR* 两屋面交线上的一点，即 *QR* 屋面的交线 *BJ* 应通过点 *B*。

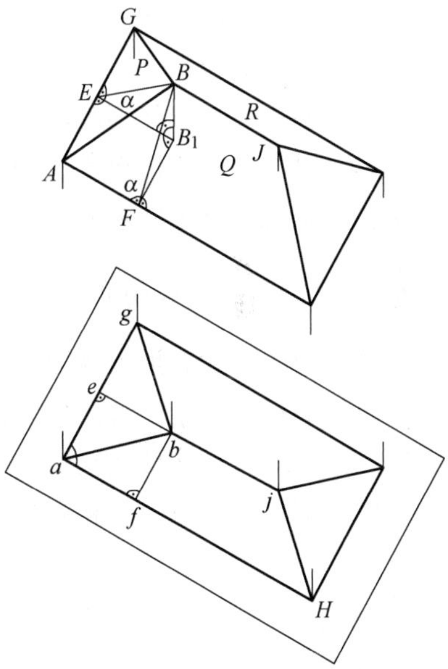

图 7-19 四坡屋顶的投影图画法

由上述同坡屋面的特点，在已知屋檐的水平投影的情况下，可以作出同坡屋面的水平投影，然后根据屋面的坡度或水平倾角，就可作出其正面投影。

例 7-8 已知同坡屋顶四周屋檐的水平投影（见图 7-20（a））及各屋面的水平倾角 $\alpha=30°$，试作出该同坡屋顶的水平投影和正面投影。

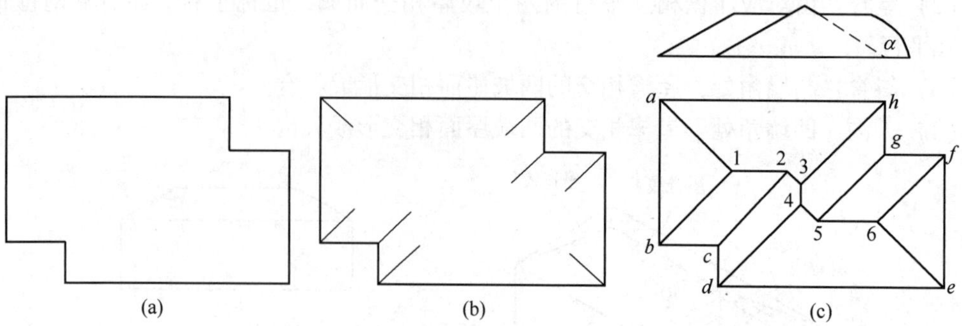

图 7-20　做同坡屋顶的投影

解：由图 7-20 可知，该屋面有 8 个屋檐，因为相邻两檐线相交成 90°。所以分角线均为 45°线。在水平投影中经各相邻屋檐的交点引与屋檐成 45°角的斜线，如图 7-20（b）所示。

从左边开始，两条斜线相交于点 1，如图 7-20（c）所示，则过点 1 一定有一条平行于水平面的屋脊 12，此线先与引自 c 点的 45°斜线交于点 2。

点 2 是坡面 bc，cd，ah 三面共点，线 12 是 ab 和 bc 的交线，$2c$ 是 bc 和 cd 的交线，现在还缺少 ah 和 cd 的交线，所以过点 2 做 ah 与 cd 的分角线，即斜线 23，此线与引自 h 点的斜线相交于点 3。

按上述方法一直作到点 6 为止，完成同坡屋面的水平投影。

根据屋面的 30°倾角作出屋面的正面投影，作图时，首先从垂直于 V 面的屋面着手，因为它们的积聚投影能反映屋面的倾角 α；再画出与相邻屋面交线（如屋脊等交线）的 V 面投影。以同样方法依次作出所有交线的 V 面投影并判别可见性，即得每个屋面的 V 面投影，于是完成整个同坡屋顶的 V 面投影，如图 7-20（c）所示。

7.9.3　造型各异的坡屋面

坡屋顶的形式和坡度主要取决于建筑平面、结构形式、屋面材料、气候环境、风俗习惯、建筑造型等因素。坡屋顶在建筑中应用较广，主要有单坡式、双坡式、四坡式和折腰式等。以双坡式和四坡式采用较多。

坡屋顶在古代也是一种身份的象征。古代社会有严格的等级制度，古建筑中的坡屋顶形式是一种重要的表现。社会（屋顶）等级分类，如图 7-21 所示。

（1）第一位：重檐庑殿顶。重要的佛殿、皇宫的主殿，象征尊贵。

（2）第二位：重檐歇山顶。常见于宫殿、园林、坛庙式建筑。

（3）第三位：单檐庑殿顶。重要的建筑。

（4）第四位：单檐歇山顶。重要的建筑。

（5）第五位：悬山顶。民居、神橱、神库。

（6）第六位：硬山顶。民居。

（7）第七位：卷棚顶。民间建筑。

（8）无等级：攒尖顶。亭台楼阁。

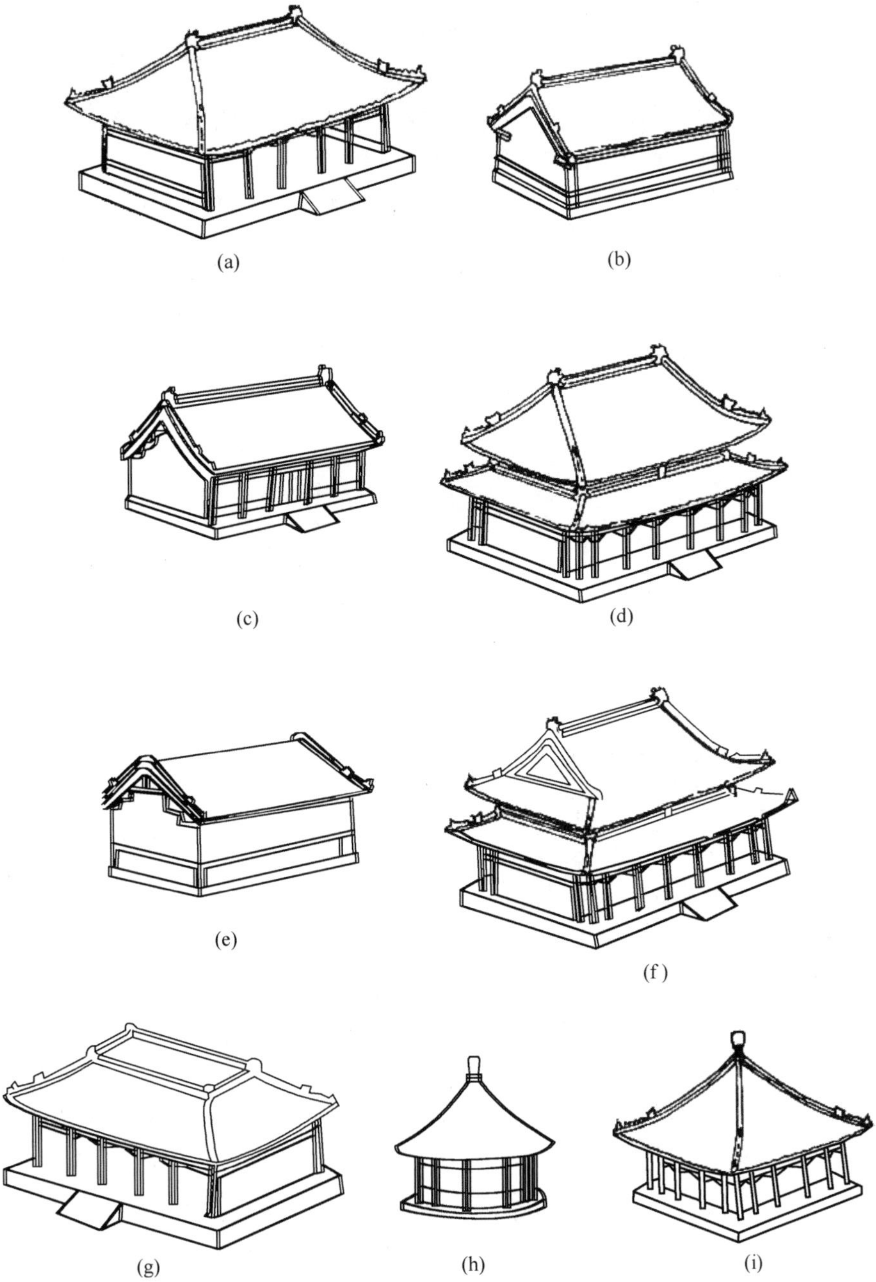

图 7-21 不同的屋顶式样

（a）单檐庑殿顶；（b）硬山顶；（c）悬山顶；（d）重檐庑殿顶；（e）卷棚顶；（f）重檐歇山顶；（g）盝顶；（h）圆形攒尖顶；（i）四角攒尖顶

7.9.4 中国古建筑凹曲屋面坡度

中国古建筑凹曲屋面坡度大致相同，一般斜度都为 26°~30°，这个角度非常接近太阳黄道与地球赤道所形成的 23°27′夹角，这也是古建筑屋顶象征天的文化内涵。

复习思考题

7-1 怎样根据多面体表面上点的一个投影作出其余投影，怎样判断其可见性？

7-2 试分析作平面与多面体截交线的方法。怎样作截断面的实形？

7-3 用什么方法作直线与多面体的贯穿点，怎样区分直线贯穿多面体后的可见性？

7-4 什么叫相贯线，什么是全贯、互贯？

7-5 什么叫同坡屋顶，有什么特点，怎样根据屋檐的水平投影和屋面的坡度画出同坡屋顶的水平投影和正面投影？

8 曲 面 体

本章讨论了曲线和曲面的种类和形成；曲线面投影特点及在其表面取点、曲线的方法，直纹面的形成及投影特点。

基本要求：

1. 了解曲线曲面的形成和分类；
2. 掌握圆、螺旋线的投影；
3. 掌握曲面的投影及曲面上点的投影的求法；
4. 掌握直纹面的形成及投影；
5. 掌握曲线面球、圆环的投影，以及在其表面求点的投影的方法。

8.1 概　　述

生活中曲面无处不在。日常生活中的锅碗瓢盆，体育运动中的各种球类，都是我们非常熟悉的曲面。在建筑工程中，丰富多彩的现代化建筑越来越多地采用曲面造型（见图 8-1），成为现代化都市的靓丽风景线。

图 8-1　现代化建筑的曲面造型

曲面是由直线或者曲线在一定约束条件下运动而形成的，直线或平面曲线母线绕一条定直线旋转而形成的，也称为回转面，这条定直线称为回转面的轴线。母线运动时所受的约束称为运动的约束条件。由直线母线绕轴线旋转而形成的曲面，称为直纹回转面；由平面曲线母线绕轴线旋转而形成的曲面，称为非直纹回转面。

8.2 直纹回转面

直纹回转面有三种：正圆柱面（简称圆柱面）、正圆锥面（简称圆锥面）和单叶回转双曲面。

8.2.1 圆柱面

8.2.1.1 圆柱的形成

圆柱面是母线 AB（直线）绕与它平行的轴线旋转而形成；曲面上的任一条母线，称为曲面的素线。如图 8-2 的圆柱面上的直线 AB 就是圆柱面的一条素线。这样一来，曲面也可以认为是许许多多按一定条件紧靠着的（连续的）素线组成的。母线的上、下端点分别旋转成圆柱面的顶圆和底圆，顶圆和底圆平面互相平行，而且垂直于轴线。

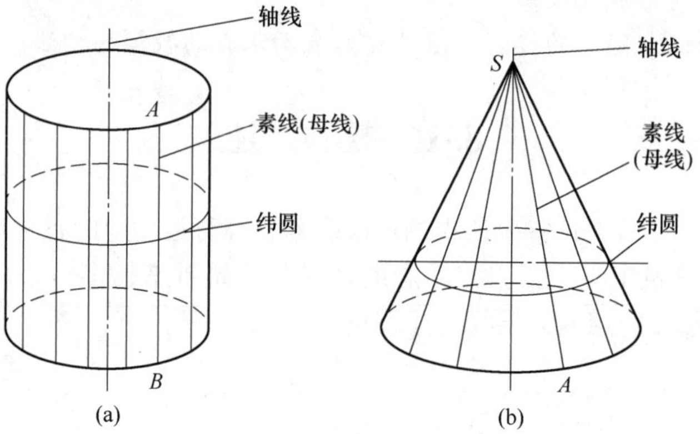

图 8-2 曲面的形成

（a）圆柱面；（b）圆锥面

8.2.1.2 圆柱的投影

下面以图 8-3 所示的正圆柱体为例来说明圆柱体的投影。

正圆柱面的 H 面投影是一个圆周，为顶圆和底圆的重影，也是圆柱面的积聚投影。显然，圆柱面上点、线的 H 面投影，均积聚在这个 H 面投影圆周上。

正圆柱面的 V 面和 W 面投影都是矩形。铅直的细点画线表示圆柱轴线的投影，称为投影（矩形）的中心线。两个矩形的上下两条水平线，分别是顶圆 K 和底圆 K_1 的积聚投影。

V 面投影矩形左右两边线为圆柱面上最左、最右两素线 AA_1，BB_1，的投影；W 面投影矩形两侧边线是圆柱面上最前和最后两素线 CC_1，DD_1 的投影。

8.2.1.3 圆柱表面上点、线的投影

要确定圆柱表面上的点、线的投影，首先要分析点、线所在体表面的空间位置，然后利用点、线所在面的特殊性求得点、线的其余投影。

例 8-1 如图 8-4 所示，已知圆柱表面 K 点的正面投影 k'，求 K 点的其他两面投影。

解：可以判断点 k' 在 V 面上可见，则点 K 在圆柱面的前半部，且位于右边；圆柱面

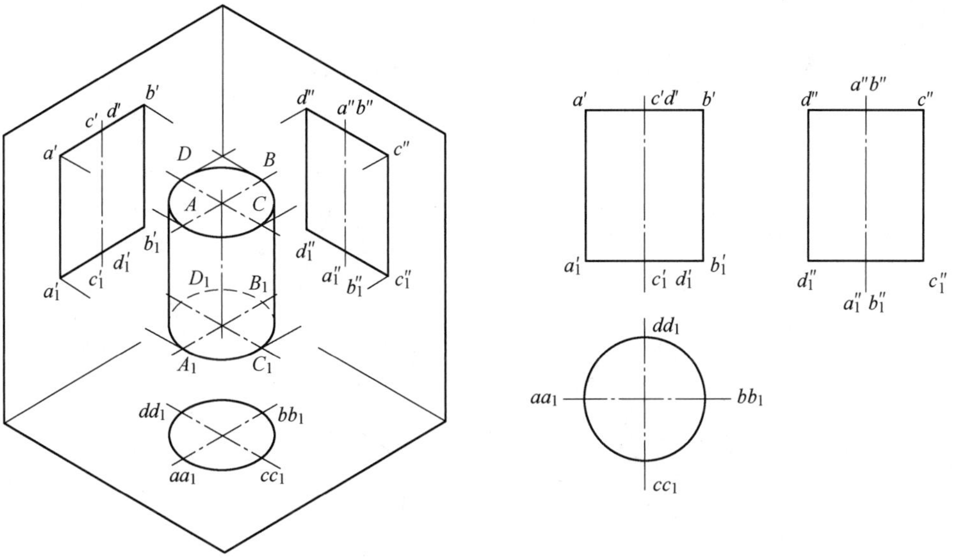

(a) (b)

图 8-3 圆柱的投影图

（a）空间形状；（b）投影图

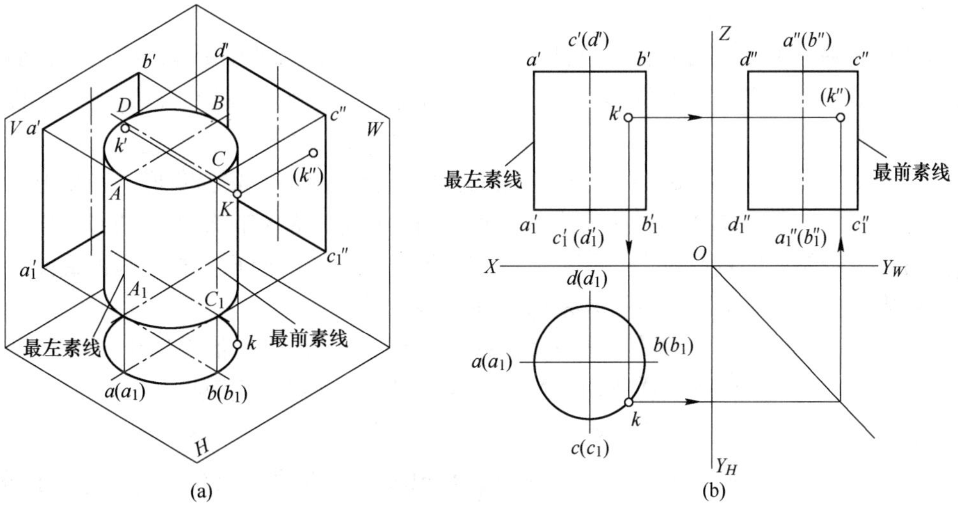

(a) (b)

图 8-4 圆柱的投影及其表面上取点

（a）空间形状；（b）投影图

的水平投影是一个有积聚性的圆周，点 K 的水平投影一定积聚在该圆周上，由点的投影规律即可求得 k 和 k''。因为点 K 位于圆锥的右半部，所以 k''为不可见。

8.2.2 圆锥面

8.2.2.1 圆锥的形成

一直线（母线）与轴线相交，并绕该轴线旋转一周，则形成圆锥面。圆锥体由圆锥面和底面围成。

8.2.2.2 圆锥的投影

下面以图 8-5 所示的正圆锥体为例来说明圆锥体的投影。

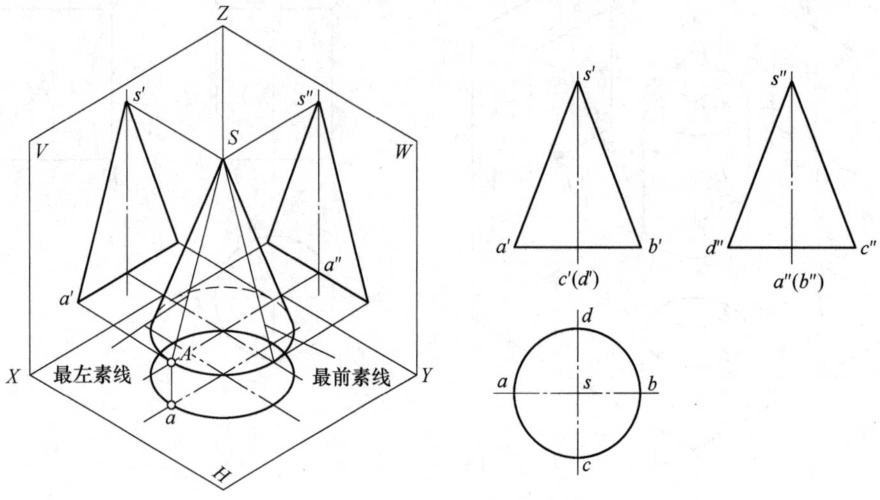

(a)　　(b)

图 8-5 圆锥的投影

（a）空间形状；（b）投影图

圆锥轴线垂直于水平面放置，故锥底面平行于水平面，水平投影反映实形，正面和侧面投影积聚成直线；而圆锥面的三面投影都没有积聚性，其水平投影与底面的水平投影重合、全部可见。

圆锥的正面投影由前、后两个半圆锥面的投影重合，为一等腰三角形，三角形的两腰分别是圆锥最左、最右素线的投影，也是圆锥面前、后分界的转向轮廓线圆锥的侧面投影由左、右两半圆锥面的投影重合，为一等腰三角形，三角形的两腰分别是圆锥最前、最后素线的投影，也是圆锥面左、右分界的转向轮廓线。

注意：转向轮廓线（特殊索线）只表现在对应投影上，在其他投影中不必绘制。如图 8-5 所示，$s'a'$、$s'b'$仅表现在正面投影上；$s''c''$、$s''d''$仅表现在侧面投影上。

8.2.2.3 圆锥表面上的点、线的投影

在圆锥面上，因为圆锥面的三个投影都没有积聚性，因此不能利用积聚性直接求得，只能通过在圆锥表面作辅助线（素线或纬圆）的方法求得其余投影。

例 8-2 已知圆锥及其上点 A 的投影 a'，求点 A 的 H 面投影（见图 8-6）。

解：用素线法来解这道题。

分析：首先，过点 A 作锥面上的一条素线 $SC(sc,\ s'c')$。先连接 $s'a'$并延长与底边相交得到 $s'c'$，点 C 位于圆锥底面的边线上，因为点 C 位于圆锥前面，求出 c 的位置，连接 sc。根据点和直线的从属性，得到 a。

例 8-3 已知圆锥面上点 M 的正面投影 m'，求其另外两面投影。

解：纬圆法。如图 8-7 所示，过圆锥面上点 M 作一垂直于圆锥轴线的辅助圆（纬圆）。

过 m'作水平线 $a'b'$（$a'b'$分别为与最左、最右素线的交点），直线段 $a'b'$即为纬圆的

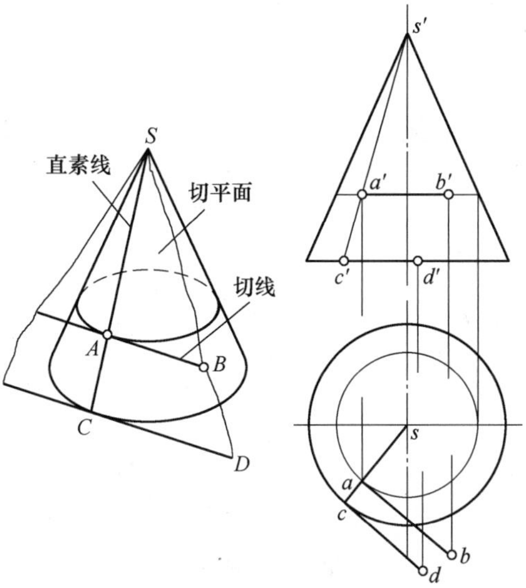

图 8-6　过锥面上的点做切平面

正面投影，取此线段一半长度为半径，在水平投影中画与底面轮廓圆的同心圆（此圆即是该纬圆的水平投影）。利用点 M 的各面投影必在纬圆的同面投影上求出 m 和 m''。根据点 M 的位置判别各投影的可见性。

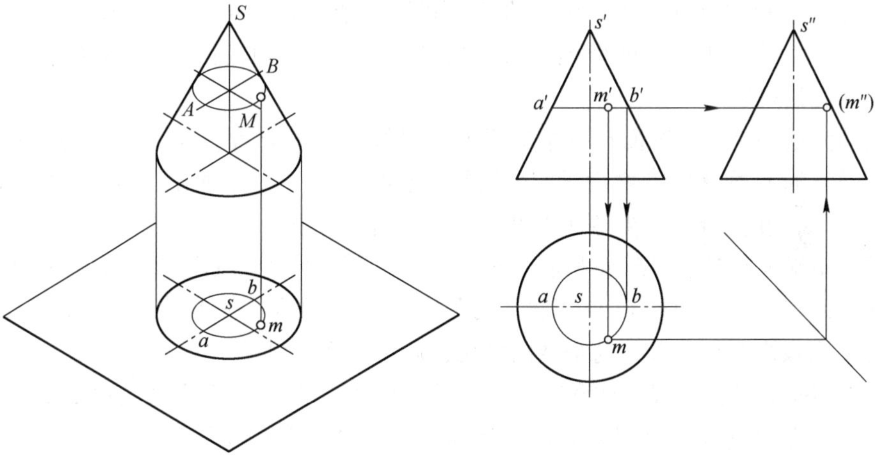

(a)　　(b)

图 8-7　圆锥表面上点的投影

（a）空间形状；（b）投影图

8.2.3　球面

8.2.3.1　圆球的形成

一圆母线绕其任一直径旋转而成的曲面称为球面，如图 8-8 所示。由球的形成可知，任一平面与球面的交线都是一圆周，截平面到球心的距离越大，圆的半径就越小。任意视向上球面的正投影都是圆，圆的直径等于球的直径。

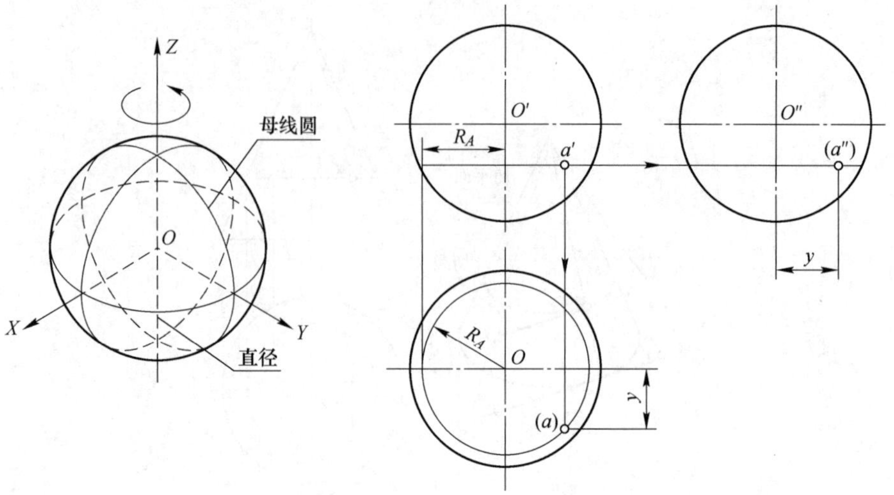

图 8-8 球面

8.2.3.2 圆球的投影

将球面向 V 面投射时，各条与球面相切的投射线与球面相切于球面上平行于 V 面的正平大圆，它的直径就是球面的直径，圆心就是球心，V 面投影反映这个正平大圆的实形，是这个球面的 V 面投影的外形线。同理，球面的 H 面投影是球面上平行于 H 面的水平大圆（赤道圆）的 H 面投影，球面的 W 面投影是球面上平行于 W 面的侧平大圆的 W 面投影，这两个大圆在其平行的投影面上的投影反映实形，它们的直径就是球面的直径，圆心也就是球心的投影。

球面的赤道圆是上半球面和下半球面的分界线，它的 H 面投影是球面的 H 面投影的外形线，而它的 V 面投影和 W 面投影分别与中心线重合（不再画出）。上半球面与下半球面的 H 面投影互相重合，上半球面可见，下半球面不可见。

球面的正平大圆是前半球面和后半球面的分界线，它的 V 面投影是球面的 V 面投影的外形线，而它的 H 面投影和 W 面投影分别与中心线重合（不再画出）。前半球面与后半球面的 V 面投影互相重合，前半球面可见，后半球面不可见。

球面的侧平大圆是左半球面和右半球面的分界线，它的 W 面投影是球面的 W 面投影的外形线，而它的 H 面投影和 V 面投影分别与左右对称中心线重合。左半球面与右半球面的 W 面投影互相重合，左半球面可见，右半球面不可见。

8.2.3.3 球面上的点

在球面上作点，一般用纬圆法。例如在图 8-8 中已知球面上点 A 的正面投影 a'要作出其余两投影。首先，过 a'作水平纬圆，得纬圆半径 R_A。然后，在水平投影中以 R_A 为半径画圆，得纬圆的水平投影，从而作出点 A 的水平投影 a，点 A 位于圆球下半部，H 面投影为不可见点。最后，按投影对应关系可作出侧面投影 a''，点 A 位于圆球右半部，W 面上也为不可见点。

例 8-4 已知部分球面的正面投影和水平投影，试作其侧面投影，并根据球面上点 A 的正面投影 a'和点 B 的水平投影 b' 作出其余的投影（见图 8-9）。

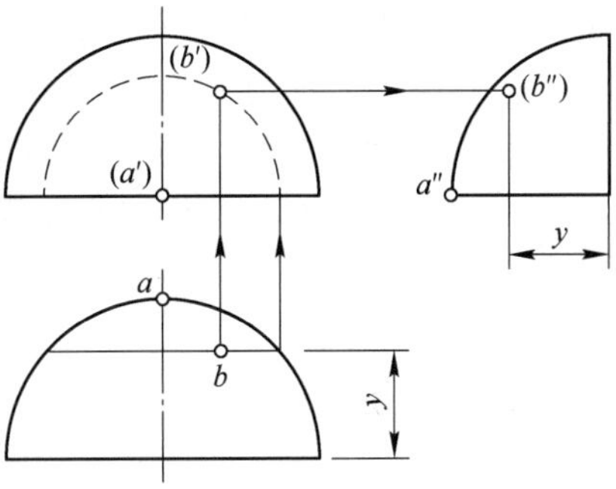

图 8-9 作球面的投影

解：根据已给条件可知，此为 1/4 球面，其侧面投影为一扇形，如图 8-9 所示。由球面上点 A 的正面投影（a'）和点 B 的水平投影 b，用纬圆法作出它们的其余两投影。其中，点 A 在球面的赤道上，又位于中心点，则点 A 的位置为圆球最后端，可以直接确定点 A 在其他两面投影的位置。

8.2.4 环面

8.2.4.1 环面的形成

一圆母线绕其共面但不通过圆心的轴线旋转，形成环面。外半圆形成外环面，内半圆形成内环面（见图 8-10）。

8.2.4.2 环面的投影

图 8-10 所示为一个环面的投影图。因轴线垂直 H 面，故 H 面投影中两条粗实线表示的圆周，分别是为赤道圆和母线圆的投影。V 面投影外形线是环面上的两个主子午圆的投影以及顶圆、底圆的积聚投影。H 面投影上用细点画线表示的圆周是母线的圆心的旋转圆周的投影，该旋转圆周亦称为中心圆。

8.2.4.3 环面上的点

在环面上作点，一般用纬圆法。

例 8-5 已知 1/4 环面的正面投影和侧面投影，并知环面上的点 A 和点 B 的正面投影，试作其余的投影（见图 8-11）。

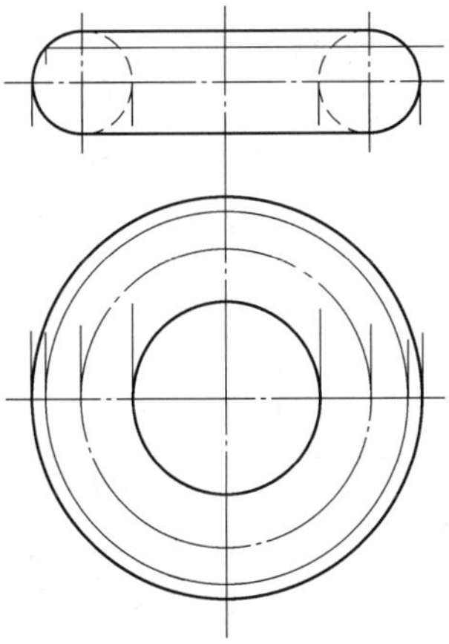

图 8-10 环面

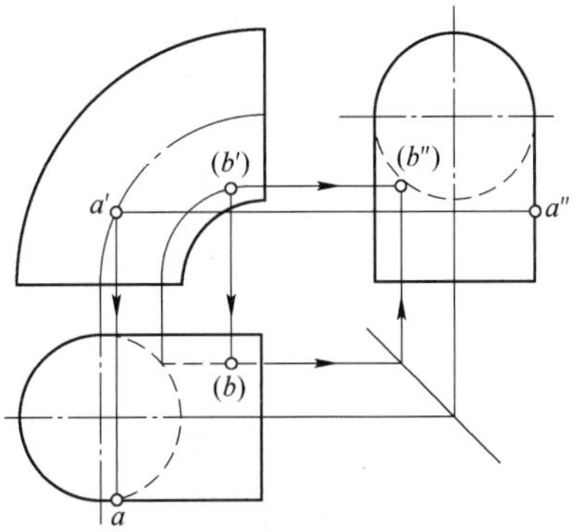

图 8-11 作环面的投影

解：首先，作环面的水平投影，它与已知的侧面投影类似，如图 8-11 所示。然后，在环面上作点。因为已知的点 a' 重合在环面的母线圆的圆心轨迹上，所以点 A 的水平投影 a 在对称线下方的外形线上。又因为已知的点（b'）内环面的后半部，所以用纬圆法可以作出点 B 的水平投影（b'）是不可见点。点 A 和 B 的侧面投影 a'' 和（b''），可以根据投影的对应关系作出。

8.3　曲面立体

圆柱、圆锥和圆球是曲面立体中应用最为广泛的几何体。它们的相互组合或与其他几何体组合，通过截切、叠加、相贯等方式，可以构成千姿百态的生动造型的建筑，在我们的现代化生活中起到越来越重要的作用。

8.3.1　求曲面立体截交线的方法

求曲面立体截交线，常利用截面取点法或辅助平面法求解，其实质是求其公共点。具体方法如下：

（1）截面取点法。当截平面处于特殊位置或曲面立体表面的投影具有积聚性时，则截交线的一个或两个投影为已知，此时可以直接利用面上取点的方法，在根据截交线已知的投影上取若干点的投影，求出其余投影。

（2）辅助平面法。作一系列特殊位置平面作为辅助面，可得到相应的一系列交点，连成光滑曲线即为截交线。注意选取辅助平面时应使它与曲面体的交线的投影为简单而又易于绘制的直线或圆，因此，辅助平面往往选为投影面平行面或投影面垂直面。

8.3.2　平面与圆柱相交

对于圆柱面，根据截平面与圆柱的相对位置不同，交线为两平行直线、圆或椭圆，见表 8-1。

表 8-1　截平面与圆柱面的交线

截平面位置	平行于柱轴	垂直于柱轴	倾斜于柱轴
立体图	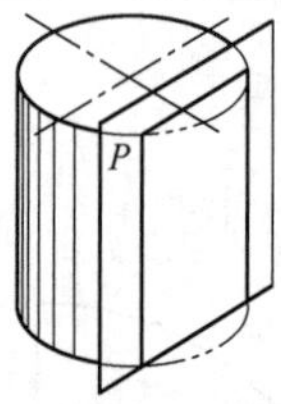	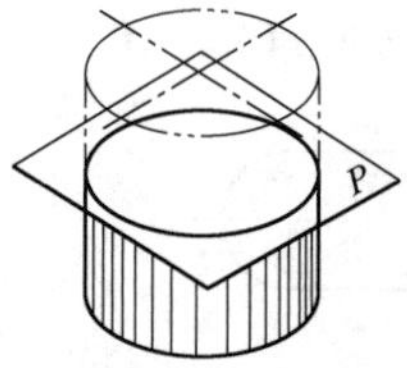	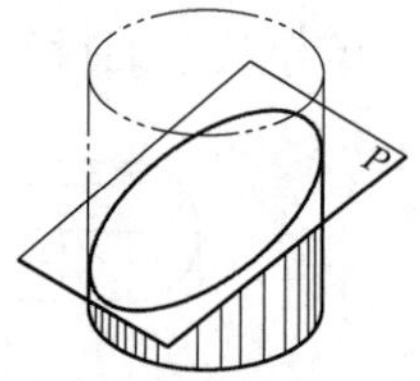
投影图	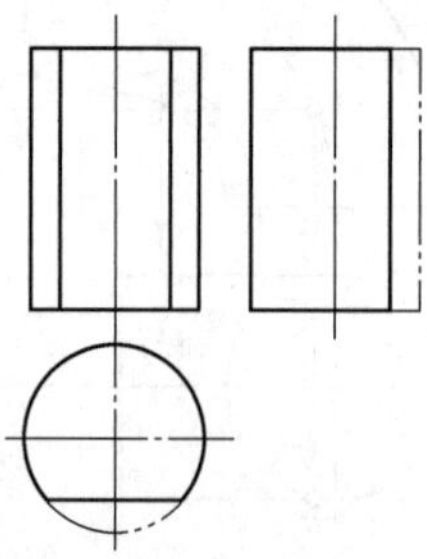	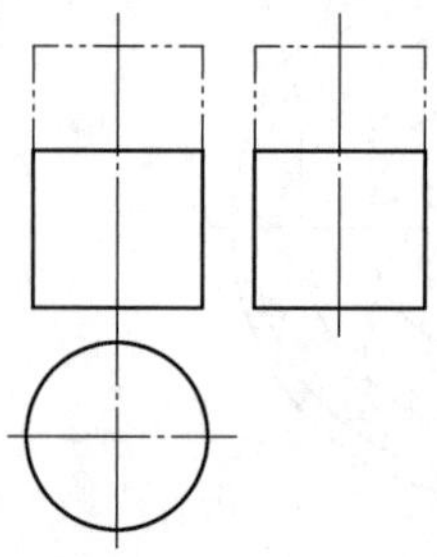	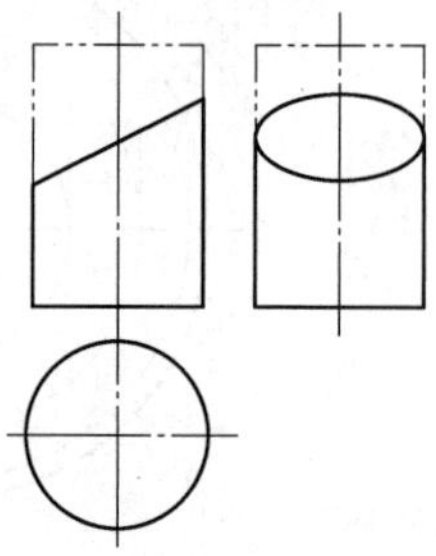
截得的交线	两平行直线	圆	椭圆

(1) 当截平面垂直于柱轴时，截交线为圆周。

(2) 当截平面平行于柱轴时，截交线为直线。

(3) 当截平面倾斜于柱轴时，截交线为椭圆，其短轴为平行正圆柱底面的那条直径，长轴为最高和最低截交点间连线。

当截平面倾斜于圆柱轴线的倾角为 0°时，其交线的 *W* 投影为椭圆，椭圆的长、短轴随角度的变化而变化，如图 8-12 所示。其中，当倾角为 45°时，椭圆长短轴相等，则其交线的 *W* 面投影为圆。

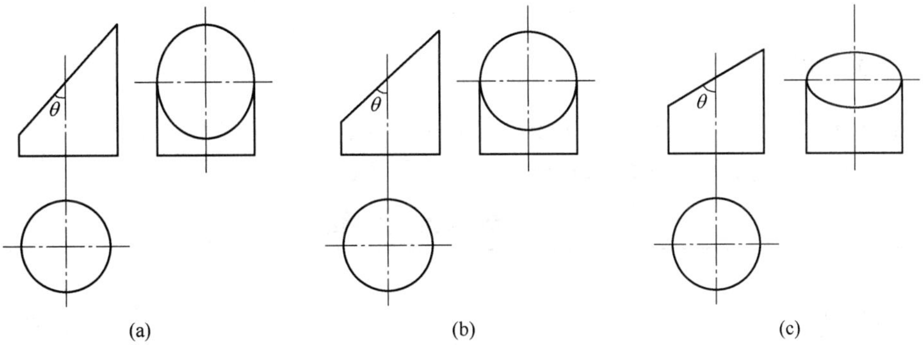

图 8-12 截平面与圆柱轴线的倾角及投影图

(a) $\theta<45°$；(b) $\theta=45°$；(c) $\theta>45°$

例 8-6 圆柱上部有一切口，若已知其 *V* 面投影，试求 *H* 面、*W* 面投影（见图 8-13）。

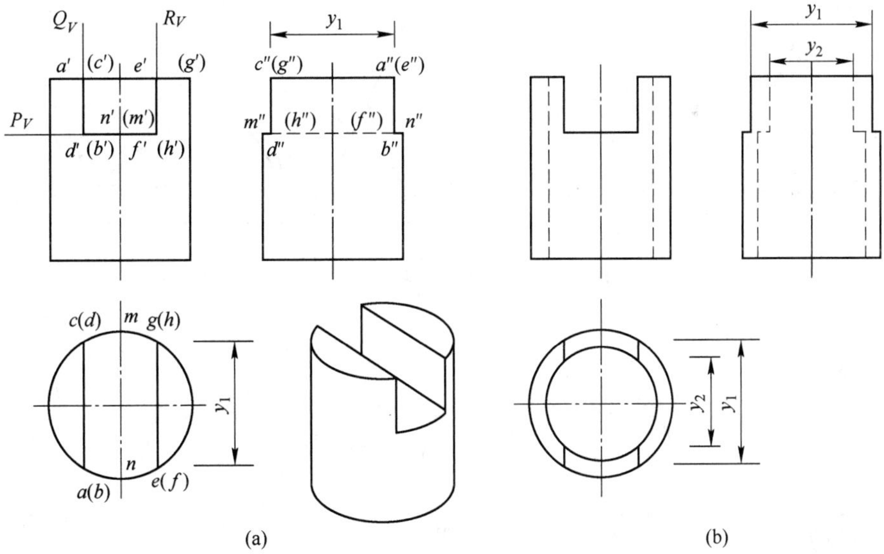

图 8-13 圆柱的切口

分析： 圆柱轴线垂直于 *H* 面，切口是由两个侧平面和两个水平面截切而成，因此求切口的投影就是逐个求出各个截平面与圆柱的交线，以及截平面间的交线。两个侧平面平行于圆柱轴线，因此截交线为矩形，水平面截切圆柱为圆形。

作图步骤如下：

（1）求侧平面 Q、R 与圆柱的截交线（两个矩形）：侧平面 Q、R 与圆柱面的交线是四条素线 AB、CD、EF、GH，它们的 W 面投影由正面投影根据投影定理直接可在 H 面上找到，结合正面投影和水平投影，在侧面找到 $a''b''$、$c''d''$、$e''f''$、$g''h''$。

（2）求水平面 P 与圆柱的截交线（两段圆弧 BF、DH），它们的水平面投影反映实形，分别重合在圆周上；侧面投影为积聚投影，重合在 P_W 面上，即 $d''h''$，$b''f''$。

（3）完成圆柱水平面投影：加粗圆轮廓线及 ac，cg 连线。完成圆柱侧面投影，FH 在侧面不可见，所以 $f''h''$ 画成虚线，并完成与圆柱原有轮廓的连接。

8.3.3 平面与圆锥相交

对于圆锥面，根据截平面 P 与圆锥的相对位置不同，交线有两相交直线、圆、椭圆、抛物线和双曲线，这 5 种交线统称为圆锥截线，见表 8-2。

表 8-2 平面与圆锥面的交线

截切平面位置	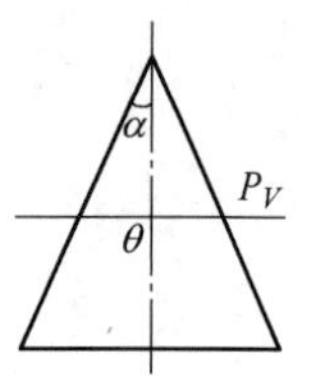 与轴线垂直 $\theta=90°$	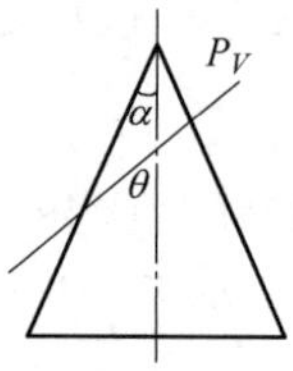 与全部素线相交 $\theta>\alpha$	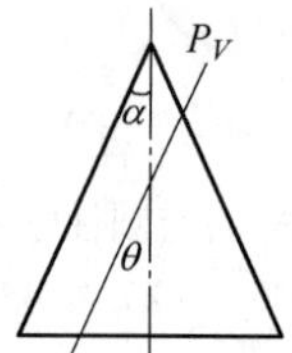 平行于一条素线 $\theta=\alpha$	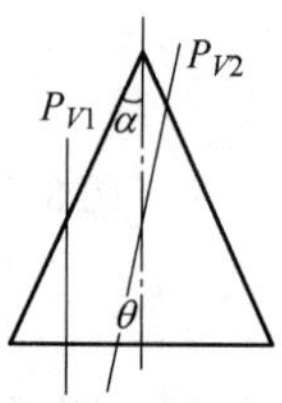 $\alpha>\theta\geqslant0°$	 过锥顶
立体图	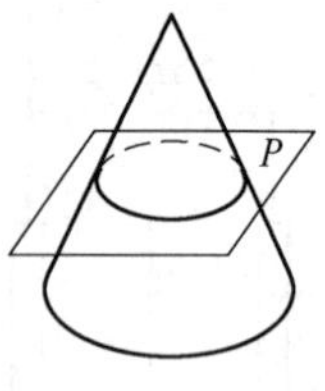	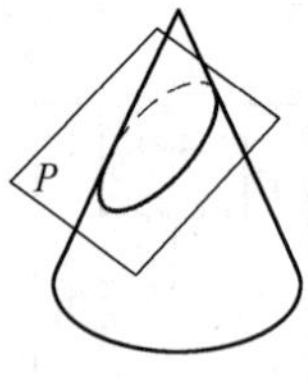	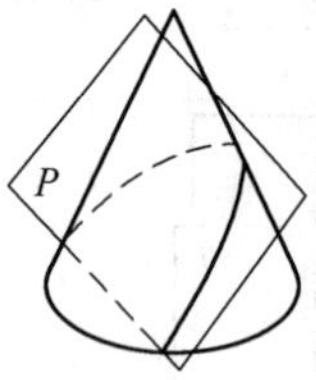	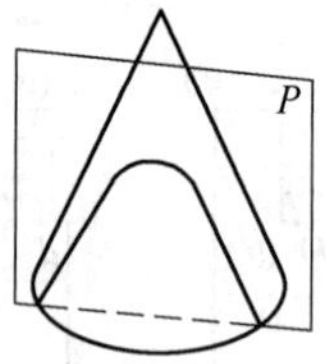	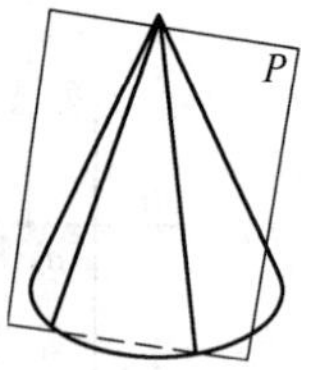
截交线	圆	椭圆	抛物线和直线	双曲线和直线	等腰三角形
投影图		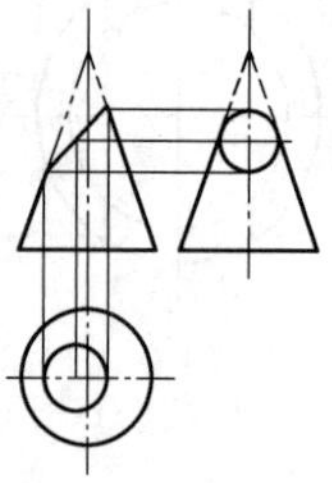	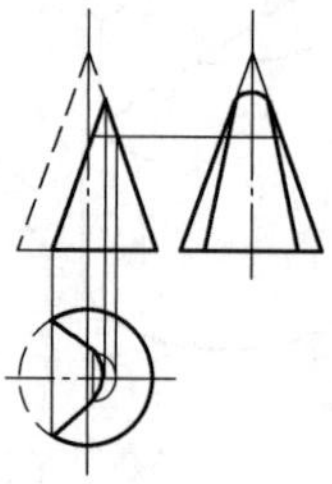	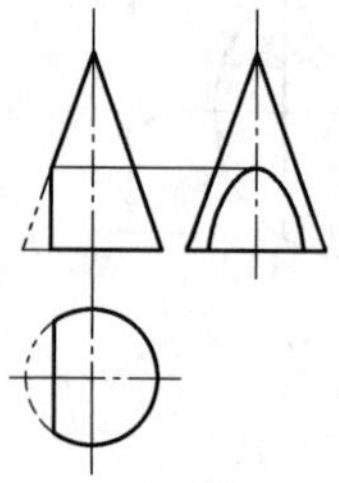	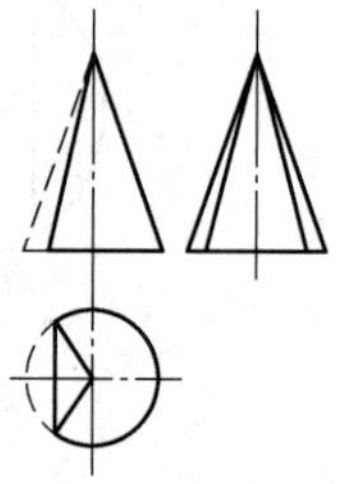

（1）当截平面垂直于轴线时，截交线为一圆；

（2）当截平面与轴线夹角 θ 大于母线与轴线夹角 α 时，截交线为一椭圆；

（3）当截平面平行于一条素线（即 $\alpha=\theta$）时，截交线为抛物线和直线；

（4）当截平面与轴线夹角 θ 小于母线与轴线夹角 α 时，截交线为双曲线和直线；

(5) 当截平面通过锥顶时，截交线为两条相交素线。

例 8-7 求正垂面 P 与圆锥的截交线（见图 8-14）。

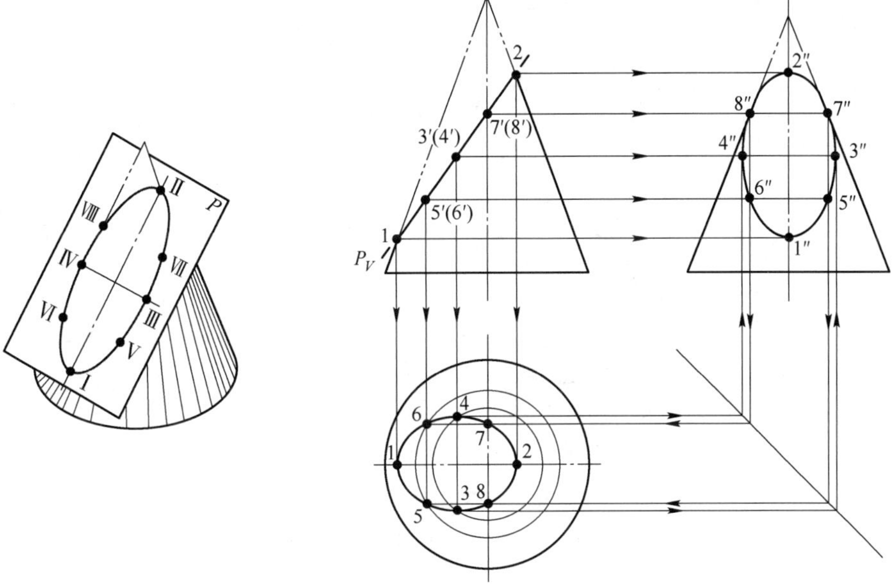

(a)　　　　(b)

图 8-14　正垂面切割圆锥

(a) 立体图；(b) 投影图

解： 从正面投影可知，截平面 P 与圆锥轴线夹角大于母线与轴线夹角，所以截交线是椭圆。椭圆的正面投影积聚在截平面的积聚投影 P_V 上，且为线段，水平投影和侧面投影仍然是椭圆（都不反映实形）。

为了求出椭圆的水平投影和侧面投影，应先在椭圆的正面投影上标出所有的特殊点（长短轴端点和侧面投影轮廓线上的点）和若干个一般点，然后把这些点看作圆锥表面上的点，用圆锥表面定点的方法（素线法或纬圆法），求出它们的水平投影和侧面投影，再将它们的同面投影依次连接成椭圆，如图 8-14 所示。

作图步骤如下：

(1) 在正面投影上，找到椭圆的长轴两端点的投影 1′，2′，短轴两端点的投影 3′（4′），侧面投影轮廓线上的点 7′（8′）和一般点 5′（6′）；

(2) 自 1′、2′、7′、8′向下和向右引线，定出它们的水平投影 1、2、7、8 和侧面投影 1″、2″、7″ 、8″；

(3) 用纬圆法求出各点的水平投影侧面投影；

(4) 将八个点的同面投影用光滑的曲线连成椭圆。

例 8-8 作出如图 8-15 所示的带有切口的圆锥的三面投影。

解：(1) 截交线分析。此切口由三个截断面截切而成。P 面的截交线为大半个圆，Q 面的截交线为四边形（三角形截交线的一部分），R 面的截交线为大半个椭圆。

(2) 截交点作法。P 面截交线的 H 面投影为圆，圆心与底圆同心，半径为 V 面中 p'

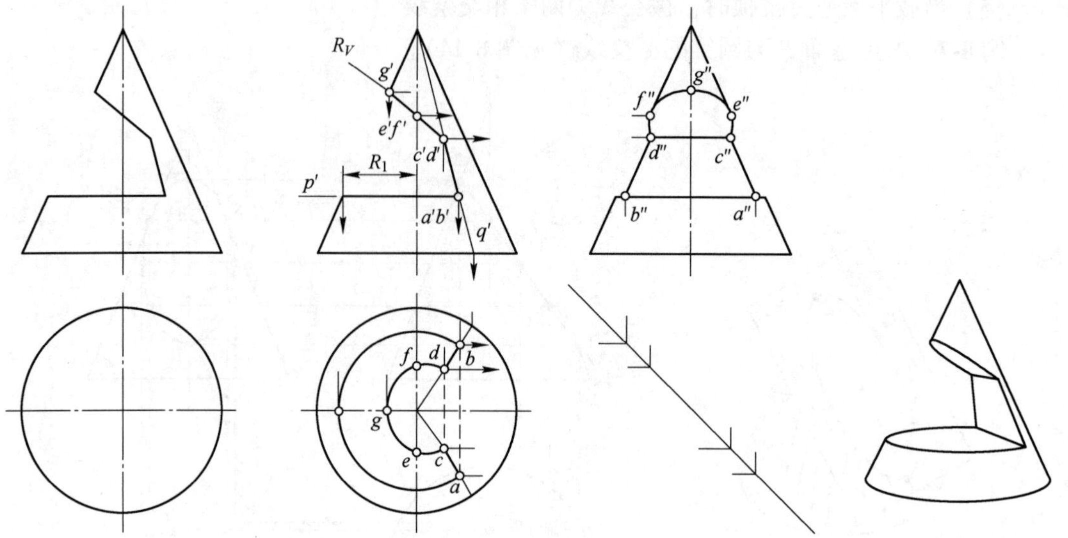

(a) (b) (c)

图 8-15 带有切口的圆锥

（a）已知条件；（b）作图过程；（c）立体示意图

从外形线到轴线之间的距离 R_1。由于 *P* 面未完全截切圆锥，圆只能画到 *AB* 为止。*AB* 是 *P* 面与 *Q* 面的交线。*P* 面截交线 *W* 面投影积聚成直线。

Q 面通过锥顶，截交线为三角形，只要将锥顶与 *AB* 两点相连即可画出三角形的投影，但 *Q* 面并未延伸到锥顶，截交线只能画到 *CD* 为止。*CD* 是 *Q* 面与 *R* 面的交线。可分别作出 *abdc* 和 *a″b″d″c″* 。

R 面的截交线是椭圆，可用描点法画出椭圆上各点，再用光滑的曲线连接。

（3）判断可见性。*H* 面中两条交线被圆锥面所挡，不可见。*W* 面左半锥均为可见，而位于右半锥的截交线由于切口的镂空而成为可见。

8.3.4 求圆球体的截交线

平面与球相交，无论平面位置如何，其截交线总是圆。但由于截切平面对投影面的位置不同，所得截交线（圆）的投影也不同。当截切平面垂直某一投影面时，圆在此投影面上的投影为一直线；当截切平面平行于某一投影面时，圆在此投影面上的投影为反映实形的圆；当截切平面倾斜于某一投影面时，圆在此投影面上的投影为椭圆。

例 8-9 求正垂面 *P* 与球面的截交线（见图 8-16）。

解： 正垂面 *P* 截球面所得截圆的正面投影是积聚在 P_V 上的一段直线（长度等于截圆直径），截圆的水平投影和侧面投影为椭圆。

作图步骤如下：

（1）在截圆的正面投影上标出截圆的最左、最右点 1′，2′（在轮廓圆上）和最前、最后点 3′和（4′），上下半球分界圆上点 5′（ 6′）和左右半球分界圆上点 7′（8′）。

（2）求出这些点的水平投影和侧面投影，其中 1、2 和 1″、2″应在前后半球分界圆上（即横向中心线和竖向中心线上）；3、4 和 3″、4″用纬圆法求得（前后对称，两点距离应等于截圆直径）；5、6 在水平投影轮廓圆上，5″、6″在横向中心线上；7、8 在竖向中心线上，7″、8″在侧面投影轮廓圆上。

（3）在水平投影上，按 1、5、3、7、2、8、4、6、1 顺序连成椭圆，并将 516 一段左侧轮廓圆 56 擦掉。

（4）在侧面投影上，按 1″5″3″7″2″8″4″6″1″顺序连成椭圆，并将 7″2″8″一段上面轮廓圆 7″8″擦掉。

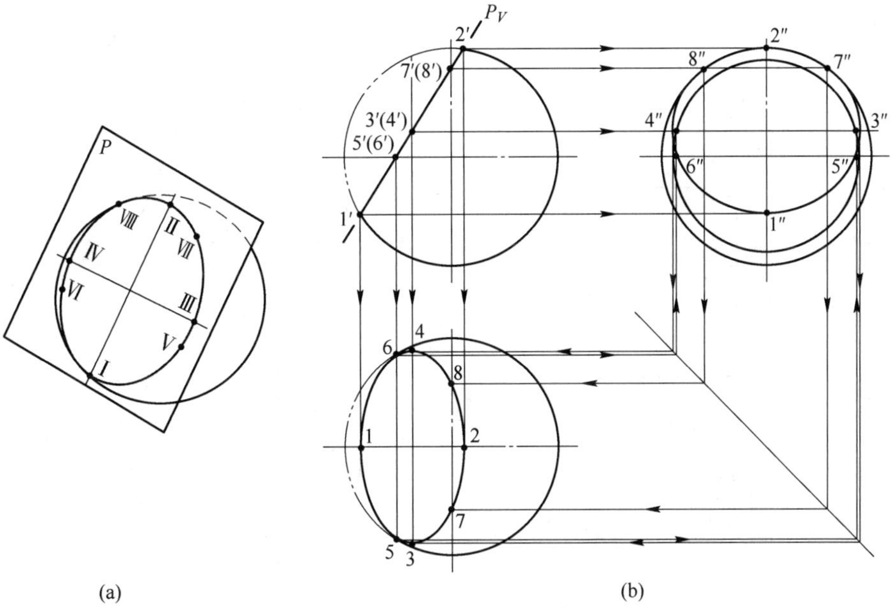

图 8-16　正垂面切割球
（a）立体图；（b）投影图

8.4　曲面立体的贯穿点

求直线与曲面立体的贯穿点时，除利用积聚投影法外，还可利用辅助平面法，但选用的辅助平面，应使它与曲面相交得到的辅助截交线的投影为易于绘制的直线或圆周。

8.4.1　圆柱体的贯穿点

例 8-10　如图 8-17 所示，求直线 AB 和 CD 与圆柱的贯穿点。

解： 因直线可能与圆柱面或顶面相交，故可利用圆柱面的 H 面积聚投影圆周和顶面的 V 面积聚投影直线来求贯穿点。

如图中直线 AB 的 H 面投影 ab 与圆柱面的 H 面具有积聚的投影交于点 1 和 2，由之作连线，与 $a'b'$相交于 1″、2″点。圆柱面的 V 面投影中，所反映的点Ⅰ，Ⅱ为贯穿点。

直线 CD 的 H 面投影 cd 与圆柱面的 H 面投影交于点 3 和 5，因对应的 3′已越出圆柱的 V 面投影范围，故点Ⅲ不是贯穿点。现 $c'd'$与顶面的 V 面积聚投影交于点 4′，由于点 4 位于顶面的 H 面投影范围内，故点Ⅳ是贯穿点。图中所示的点Ⅴ，则为 CD 的另一贯穿点。

可见性如图所示，因点V位于后半个圆柱面上，故 $c'd'$ 由 5′到圆柱面 V 面投影轮廓线之间这一小段用虚线表示。

8.4.2 圆锥和圆球的贯穿点

例 8-11 如图 8-18 所示，求正垂线 L 与圆锥的贯穿点。

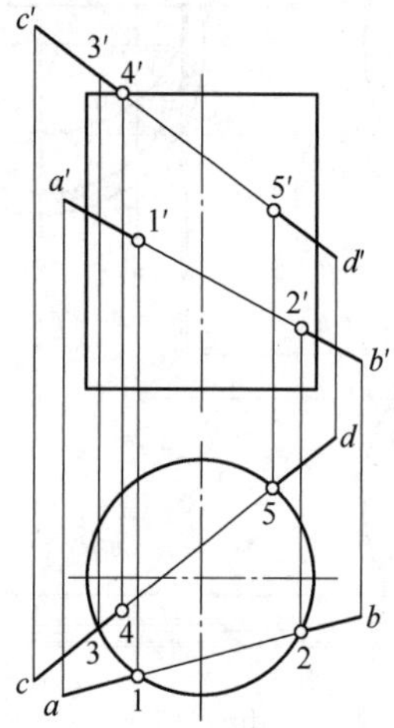

图 8-17 直线与圆柱的贯穿点

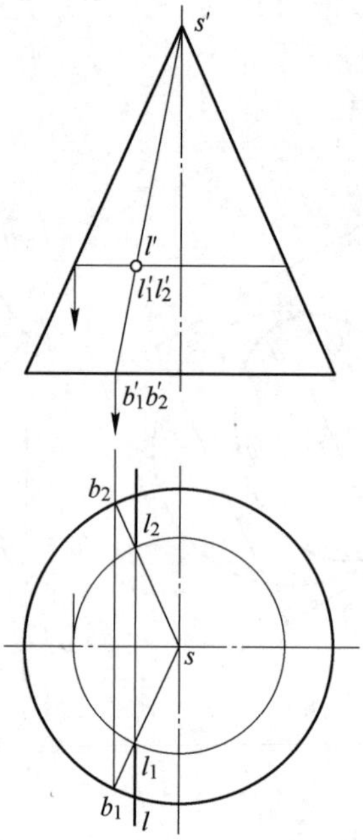

图 8-18 直线贯穿圆锥

解：(1) 纬圆法。因 L 的 V 面投影 l' 有积聚性，故贯穿点 L_1 和 L_2 的 V 面投影 l'_1 和 l'_2 重合而不需求。求 H 面投影时：可过 L 作一辅助平面平行 H 面，则辅助截交线为纬圆，其 H 面投影为一个等半径的圆周，于是可定出其与 L 的交点 l_1 和 l_2 即为贯穿点的 H 面投影。

(2) 素线法。也可过 L 及顶点 S 作垂直于 V 面的辅助平面，则辅助截交线为直素线 SB_1，SB_2。于是 sb_1，sb_2 与 l 交得点 l_1，l_2 即为贯穿点的 H 面投影。

因圆锥面对 H 面都是可见的，故截交点和其旁 L 线也为可见的，故交点外的 l 画成实线。

例 8-12 如图 8-19 所示，求一般位置直线 L 与圆球面的贯穿点。

解：过 L 作垂直于 H 面的辅助截平面 P，辅助截交线为一个圆周，其 H 面投影与 P 面重合，V 面投影将是一个椭圆。为了避免绘制投影椭圆，现用投影变换法求解。

(1) 换面法。如图 8-19 (b) 所示，作平行 P 面的辅助投影面 Y_1，则截交线为反映实形的圆周，圆与直线的交点 a'_1，b'_1 为 贯穿点 A、B 的辅助投影。由之可求出 H 面、V 面投影 a，b 及 a'，b'。

(2) 旋转法。如图 8-19 (c) 所示，以通过球心的 H 面垂直线为旋转轴，把辅助截平面 P 连同直线一起旋转到平行 V 面。在旋转后的 V 面投影中，截交线为圆周，可定出直线与 圆的交点 a'_1，b'_1。然后旋转回去，得出 a'，b' 和 a，b。

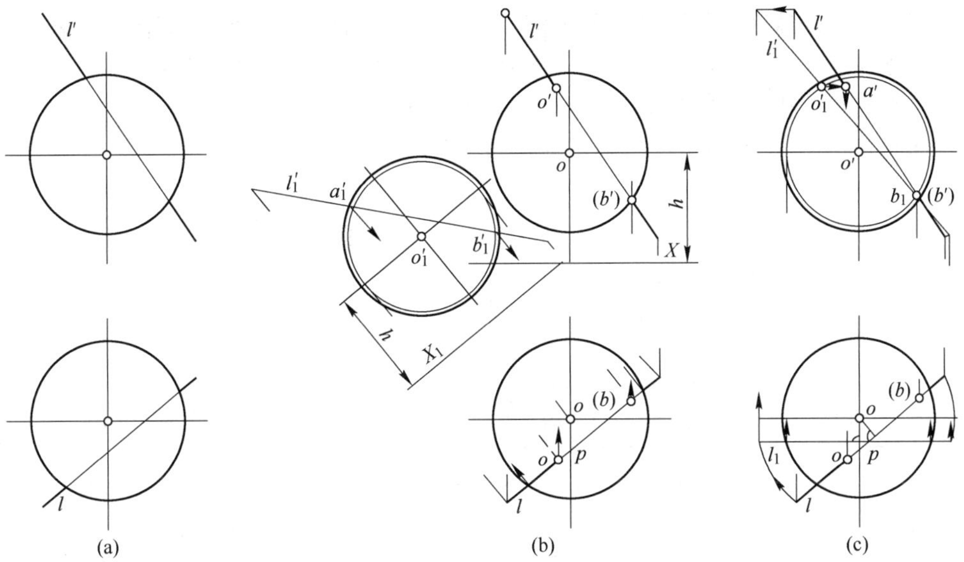

图 8-19 直线贯穿圆球

（a）已知条件；（b）换面法；（c）旋转法

（3）可见性。由 H 面和 V 面投影，可知 A 点在前上方的球面上，故 A 点为可见的，因而 A 点以外的直线段为可见；B 点则在后下方的球面上，对 H 面和 V 面，B 点均为不可见，故直线上靠近 B 点的一段直线为不可见。因而直线的投影靠近 b，b'的且位于球的投影范围内的一段均画成虚线。

8.5 两曲面立体相交

8.5.1 相贯线

两曲面立体的曲面部分的相贯线，一般情况下为空间曲线，特殊情况则是平面曲线，甚至还会出现直线段。

8.5.2 相贯线作法

相贯线是两曲面立体表面的共有线，相贯线上的点是两形体表面的共有点，因此相贯线的作图可以归结为求两个曲面立体表面共有点的问题。

求共有点的一般方法有：

（1）积聚投影法。当曲面立体处于垂直于某投影面的柱面或棱面有积聚投影时，则相贯点在这个投影上的投影必位于积聚投影上，其余投影就可借助于另一曲面上的线作出。

（2）辅助面法。两个曲面立体的相贯线的可见性，可逐段予以判定。只有位于两个曲面立体均为可见的表面上时，才是可见的。取辅助面，分别与两个曲面交得的两条辅助交线，则它们的交点就是两个曲面立体表面的共有点即为相贯点。

应使与曲面交得的辅助交线的投影为直线或圆周。最为常用的辅助面是平面，特殊情况下也可采用辅助球面。作图时常需作出一些特殊的共有点。例如，外形线上的相贯点，它相当于该外形线与另一曲面的交点。这种相贯点，有时就是可见与不可见部分相贯线的分界点，以及相贯线的投影与曲面的投影外形线的切点。

例 8-13 如图 8-20 所示，求两正圆柱的相贯线。

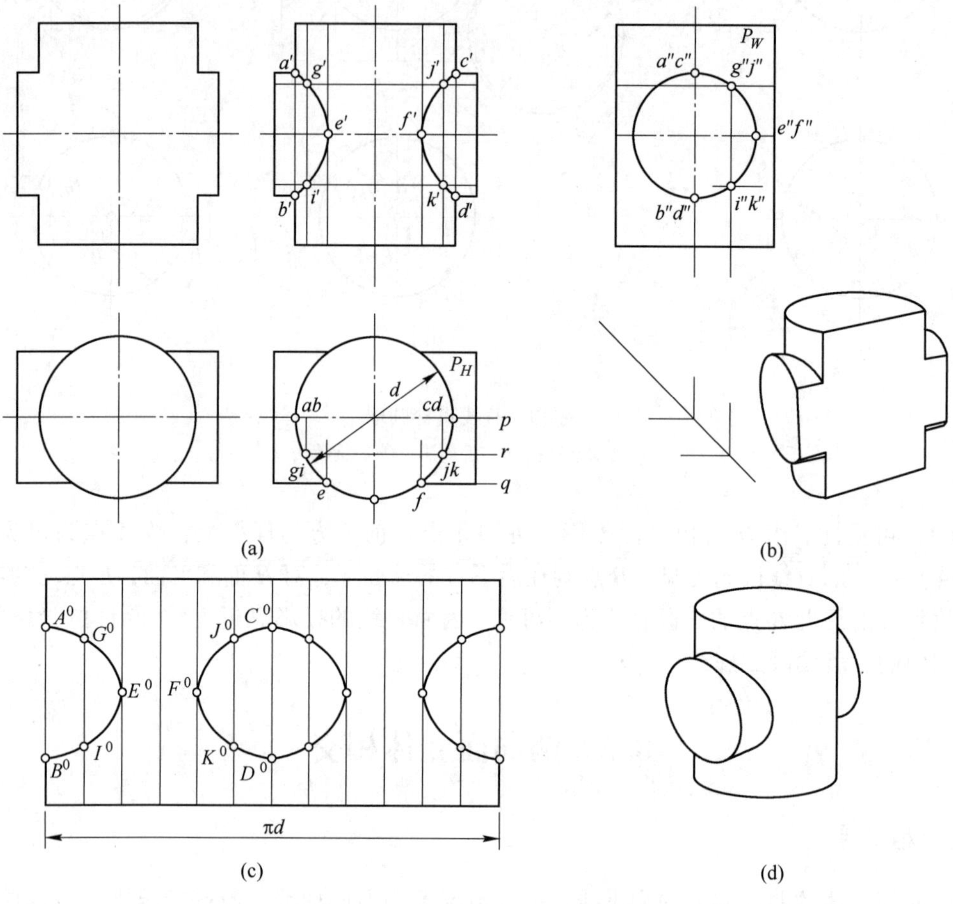

图 8-20 两圆柱相贯

（a）已知条件；（b）作图过程和示意图；（c）展开图；（d）立体示意图

解：（1）相贯线分析。从投影中反映出，两圆柱一为水平放置，另一为竖直放置，水平圆柱完全穿过竖直圆柱，因而形成两组相贯线。

因直立圆柱面的 H 面投影和水平圆柱面的 W 面投影均为积聚投影，故相贯线 H 面投影和 W 面投影不需求作，只要作 V 面投影。

由于两个圆柱的形状和相对位置是前后、左右、上下均对称的，因此相贯线的 V 面投影是前后重影并且左右、上下对称的。

（2）共有点作法。用辅助平面法时，因两柱的轴线均平行 V 面，故可取 V 面平行面作为辅助平面，它与两个圆柱均交于直素线。

8.5.3 表面取点法求作相贯线

用表面取点法求作相贯线有一个条件，就是两相贯体中有一个立体在投影面上具有积聚性，只要满足此条件，就可以利用在曲面立体表面上取点的方法作出两曲面立体表面上的一系列共有点的投影。如两相贯曲面立体中有一个是圆柱体，且该圆柱体垂直于投影面，在具体作图时，先在圆柱面的积聚投影上标出相贯线上的一些点（包括特殊位置点和一般位置点），然后把这些点看作另一曲面上的点，用表面取点的方法，求出它们的其他投影。最后，把这些点的同面投影光滑地连接起来（不可见的用虚线画出）即得出相贯线的投影。

例 8-14 如图 8-21（a）所示，求轴线正交的圆柱和圆锥的相贯线。

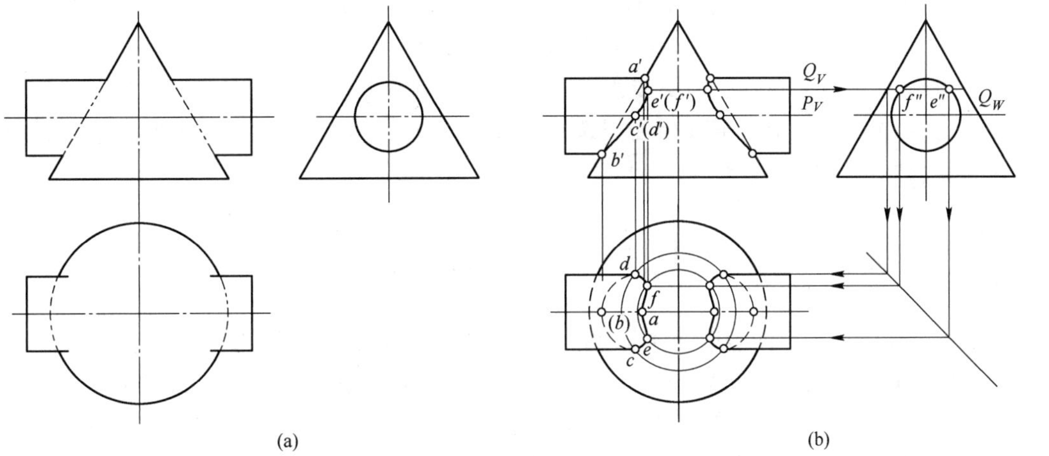

图 8-21 圆柱和圆锥相贯线的求法

（a）已知条件；（b）作图

解： 由 W 面投影可知，圆柱完全穿过圆锥，并且它们的轴线在同一个正平面内，因此相贯线是两条左右对称的封闭空间曲线。其 W 面投影与圆柱的积聚投影重合。

作图步骤如下：

（1）求最高点及最低点。由于圆柱和圆锥的 V 面投影轮廓在同个正平面内，因此其 V 面投影的交点 a'、b'为最高点、最低点的 V 面投影，如图 8-21（b）所示。

（2）求最前点和最后点。过圆柱的轴线作辅助平面 P（水平面），求出 P 与圆锥截交线，作出圆的 H 的投影，它与圆柱水平投影轮廓线的交点为 c、d，$c'(d')$。

（3）一般点。作水平辅助平面 Q，求出 Q 面与圆锥相交的纬圆及与圆柱相交的素线的水平投影，它们的交点 e、f 就是一般点的水平投影，且 e'、f'在 Q_V 上。

（4）依次连接相贯线的各投影并判别其可见性。

复习思考题

8-1 平面曲线与空间曲线有什么区别，空间曲线的投影能否反映实形，能否成为直线？

8-2 曲面上作点时所采用的素线法和纬圆法的优缺点。

8-3 试以柱面、锥面、双曲抛物面和环面为例，讨论在投影图中需画出曲面上的哪些要素？

9 轴 侧 投 影

本章主要讨论工程上常用的正等轴测图、正面斜轴测图，以及水平斜轴测图的形成及画法。

基本要求：

1. 了解轴测投影（轴测图）的形成、分类及轴间角与轴向伸缩系数等有关知识；
2. 掌握画轴测图的基本方法——坐标法、堆积法、切割法及端面法；
3. 能够根据较复杂形体的正投影图，正确地绘制正等轴测图及斜二轴测图；
4. 掌握绘制与坐标面平行的圆及圆角的正等轴测图的基本方法，并能绘制常见曲面体的正等轴测图与斜轴测图。

9.1 轴测投影的基本知识

前面讲述的正投影图表达形体非常准确，尺寸度量也很方便，但图形较抽象难懂。轴测图是一种单面平行投影图，能同时表现形体长、宽、高三方面的形状，因而直观性很好并且也还可以进行度量，常用于辅助正投影图表现工程物体以弥补正投影图不易被看懂之不足。图 9-1 所示为一个辅助说明正投影图的实例。此外，轴测图在表现建筑总体布置、室内布置、家具设计及管网系统的空间走向等方面和工程实践中也都有着广泛的应用。

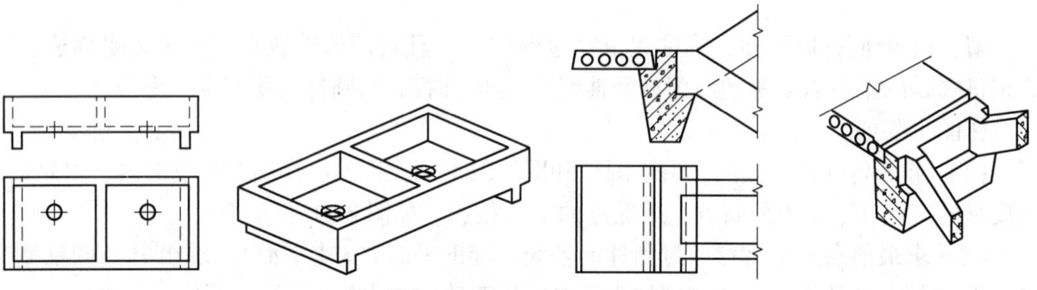

(a)　(b)　(c)　(d)

图 9-1　轴测投影应用实例

（a）（c）正投影图；（b）（d）轴测图

9.1.1　轴测投影的形成与分类

9.1.1.1　轴测投影的形成

如图 9-2 所示，轴测投影（轴测图）可看成是将物体连同其参考直角坐标系，沿不平行于任一坐标面的方向 S，用平行投影法将其投射在单一投影面 P 上所得的具有立体感的图形。

9.1.1.2　轴测投影的分类

根据投射方向是否垂直于轴测投影面，轴测投影可分为两类。

A 正轴测投影

投射方向垂直于轴测投影面时所得到的轴测投影叫正轴测投影，如图 9-3 所示。在正轴测投影中，又可根据空间坐标系的各轴与轴测投影平面 P 倾斜的角度是否相同，分为正等测、正二测与正三测三种类型。本书只讨论正等轴测。

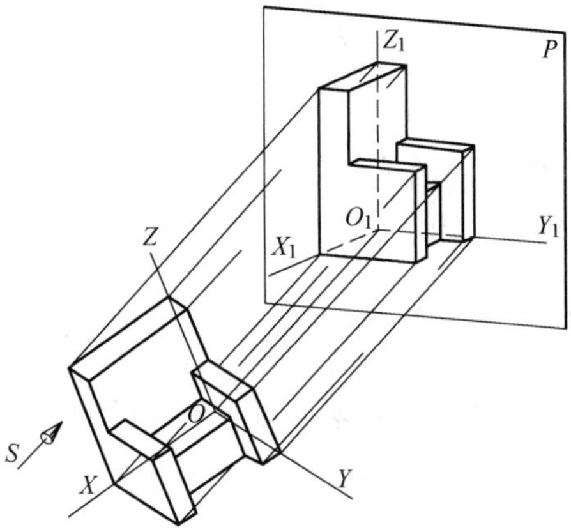

图 9-2 轴测投影的形成

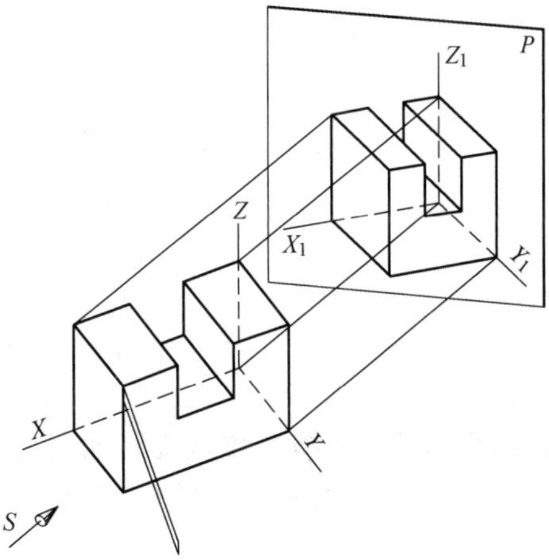

图 9-3 正轴测投影

B 斜轴测投影

投射方向倾斜于轴测投影面时所得到的轴测投影叫斜轴测投影，如图 9-4 所示。斜轴测投影的类型很多，但工程实践中经常使用的斜轴测投影却只有正面斜等测、正面斜二测、水平斜等测及水平斜二测等几种。本书只讨论正面斜二测、水平斜等测。

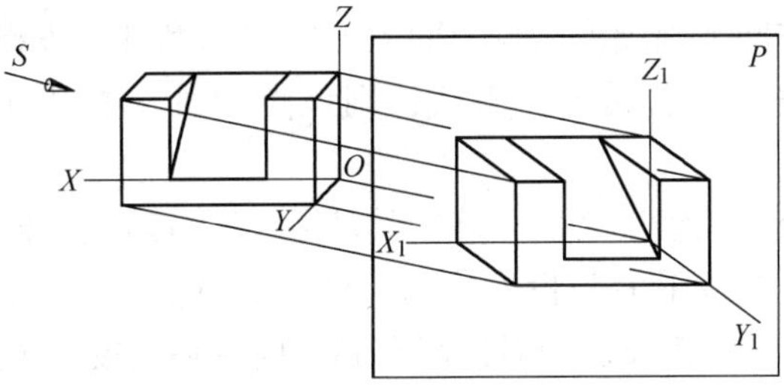

图 9-4 斜轴测投影

9.1.2 轴间角与轴向伸缩系数

9.1.2.1 轴间角

如图 9-5 所示，设空间直角坐标系 $OXYZ$，用平行投影法将其投射于平面 P 上，则坐标系投影成 $O_1X_1Y_1Z_1$，这时坐标轴的轴测投影 O_1X_1、O_1Y_1、O_1Z_1 称为轴测投影轴，简称轴测轴。轴测轴之间的夹角称为轴间角，如 $\angle O_1X_1Y_1$、$\angle Y_1O_1Z_1$、$\angle X_1O_1Z_1$，即任意两根直角坐标轴在轴测投影面上的投影之间的夹角。

9.1.2.2 轴向伸缩系数

轴测轴上单位长度与相应坐标轴上单位长度的比值称为轴向伸缩系数。图 9-5 中空间

点 A 的坐标线段为 Oa_x、a_xa、aA，经投射后成为 $O_1a_{x_1}$、$a_{x_1}a_1$、a_1A_1。因此 OX 轴向伸缩系数 $p_1=O_1a_{x_1}/Oa_x$；OY 轴向伸缩系数 $q_1=a_{x_1}a_1/a_xa$；OZ 轴向伸缩系数 $r_1=a_1A_1/aA$。

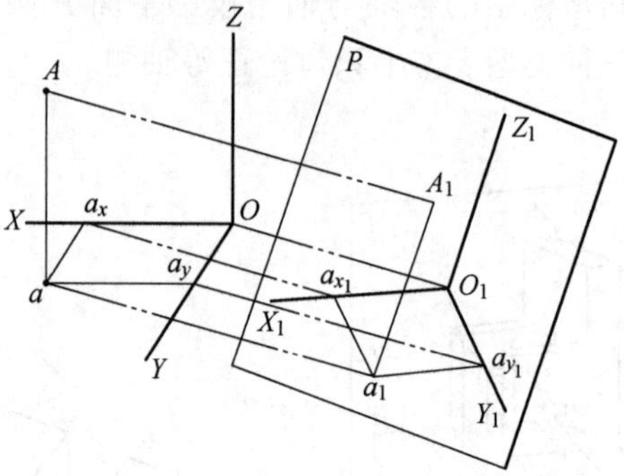

图 9-5　轴间角及轴向伸缩系数

轴间角和轴向伸缩系数是绘制轴测投影时必须具备的要素。对于不同类型的轴测投影，有其不同的轴间角和轴向伸缩系数。

9.1.3　轴测投影的性质

如前所述，轴测投影属于单面平行投影，因此具有平行投影的一切属性，但为了有利于以后的绘图实践，对以下几点特性应予以关注：

（1）平行性。空间平行直线的轴测投影仍平行且轴向伸缩系数相同。若直线与坐标轴平行，则其轴测投影与轴测轴平行且其轴向伸缩系数也与坐标轴的轴向伸缩系数相同。

（2）实形性。当空间平面图形与投影面 P 平行时，其轴测投影也反映真实形状。

（3）从属性。若空间一点属于一直线，则该点的轴测投影也必在该直线的轴测投影上。

（4）等比性。点分空间线段之比，等于其轴测投影分对应线段轴测投影之比。

（5）积聚性。当直线或平面与投射方向一致时，则直线投影积聚成一点、平面投影积聚成一直线。这种性质在正投影中对作图有利，但在轴测投影中则应力求避免出现，因为积聚性的出现会使轴测投影产生畸变或使图形失去立体感。

9.1.4　轴测投影的选择

绘制物体轴测投影的主要目的是使所画图形能反映出物体的主要形状，富于立体感，并大致符合于我们日常观看物体时所得的形象。轴测投影的选择包括选择轴测图的种类和选择观察方向两个问题。

9.1.4.1　选择轴测图的种类

关于轴测图种类的选择，主要出发点是能将形体表达清楚，其次是考虑作图方便。如图 9-6 所示，该形体画成斜二轴测图能表明孔是通孔。

9.1.4.2　选择观察方向

如图 9-7 所示，这两个图同样是斜二等轴测投影，但不同的观察方向图示效果不同。

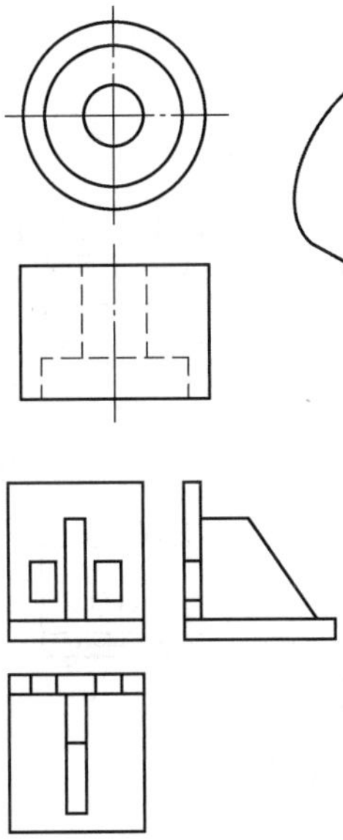

图 9-6 轴测图的种类选择

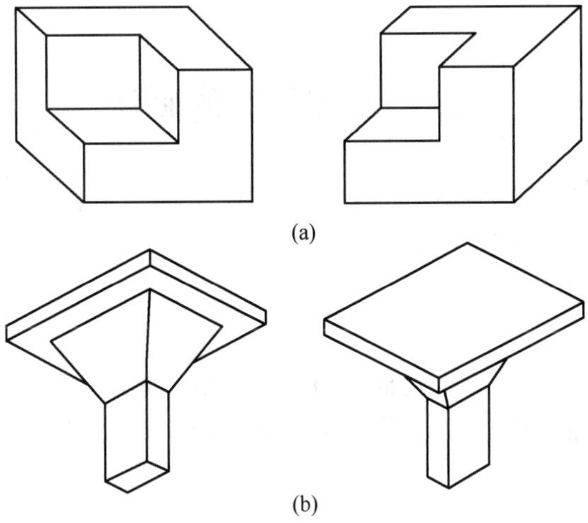

图 9-7 轴测图的观察方向比较

9.1.5 《营造法式》上的轴测图表达方法

营造技术在我国是发展最早的科学之一。自周朝以来，就有很多关于建筑的记载。其中完整无遗、保留至今的是宋代李诫所著的《营造法式》一书，该书所列图样大都是按正投影的规则绘制的，还有许多图样已经完全脱离了艺术画的范畴，而用轴测画法来表达，如图 9-8 所示。

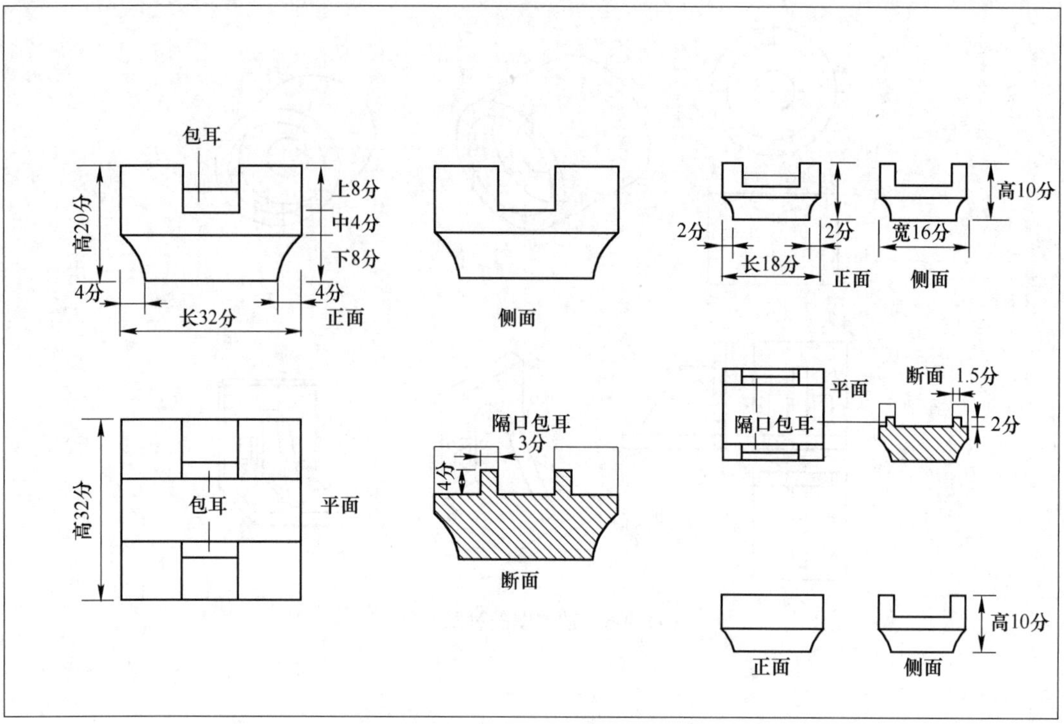

图 9-8 轴测图样（改自梁思成《营造法式》大木作制度图样三）

9.2 轴测投影的画法

画轴测图时，首先应选定轴测图的类型（即确定轴间角和轴向变形伸缩系数），然后画出轴测图。下面是几种常用的画法。

9.2.1 坐标法

根据形体上各点的坐标，沿轴测轴方向进行度量，画出他们的轴测图，并依次连接所得各点，得到形体的轴测图的方法，称为坐标法，如图 9-9 和图 9-10 所示。

9.2.2 叠加法

由于有些形体常常是由若干基本几何形体按堆垒或叠加方式组合而成，当绘制这种形体的轴测图时可按其组成顺序依次绘出每一基本形体的轴测图，然后整理立体投影，加深可见图线，去掉不可见图线和多余作图线，则完成整个形体的轴测图，如图 9-11 所示。

9.2.3 切割法

从基本立体切割而成的形体，可先画出原始基本立体的轴测图，然后分步进行切割，得出该形体的轴测图。这种画法称为切割法，如图 9-12 所示。

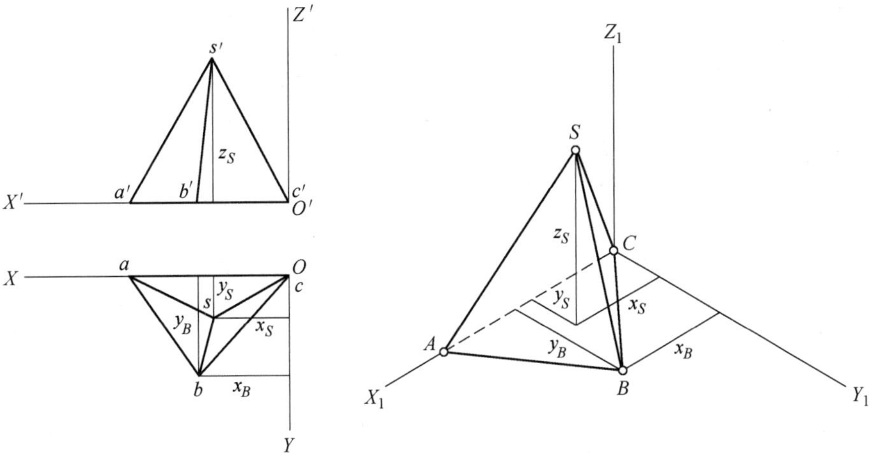

(a) (b)

图 9-9 用坐标法绘制的轴测图

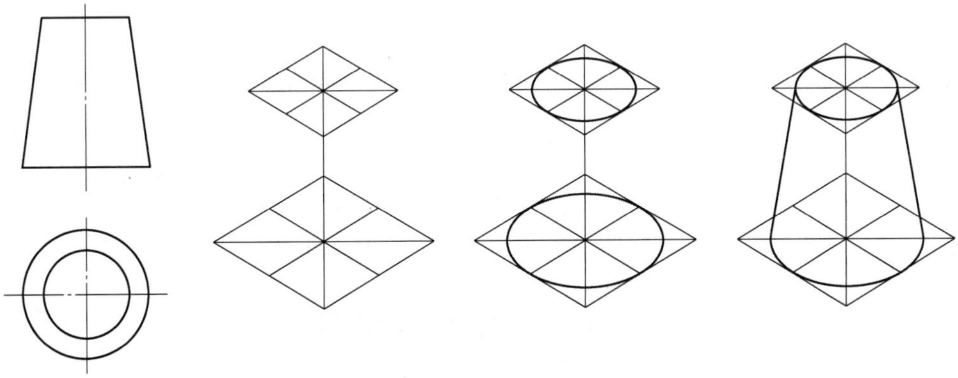

图 9-10 用坐标法绘制的轴测图

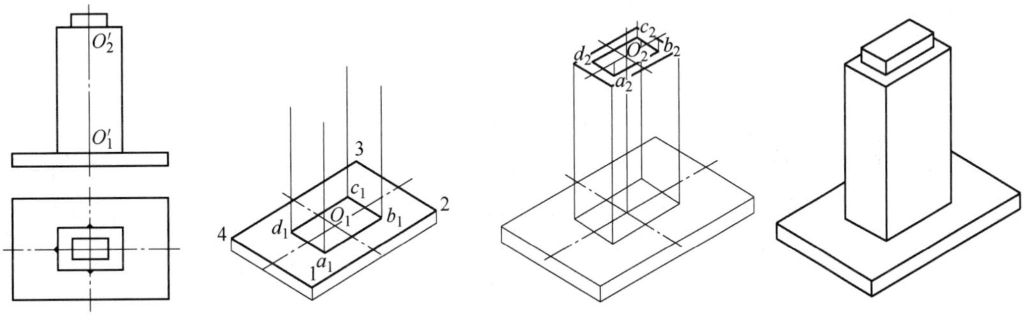

(a) (b) (c) (d)

图 9-11 用叠加法绘制的轴测图

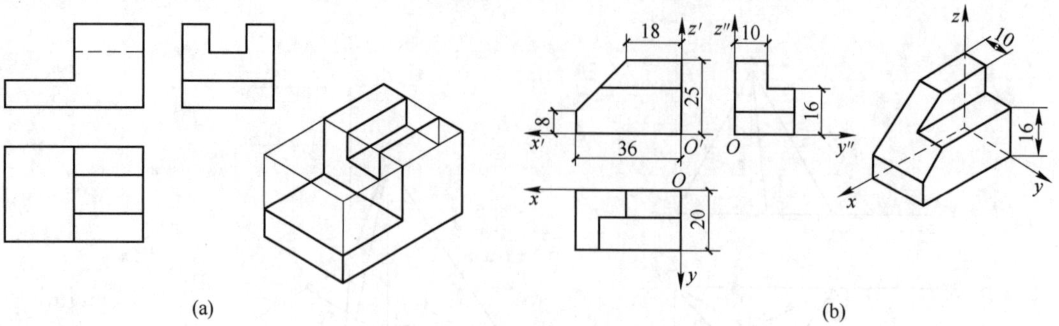

图 9-12 用切割法绘制的轴测图

9.2.4 端面法

端面法又称特征面法。若形体某一方向的视图反映了该形体端面的真实形状，则可以按照该视图的尺寸相应地轴测投影到轴测投影面上画其端面，其他线沿第三轴截取相应长度，依次连接完成形体的轴测图，如图 9-13 所示。

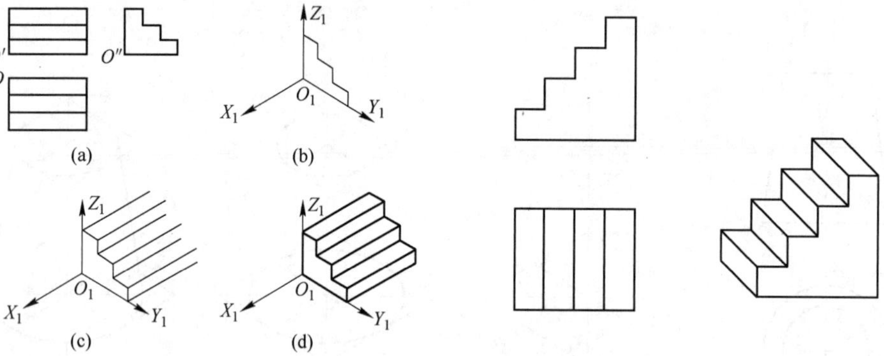

图 9-13 用端面法绘制的轴测图

9.2.5 综合法

实际工程物体构成很复杂，往往不是单纯的叠加或单纯的切割，可以根据其组合方式，综合运用上述方法画出其轴测图，如图 9-14 所示。

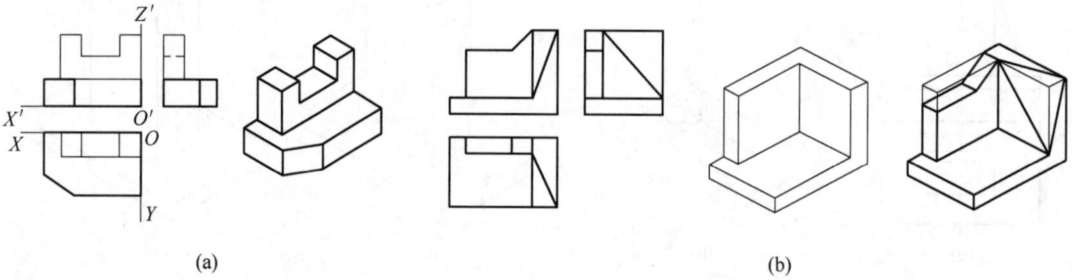

图 9-14 综合法绘制的轴测图

9.3 平行于坐标面的圆的轴测投影

圆所在的平面平行于轴测投影面时，其轴测投影为圆；圆所在的平面平行于投射方向时，其轴测投影为一直线段；其他情况下圆的轴测投影均为椭圆。在正等轴测投影中，平行于坐标面的圆，其投影总是椭圆；在斜二等轴测投影中平行于坐标面的圆，其投影仍是圆，而平行于其他坐标面的圆，其投影是椭圆，如图 9-15 所示。

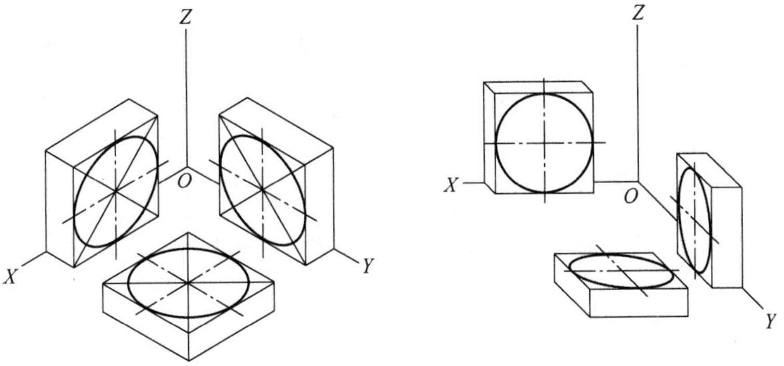

图 9-15 平行于坐标面的圆的轴测投影

画轴测椭圆的作图方法（以平行于 *XOY* 面的圆为例）：

第一步，确定椭圆的长轴和短轴。假设椭圆所在平面平行于 *XOY* 面，且椭圆的长轴平行于 x 轴，短轴平行于 y 轴。已知椭圆的长轴长度为 $2a$，短轴长度为 $2b$。

第二步，在轴测图中确定椭圆的位置和大小。根据轴测图的投影规律，确定椭圆在轴测图中的大致位置和倾斜方向。使用比例尺，根据椭圆的实际大小，在轴测图中绘制出椭圆的长轴和短轴的投影。

第三步，绘制椭圆的四顶点。在长轴和短轴的投影上，分别确定椭圆的 4 个顶点（上、下、左、右）。这些顶点在轴测图中将形成椭圆的 4 个突出点。

第四步，使用椭圆模板或近似绘制法。如果条件允许，可以使用椭圆模板来辅助绘制椭圆。如果没有椭圆模板，可以采用近似绘制法，如使用四心圆法或八点法等，通过逐步逼近的方式绘制出椭圆。在轴测图中，由于投影的变形，需要适当调整绘制方法，以确保椭圆的形状和大小符合实际要求。

第五步，平滑连接各点。使用曲线工具或手绘方式，将椭圆的 4 个顶点及长轴和短轴上的其他点平滑地连接起来。注意保持椭圆的对称性和流畅性。

第六步，检查并修正。完成绘制后，仔细检查椭圆的形状、大小和位置是否符合要求。如有需要，进行必要的修正和调整。

需要注意的是，由于轴测图具有投影变形性，因此绘制出的椭圆在形状和大小上可能与实际椭圆存在一定的差异。为了减小这种差异，可以在绘制过程中使用比例尺和辅助线等工具进行精确控制。此外，对于复杂的轴测图绘制任务，建议使用专业的绘图软件或工具进行辅助绘制，以提高绘制效率和准确性。

9.3.1 八点法（适用于所有轴测画法）

如图 9-16 和图 9-17 所示，作圆的外切正方形及对角线，得圆上的 8 个点，4 个是正方形各边的中点，另外 4 个是对角线上的点。画出正方形的轴测图（图 9-16 为正面斜二轴测图，图 9-17 为正等轴测图），按照定比关系作出 8 个点的轴测图，据此可连成椭圆。

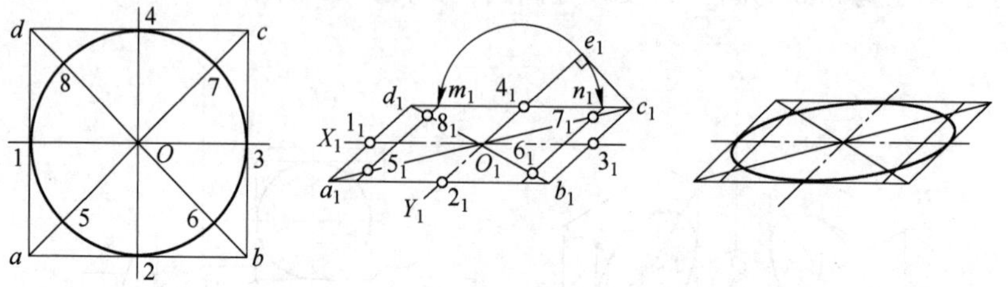

图 9-16 八点法画圆的正面斜二轴测图

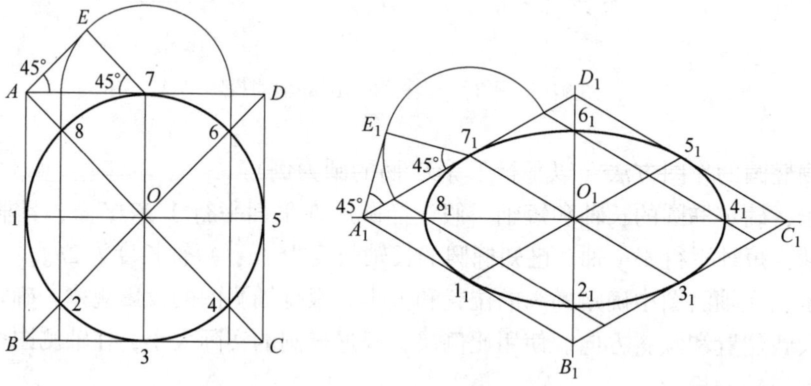

图 9-17 八点法画圆的正等轴测图

9.3.2 四心法（只适用于正等轴测）

对于正等轴测图，可先画出外切正方形的轴测菱形，以图中标明的 O_1、O_2、O_3、O_4 4 个点为圆心，画 4 段圆弧，它们拼接成一个近似的椭圆，如图 9-18 所示。

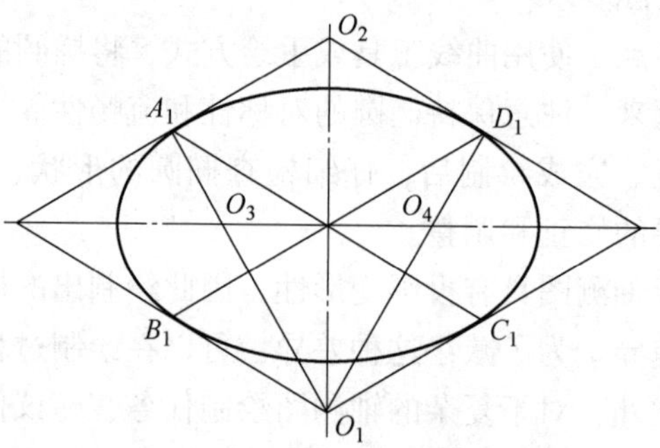

图 9-18 四心法画圆的正等轴测图

9.4 斜轴测投影

如前面所讲，斜轴测投影中使用最多的是正面斜轴测投影与水平斜轴测投影，下面对这两种斜轴测投影的形成与画法作进一步讨论。

9.4.1 正面斜轴测投影

9.4.1.1 正面斜轴测投影的形成

如图 9-19（a）所示，令空间形体的 XOZ 坐标面与轴测投影面 P 平行（或重合），并令投射方向 S 与投影面 P 倾斜，这样形成的轴测投影称为正面斜轴测投影。

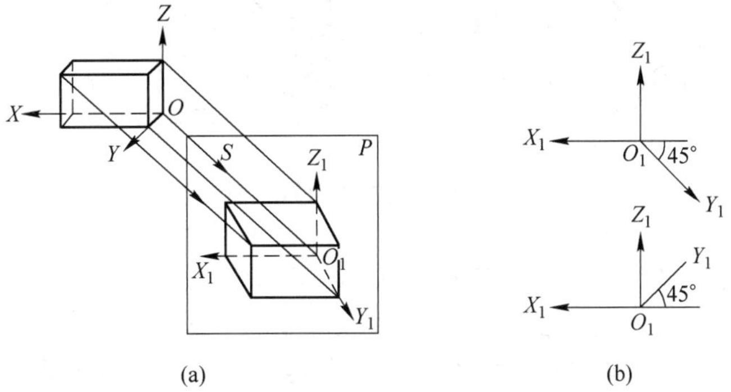

图 9-19 正面斜轴测投影

（a）形成；（b）轴间角

9.4.1.2 正面斜轴测投影的轴间角与轴向伸缩系数

由于空间坐标系的坐标面与投影面 P 平行(或重合)，因此 $\angle X_1O_1Z_1 = 90°$；O_1X_1 与 O_1Z_1 的轴向伸缩系数也没有改变，即 $P_1 = 1$、$r_1 = 1$。然而由于空间坐标轴 OY 与投影面 P 垂直，其投影的方向是随投射方向 S 的变化而改变，由于投射方向 S 可以任意设定，因此 O_1Y_1 轴的方向与轴向伸缩系数 q_1 互不相关，也可以单独任意设定。为画图方便，通常取 O_1Y_1 轴与水平的 O_1X_1 轴成 45°（或 30°、60°角），如图 9-19（b）所示。也即 $\angle X_1O_1Y_1 = \angle Y_1O_1Z_1 = 135°$（或 $\angle X_1O_1Y_1 = 225°$）。O_1Y_1 轴的轴向伸缩系数 q_1 一般取 1/2。当 $q_1 = 1/2$ 时，称这样的正面轴测投影为正面斜二轴测。若 $q_1 = 1$，则称为正面斜等轴测。

9.4.1.3 画图举例

例 9-1 试画出图 9-20（a）所示牛腿柱的正面斜二轴测图。

分析： 由于牛腿柱的正面投影形状较复杂，最能反映其形体特征，而侧面投影厚度单一，故适合于画正面斜二轴测图，如图 9-20（b）所示。

例 9-2 试画出图 9-21（a）所示花格砖的正面斜二轴测图。

分析： 由于该组合体的正面投影形状较复杂，而侧面投影厚度单一，因此适合于画正面斜二轴测图，如图 9-21（b）所示。

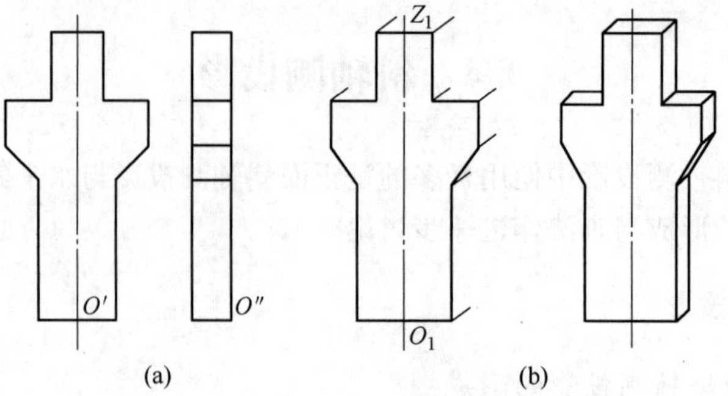

图 9-20 画牛腿柱的正面斜二轴测图

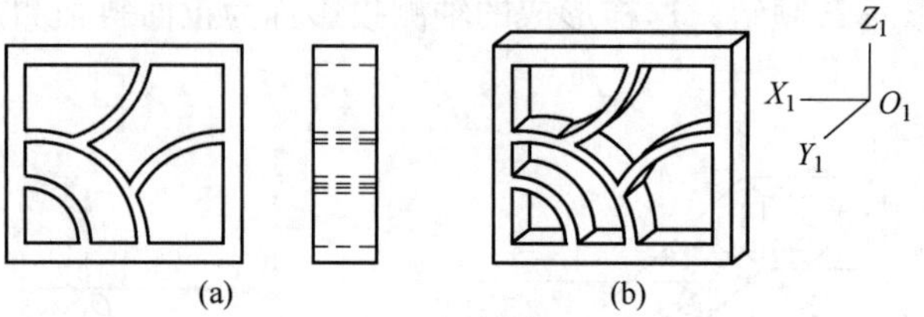

图 9-21 花格砖的正面斜二轴测图

例 9-3 作出图 9-22（a）所示挡土墙的正面斜二轴测图。

分析：图 9-22（a）所示的挡土墙是由底板、竖墙和扶壁三部分形体组成，其正面投影最能反映其形体特征；画图时要一部分一部分地去进行，三部分逐步叠加完成，如图 9-22（b）~（d）所示。

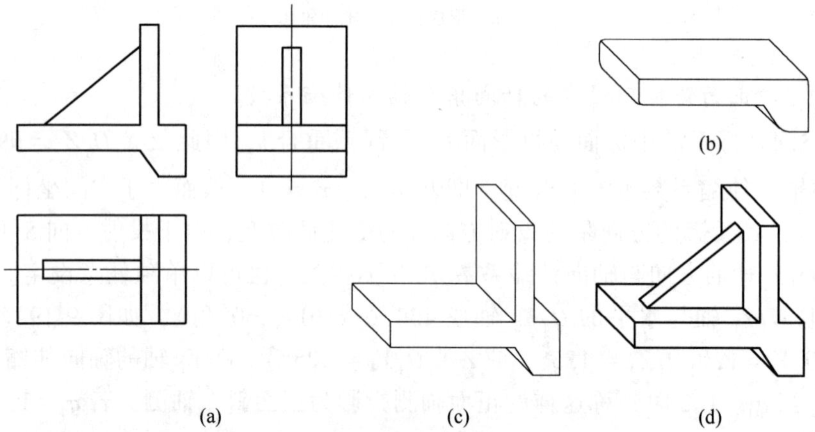

图 9-22 挡土墙的正面斜二轴测图（叠加法）

例 9-4 作出图 9-23（a）所示带切口四棱柱的正面斜二轴测图。

分析：该形体是正四棱柱经过切割后形成的，画图时宜按着切割方法进行作图。图 9-23（b）~（d）表明了带切口四棱柱的正面斜二轴测的作图方法。

9.4.2 圆的正面斜二轴测投影

在正面斜二轴测投影中平行于坐标面的圆，其轴测图为圆与椭圆，如图 9-24 所示。

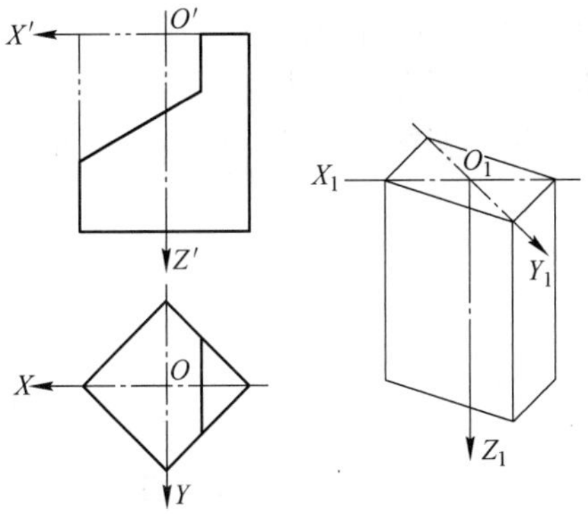

图 9-23 带切口四棱柱的正面斜二轴测图（切割法）

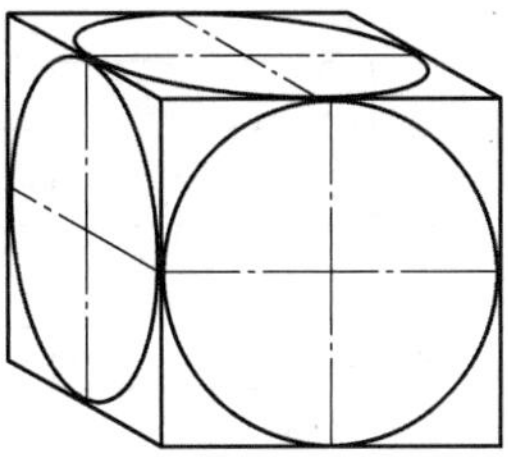

图 9-24 正面斜二轴测投影中平行于坐标面的圆

可以看出：凡与轴测投影面平行的圆，其轴测投影因反映实形而仍为圆。这种圆的轴测投影只要找到圆心的轴测投影位置便可完成。而那些不与轴测投影面平行的圆，其投影是椭圆。斜二轴测图中画椭圆可用坐标法，但不能使用菱形画法。再介绍一种画椭圆的方法——八点法。这种方法不但适用于斜轴测投影，也可用于正轴测投影中。

下面仍以水平圆为例说明这种方法的具体步骤。

例 9-5 作出图 9-25（a）所示拱门的正面斜二轴测图。

分析： 图 9-25（a）所示的拱门由墙体、台阶、门洞等多个形体组成，只有正面有圆弧，适用正面斜二轴测。画图时要一个个地去画，逐步完成整体图形，如图 9-25（b）~（e）所示。

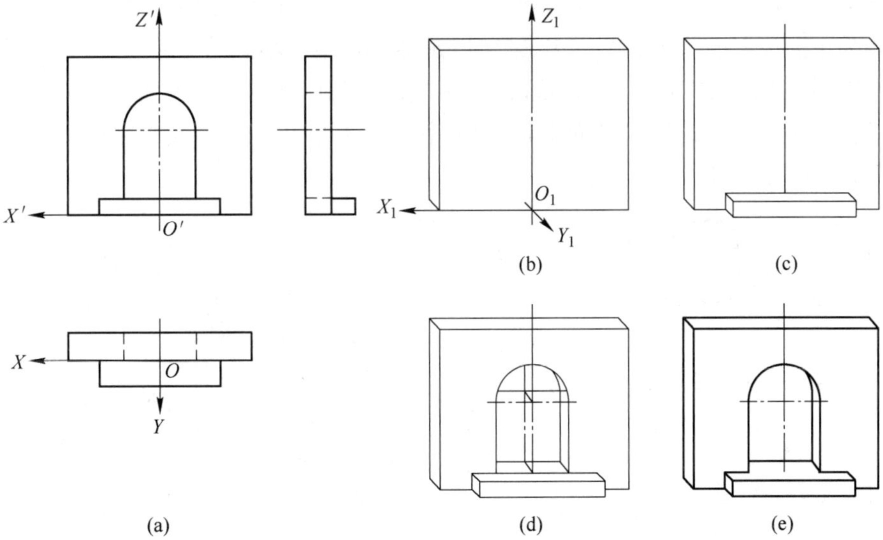

图 9-25 拱门的正面斜二轴测图

（a）投影图；（b）~（e）轴测图

例 9-6 试画出图 9-26（a）所示形体的正面斜二轴测图。

分析：从形体的正投影可知，该形体是一个组合体，由底座、支撑体与圆柱组成，底座右端虽有一圆柱孔，但其正面最能反映其形体特征，且圆桶造型在正面，因此适用正面斜二轴测，也可用综合法绘制，如图 9-26（b）所示。

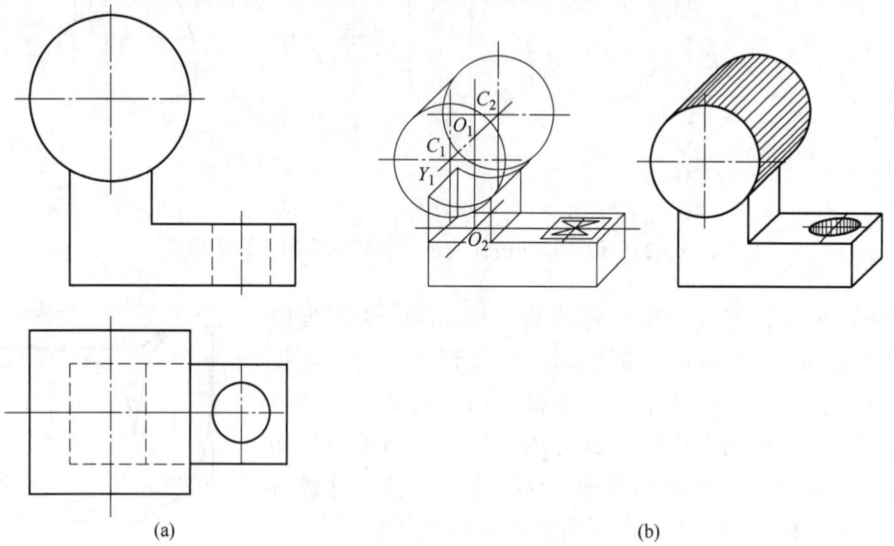

图 9-26 画形体的正面斜二轴测图

（a）投影图；（b）轴测图

9.4.3 水平斜轴测投影

9.4.3.1 水平斜等轴测投影

水平斜等轴测投影又称水平斜等轴测图，其轴测轴通常画成下图的形式，三个轴向伸缩系数均为 1。Z_1 竖直方向，X_1、Y_1 轴可以延伸，常用于小区的概貌图。

例 9-7 根据图 9-27（a）所示房屋的立面图和平面图，作带水平截面的水平斜等轴测图。

分析：本例实质上是用水平面剖切房屋后，将下半截房屋画成水平斜等轴测图，如图 9-27（b）和（c）所示。

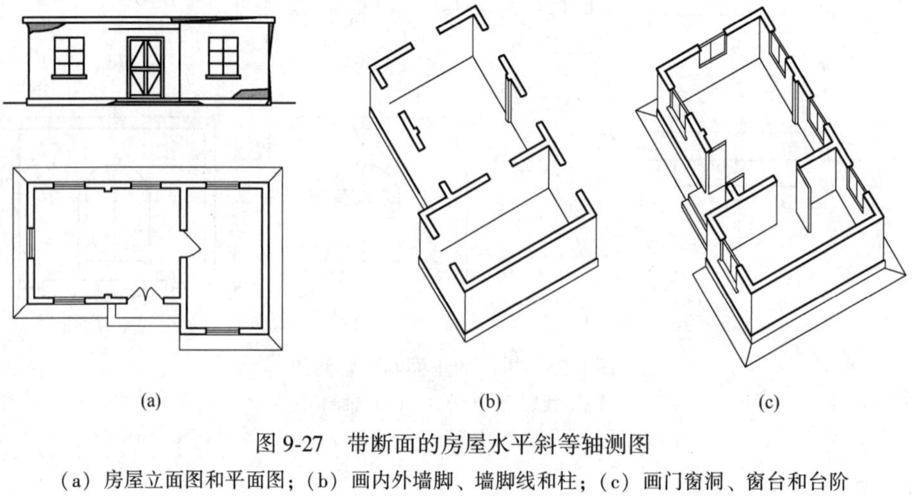

图 9-27 带断面的房屋水平斜等轴测图

（a）房屋立面图和平面图；（b）画内外墙脚、墙脚线和柱；（c）画门窗洞、窗台和台阶

例 9-8 试画出图 9-28（a）所示建筑群的水平斜等轴测图。

分析： 绘制规划区内建筑群总体布置设计的表现图一般都很麻烦，为方便快捷，工程设计人员常常直接利用建筑总平面中给出的建筑群的平面形状、层高及相互位置，画出水平斜等轴测图以满足使用要求，如图 9-28（b）所示。

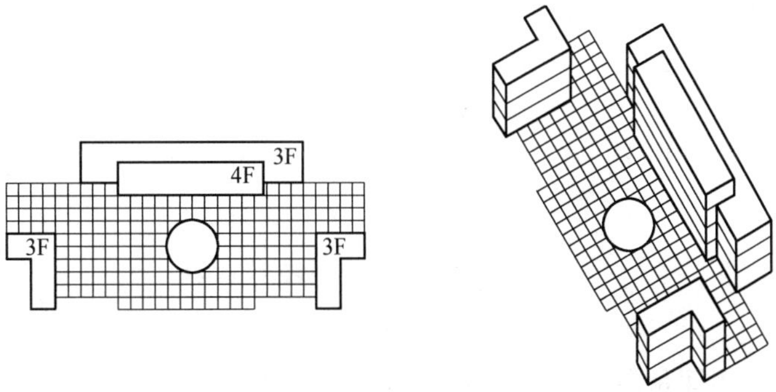

(a) (b)

图 9-28 画建筑群的水平斜等轴测图

（a）建筑总平面图（F 为建筑层）；（b）水平斜等轴测

9.4.3.2 斜二轴测投影

斜二轴测图特别适用于和某一坐标面平行的表面形状比较复杂的物体，除上面所述正面、水平斜二轴测外，侧面斜二轴测也同样适用，如图 9-29 所示。

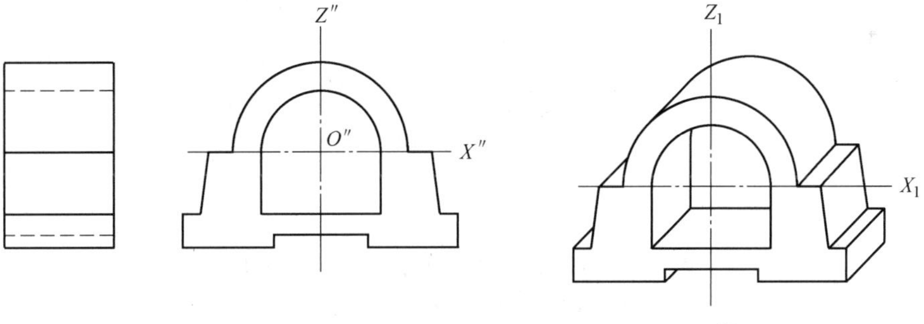

(a) (b)

图 9-29 侧面斜二轴测图

9.5 正等轴测投影

9.5.1 正等轴测投影的形成

在投射方向垂直于轴测投影面，且三条坐标轴与轴测投影面的夹角相等的情况下所得到的投影，称为正等轴测投影，或称正等轴测图，如图 9-30 所示。

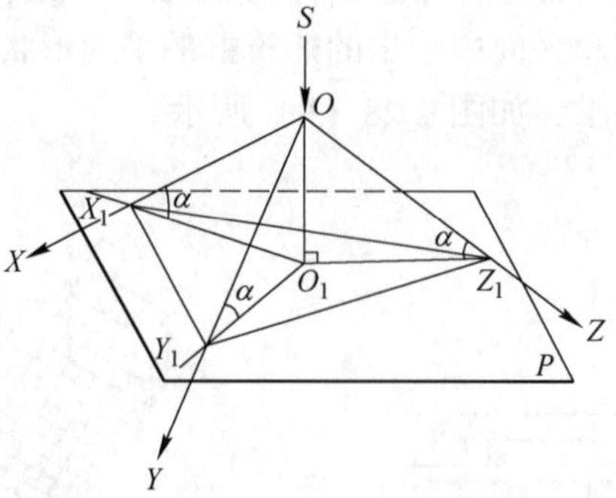

图 9-30 正等轴测投影的形成

9.5.2 正等轴测的轴间角与轴向伸缩系数

9.5.2.1 轴间角

在正等轴测投影中，各轴测轴之间夹角的大小是固定不变的。可以证明，正等轴测中各轴之间的夹角均相等且均为 120 °，如图 9-31 所示。因为各轴间的夹角均为 120 °，画图时一般取 Z_1 轴为竖直方向。

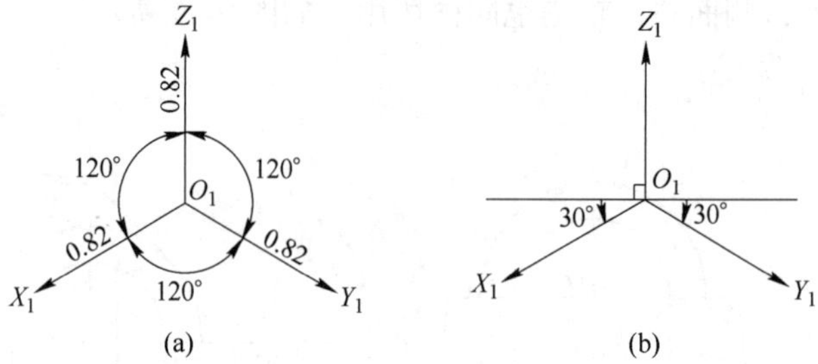

图 9-31 正等轴测的轴间角及轴向伸缩系数

（a）轴间角与轴向伸缩系数；（b）轴测轴画法

9.5.2.2 轴向伸缩系数

由于空间直角坐标系各轴均与投影面 P 成等倾斜，因此垂直投射后各轴的轴向伸缩系数变化相同（见图 9-32），即 $p_1 = q_1 = r_1$，可以证明各轴向伸缩系数均为 0. 82，为作图方便，可令各轴向伸缩系数均放大 1. 22 倍，这样经放大后的轴向伸缩系数便近似等于 1 ，即 $p_1 = q_1 = r_1 = 1$。用这种放大后的轴向伸缩系数可使作图非常简便，因此这样的轴向伸缩系数称为简化伸缩系数。用简化伸缩系数画图时，轴测投影中沿轴测轴方向线段的长短，可直接按正投影量取。用轴向伸缩系数与用简化伸缩系数画出的长方体的立体形象没有改变，只是后者图形略为放大些，如图 9-32（b）和（c）所示。

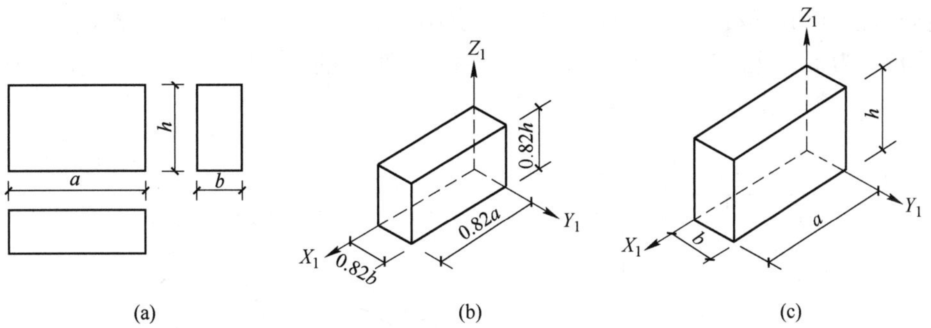

图 9-32　用轴向伸缩系数“0.82”和简化伸缩系数“1”画图结果的比较

9.5.3　画图举例

例 9-9　如图 9-33 所示，已知台阶的正投影图，完成其正等轴测图。

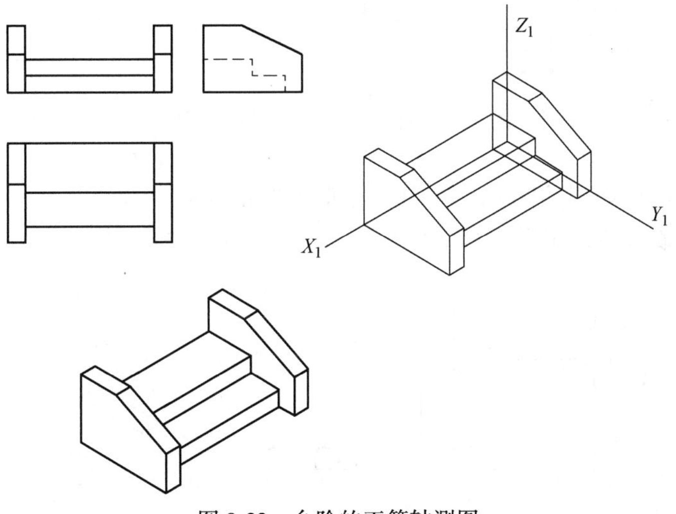

图 9-33　台阶的正等轴测图

例 9-10　求作如图 9-34 所示柱基的正等轴测投影。

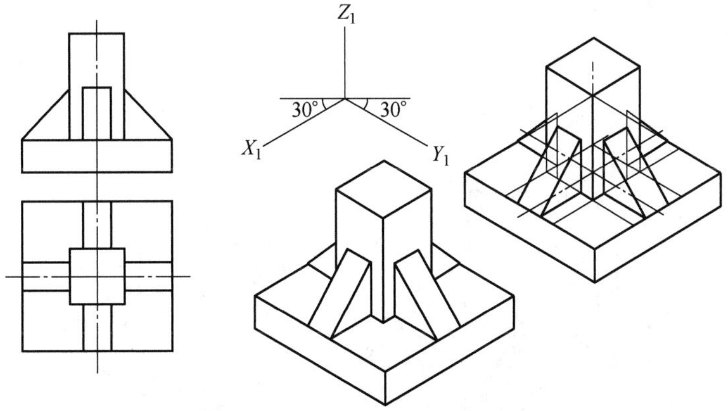

图 9-34　柱基的正等轴测图

例 9-11 已知梁板柱节点的正投影图（见图 9-35），求作它的正等轴测图。

分析： 为了表达清楚组成梁板柱节点的各基本形体的相互构造关系，投射方向应选择仰视。

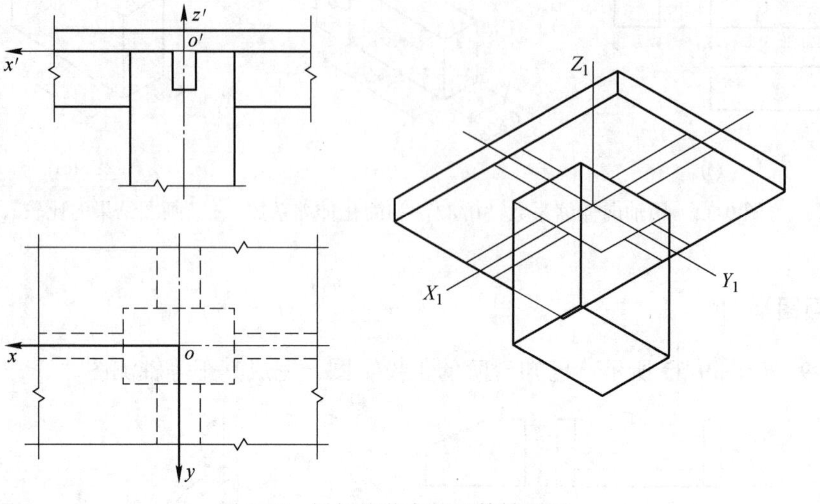

图 9-35 梁板柱节点的正等轴测图

例 9-12 试画出如图 9-36 所示带圆角矩形板的正等轴测图。

分析： 由于该形体的正面、水平均有圆弧，选择正等轴测图。

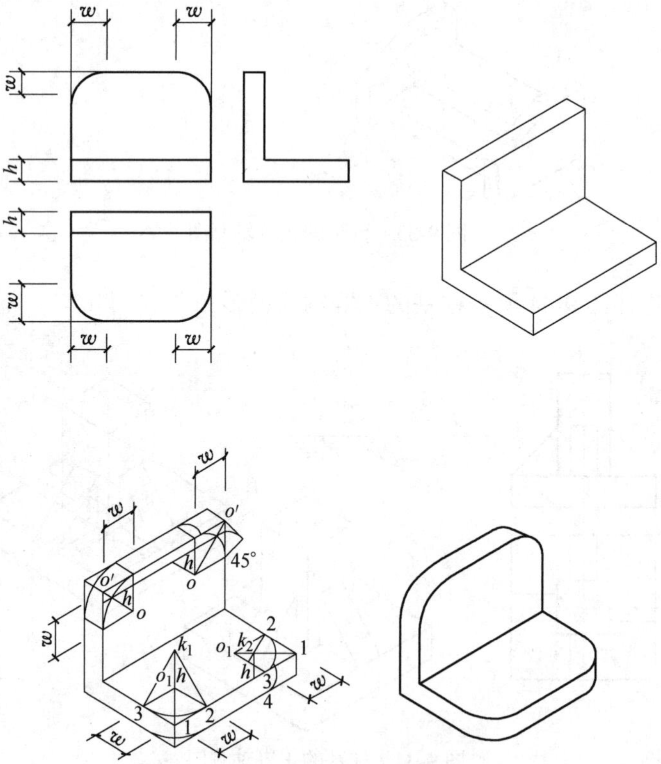

图 9-36 带圆角矩形板的正等轴测图

例 9-13 常见回转曲面立体的正等轴测投影，如图 9-37 所示。

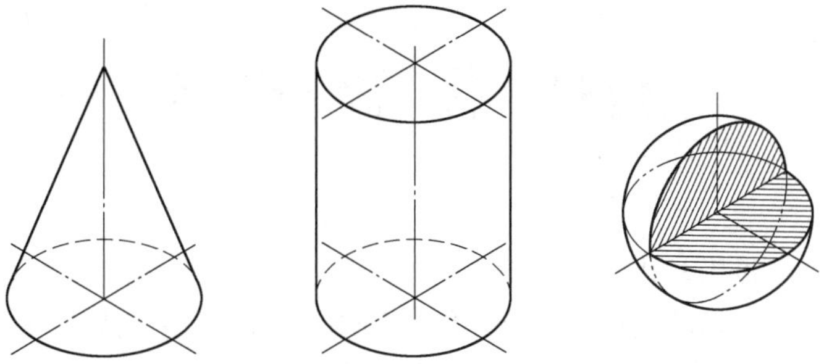

(a) (b) (c)

图 9-37 常见回转曲面立体的正等轴测图

（a）圆锥；（b）圆柱；（c）带切口的球

例 9-14 试画出图 9-38（a）所示立体的正等轴测图。

分析： 由于该形体的圆弧在水平面上，选择正等轴测图，如图 9-38（b）~（e）所示。

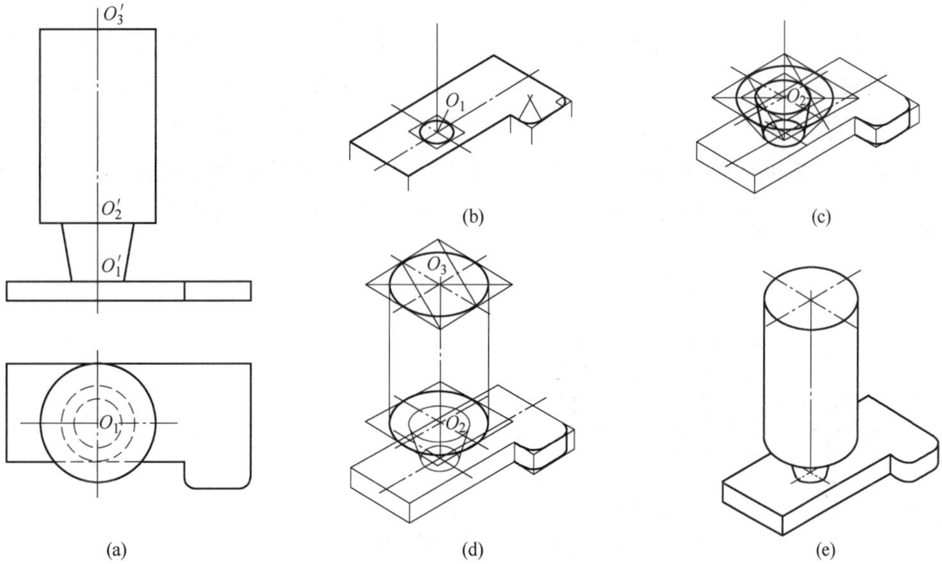

图 9-38 组合体的正等轴测图

（a）投影图；（b）~（e）正等轴测图

复习思考题

9-1 正投影与轴测投影有什么异同，各自的优缺点是什么，轴测投影有哪些用途？

9-2 轴测投影是怎样形成的，怎样分类，常用的有哪几种，轴测图的选择方法是什么？

9-3 什么是轴间角和轴向伸缩系数，正等测和斜二测的轴间角和轴向伸缩系数是多少，画图时常用的是多少？

9-4 画形体轴测图的基本方法有哪些，都适用于画什么样的形体？

9-5 轴测投影中画椭圆的方法有哪些，各种画法都适用于哪种类型的轴测图，正等测中椭圆和圆角的近似画法的作图步骤如何？

10 标高投影

本章讲述的标高投影与以前各章所讲述的正投影法或轴测投影法不同，在土木工程中，它是在水平投影上加注高度数字标记的一种图示方法，主要用于表现各类土工形体的边坡及土工形体与地形面相交的一些边坡设计问题。

基本要求：

1. 掌握点、直线、平面、曲面和地形面等标高投影的图示方法；
2. 熟悉标高投影在土方工程边坡设计中的应用。

10.1 概　　述

土工形体都与自然土体表面的形状关系紧密，地面是起伏不平的不规则曲面，很难用三面投影图来表达清楚。为此，常用一组等间隔的水平面截割地面，所得截交线均为水平曲线，其上的各点都有相等的高度，故称其为等高线。把这些等高线的水平投影标上高度数字，能够表示地面的起伏变化。这种用水平投影与高度数字结合起来表达空间曲面的方法称为标高投影法，所得的单面投影图称为标高投影图，如图 10-1 所示。

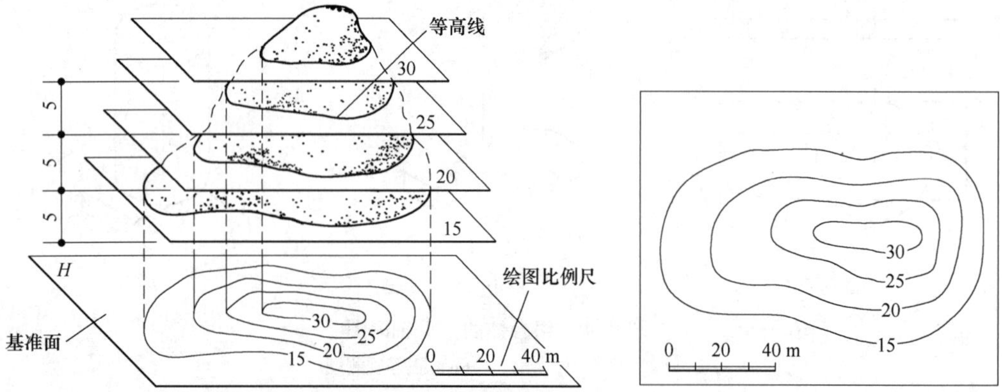

图 10-1　地形面的标高投影图

标高投影是单面投影。在我国的大地测绘中，水平基准面 H 是以青岛附近黄海海平面的平均值为零标高基准面，并将以此海平面为基准的标高称为绝对标高，也称海拔或高程。为了充分确定形体的空间位置，在标高投影中必须给出绘图的比例与方位，一般用带有刻度的线比例尺和指北针来表示（见图 10-1）。比例尺的刻度单位一般为 m，可不注明，否则应予注明。

标高投影法不限于在土建工程中使用，在机械工程中像飞机、船舶、汽车等产品的外壳（见图 10-2），也常用类似的方法表示，但基准面不一定是水平面。

图 10-2　汽车外壳

中国古代是如何绘制地形图的？古代地图也被称为“舆图”所谓“舆”是指车辆的车厢，可以简单地解释为在车厢上绘制地图。这种设备被称为“记里鼓车”，记里鼓车的外观大约是先秦时期。它是怎么跑的，巧妙地说这种设备被称为机器人的古代版本。

石纽山刳儿坪图（见图 10-3），体现了几千年来本土的大禹文化源远流长，古人能够绘制的地图与今天的地形图高度相似。

图 10-3　石纽山刳儿坪图

10.2　点、直线和平面的标高投影

10.2.1　点的标高投影

如图 10-4 所示，以水平投影面 H 为基准面，高程为 0，作出点 A、B 在 H 面上的正投影 a、b，并在其右下角标出这两点的高程，高程单位为米（m），A 在基准面以上，高程

为正，B 在基准面以下，高程为负。所得的图即为 A、B 的标高投影图。图 10-4 中还画出了绘图比例尺。

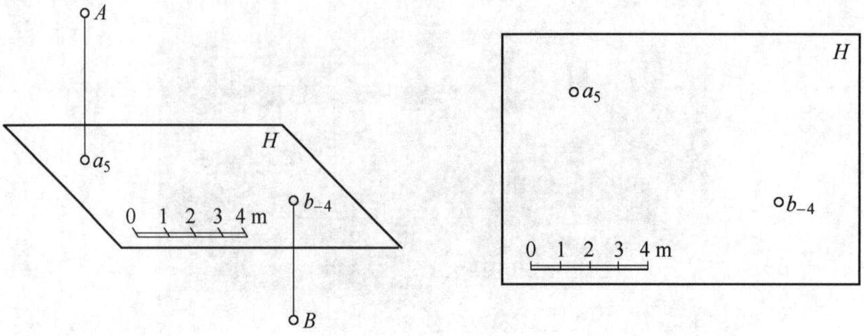

(a) (b)

图 10-4 点的标高投影

10.2.2 直线的标高投影

10.2.2.1 直线的标高投影表示方法

如图 10-5 所示，确定直线标高投影最简便的方法是用直线上任意两点的标高投影的连线来确定，当然，直线也可以用直线上一点的标高投影及其方向给定。

10.2.2.2 直线的坡度和平距

直线上任意两点的高差与其水平距离之比称为该直线的坡度，用 i 表示。如图 10-6 所示，若 A、B 两点的高差为 H、水平距离为 L，AB 线对 H 面的倾角为 α，则

$$\text{坡度}\ i = \text{高差} / \text{水平距离} = H/L = \tan\alpha \tag{10-1}$$

式中，i 为直线的坡度，是当直线上两点间的水平距离为单位 1 时的高差。

坡度 i 与平距 l 互为倒数，直线的坡度大，则其平距就小。坡度大表明直线陡，平距大表示直线平缓。

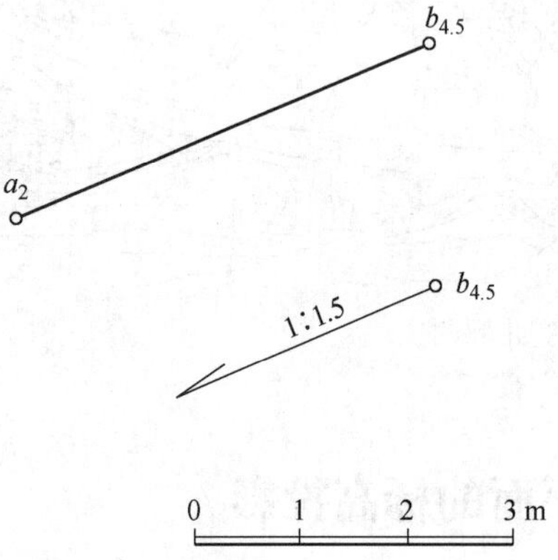

图 10-5 直线的标高投影表示法

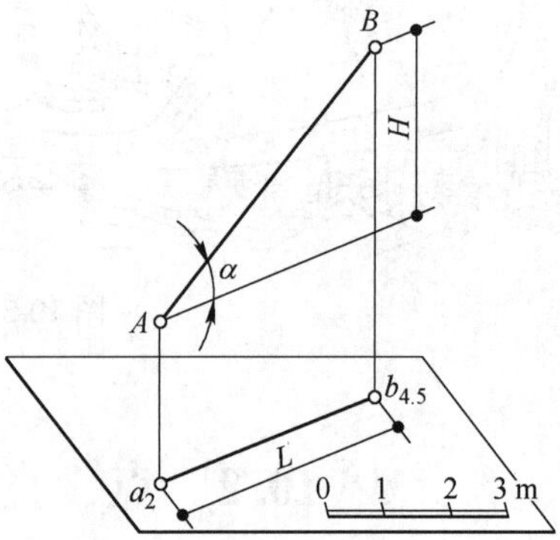

图 10-6 直线的坡度与平距

例 10-1 如图 10-7（a）所示，已知直线 AB 的标高投影 a_9b_5 和直线上点 C 到点 A 的水平距离 L= 4 m，试求直线 AB 的坡度 i、平距 l 和点 C 的高程。

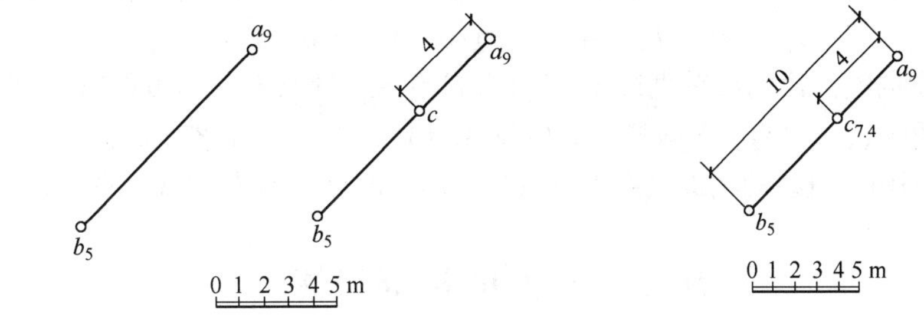

(a) (b)

图 10-7 直线 AB 的标高投影

解：使用图中的比例尺量得点 a_9 和点 b_5 之间的距离为 10 m，如图 10-7（b）所示。

于是可求得直线的坡度为：$i = H/L = (9 - 5)/10 = 2/5 = 1:2.5$，

由此求得直线的平距为：$l = 1/i = 5/2 = 2.5$，

由于 $L_{AC} = 4$ m，所以点 C 和点 A 的高差：$H_{AC} = i \times L_{AC} = 2/5 \times 4 = 1.6$ m，

由此求得点 C 的高程：$H_C = H_A - H_{AC} = 9 - 1.6 = 7.4$ m。

10.2.2.3 直线上的整数高程点

在实际工程中，直线段端点的标高常常不一定是整数标高，但使用时却又需要给出直线上各点整数标高的投影。在任意给定的直线上定出整数标高点，可用计算法也可用图解法完成，但较实用的方法是用图解法。直线上整数标高点也称为该直线的刻度，作图方法见下例。

例 10-2 如图 10-8 所示，已知直线 AB 的标高投影 $a_{3.5}b_{8.3}$，求作 AB 上的各整数高程点。

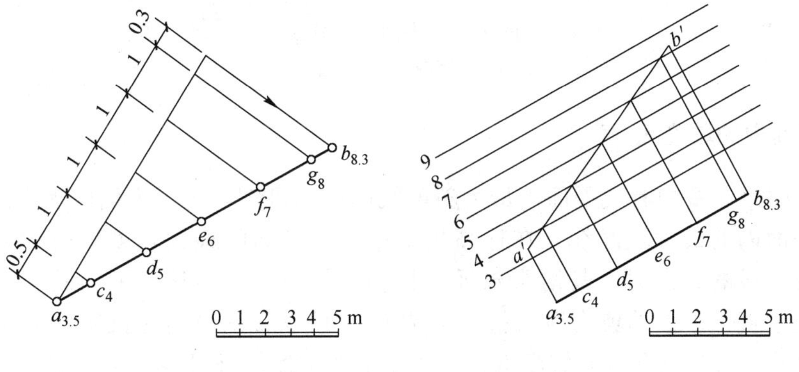

(a) (b)

图 10-8 求作直线的整数高程点

（a）计算法；（b）图解法

计算法：根据已给的作图比例尺，在图 10-8（a）中用比例尺量得 $L_{AB} = 9$ m，算得坡度

$$i = H_{AB}/L_{AB} = (8.3 - 3.5)/9 = 0.5333$$

由此可计算出平距：$l = 1/i = 1.875$；点 $a_{3.5}$ 到第一个整数高程点 c_4 的水平距离应为：

$$L_{AC} = H_{AC}/i = (4 - 3.5)/0.5333 = 0.9375\ \text{m}$$

用图 9-6 中的绘图比例尺在直线 $a_{3.5}b_{8.3}$ 上自点 $a_{3.5}$ 量取 $L_{AC}=0.9375$ m，便的点 C_4，以后的各点高程 d_5、e_6、f_7、g_8 间的间隔均为 $\Delta L=1\ \text{m}\times1.875=1.875$ m 。

图解法：利用作直线的辅助投影求具有整数高程的点，如图 10-8（b）所示。

10.3 平面的标高投影

10.3.1 平面内的等高线

平面内任何水平线都可称为等高线，但工程实践中却只取整数标高的等高线。这些等高线可看成是一系列具有整数标高的水平面与倾斜平面的交线，如图 10-9（a）所示。平面内各等高线的水平投影加注标高数值后，即为等高线的标高投影。如图 10-9（b）中 0~4 各平行线，工程实践中将等高线的标高投影也直接称为等高线。

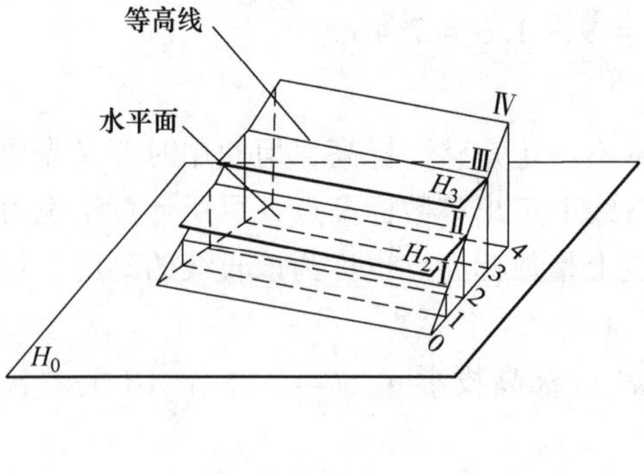

(a)

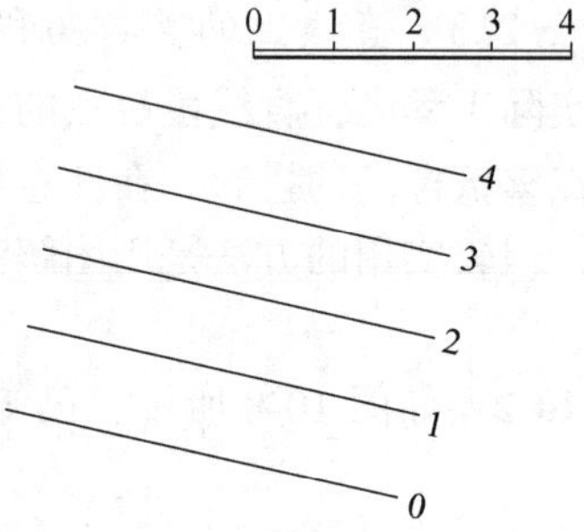

(b)

图 10-9 平面的等高线

（a）直观图；（b）投影图

10.3.2 平面内的坡度线

根据前面第 3 章中有关平面内最大斜度线的概念可知：凡与平面内水平线垂直的直线，即是平面内的最大坡度线。在标高投影中，将平面的最大坡度线简称为平面的坡度线，画坡度线的方向时，其箭头永远是指向下坡方向。显然，平面的坡度线应与平面的等高线垂直，平面的坡度线对投影面 H 的倾角也就是平面对投影面 H 的倾角，如图 10-10 所示。因此坡度线的坡度就代表了平面的坡度，坡度线的平距也就是平面内等高线间的水平距离。另外，将带有整数标高刻度的坡度线称为平面的坡度比例尺，其画法如图 10-10（c）所示。用平面的坡度比例尺确定平面，作图时较方便，因此常在工程实际中被采用。

10.3.3 平面的表示法

在标高投影中，平面仍然可用确定平面空间位置的几何元素的标高投影来表示，如不在一直线的三个空间点、相交两直线或平行两直线等。但在工程实践中，为方便作图，多

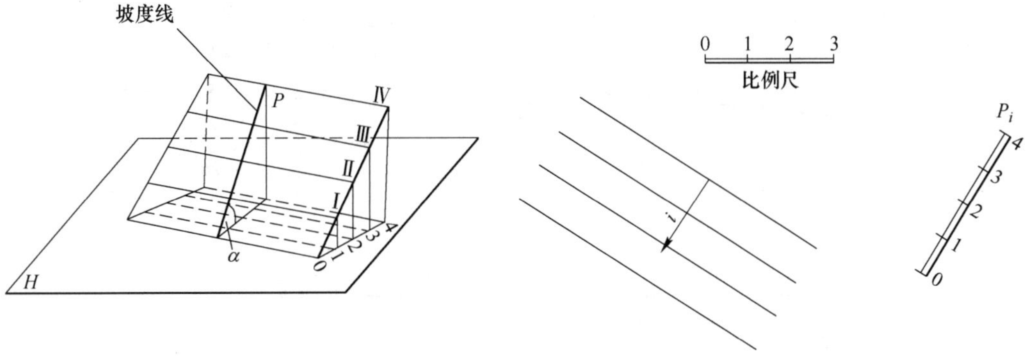

(a)　(b)　(c)

图 10-10　平面的坡度线与比例尺

（a）直观图；（b）投影图；（c）坡度比例尺

用以下几种方式表示平面，如图 10-11 所示，其中：图 10-11（a）用平面的坡度比例尺表示；图 10-11（b）用平面内的两条等高线表示；图 10-11（c）用平面内的一条等高线及平面的坡度表示；图 10-11（d）用平面内的一条倾斜线及其坡度线的大致方向表示（图中坡度方向用虚线画出时即视为大致方向）。

不论用上述表示法中的哪一种，都可求出平面的平距、坡度及倾角等几何要素，下面举例说明平面等高线的作图。

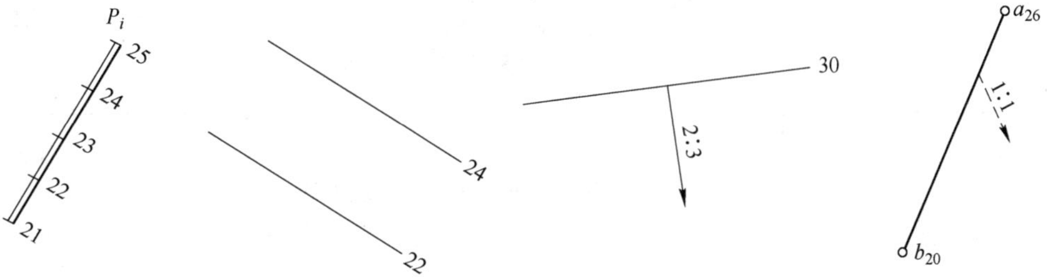

(a)　(b)　(c)　(d)

图 10-11　平面的标高投影表示法

（a）坡度比例尺；（b）平面内的两条等高线；（c）一条等高线与平面坡度；（d）倾斜线及坡度

例 10-3　已知平面上一条高程为 28 m 的等高线，平面的坡度为 $i=1:2$，试作出该平面上若干条整数高程的等高线，如图 10-12（a）所示。

解：平面的平距 $l=1/i=2$，根据图 10-12（a）中的绘图比例尺，沿坡度线向下坡方向按1 m×2=2 m 等距离地截取出 27、26、25…的高程点，过它们可作出高程为 27、26、25…的等高线。同样，沿坡度线向相反方向作图，可作出高程为 29、30…的等高线。

例 10-4　如图 10-13（a）所示，已知平面上一条倾斜直线 *AB* 的标高投影 a_3b_{10}，平面的坡度 $i=1:0.5$，试作该平面的等高线和坡度线。

解：如图 10-13（b）所示，过点 *B* 且坡度为 1∶0.5 的坡度线的轨迹是一圆锥，包含 *AB* 直线且坡度为 1∶0.5 的平面是与该圆锥相切的平面 *ABC*。当圆锥的底圆与点 *A* 在同一高度的水平面上时，底圆的半径应为：$r=(HB-HA)\times l=3.5$ m。

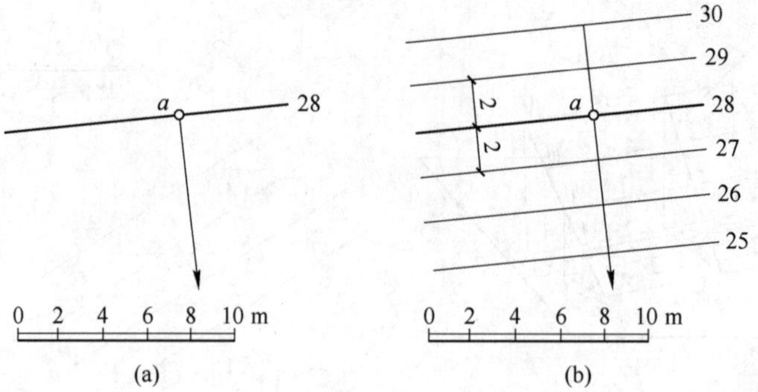

(a) (b)

图 10-12 作出平面上若干等高线

以 b_{10}为圆心，以 3.5 m 为半径画圆，过 a_3作该圆的切线，共有两条，取其中符合箭头所指方向的一条，此即为平面上高程为 3 m 的等高线。过 a_3b_{10}上具有整数高程的点作此线的平行线，可得相应高程的等高线。过 b_{10}作等高线的垂线，并加上箭头，此即为所求的坡度线，如图 10-13（c）所示。

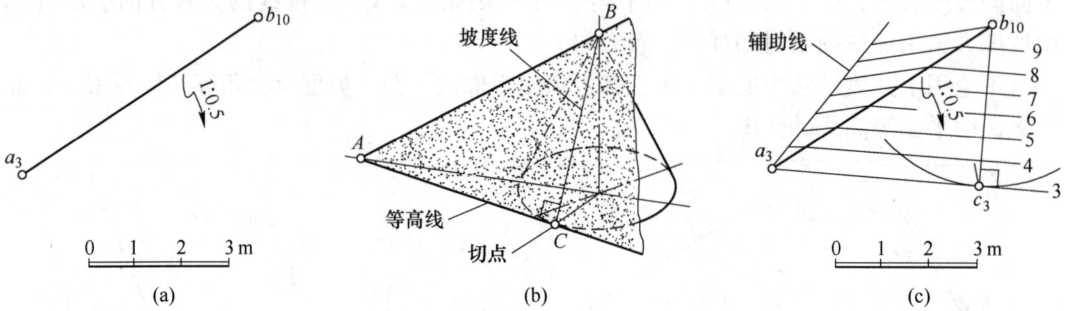

(a) (b) (c)

图 10-13 试作该平面的等高线和坡度线

10.3.4 平面与平面相交

在标高投影中求两平面的交线多用辅助平面法，其原理如图 10-14 所示。为作图方便，辅助平面多用水平面，这样辅助平面与求交两平面的交线便为平面内相同标高的两条等高线，如图中的 P_{20}、Q_{20}。因为两条等高线是在同一辅助平面内，不平行即相交，其交点 M 也即两平面交线上一点，同样如再求得另交点 N，则将两交点相连便可得出两平面交线 MN。两平面交线具体求法参见下例。

例 10-5 已知两平面分别用坡度比例尺 P_i和一等高线与其坡度表明，如图 10-15（a）所示，求作它们的交线。

解： 根据前面所述求平面交线的原理，可于两平面内分别作出两对相同标高的等高线，然后将每对相同标高的等高线的交点找到，并连成直线即可。

具体步骤如下：

（1）过平面 P 的坡度比例尺中刻度 23、25 作两条与 P_i垂直的等高线，如图 10-15（b）所示。

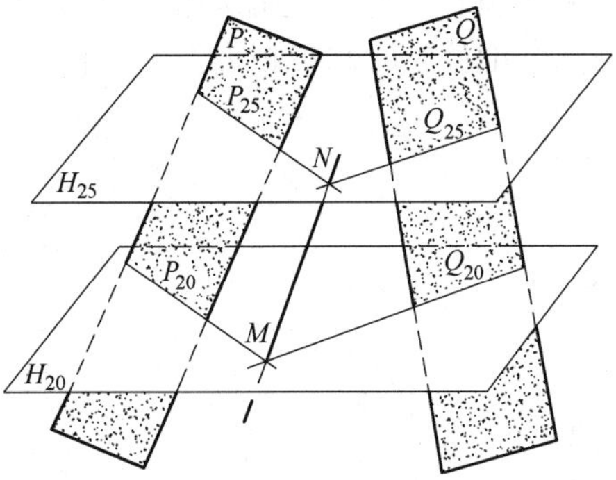

图 10-14　两平面相交

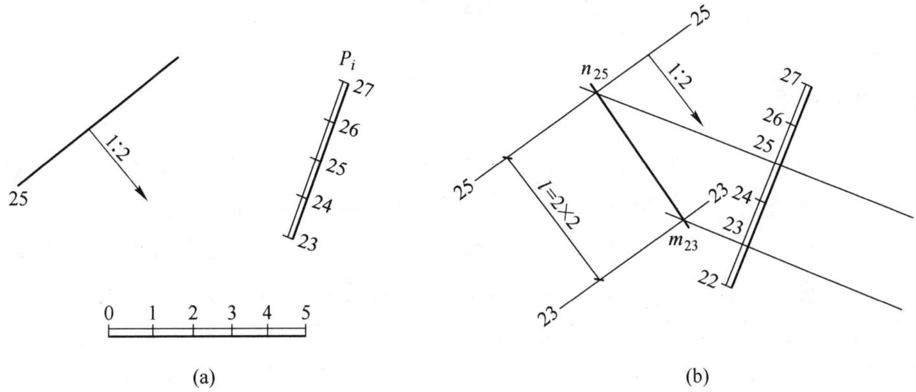

图 10-15　求两平面交线

（a）已知条件；（b）两平面交线的作图方法

（2）因另一平面 Q 是用一标高为 25 m 的等高线及其坡度 i（i 为 1∶2）给定，其标高为 25 m 处的等高线与平面 P 内 25 m 处的等高线标高相同，故交点 n_{25} 即为两平面交线上的点。

（3）同样可作出平面 Q 标高为 23 m 处的等高线。由于平面 Q 的坡度为 1∶2，因此其平距 l 为 2∶1，又由于 25 m 与 23 m 两等高线的高差为 2 m，则两条等高线间的水平距离 $L=2\times2$ m$=4$ m。在距平面 Q_{25} 等高线的 4 m 处画一条平行线，即为平面 Q 内 23 m 处的等高线。则两平面上 23 m 标高处的等高线交点 m_{23} 即为两平面交线上的另一交点。

（4）将交点 m_{23} 与 n_{25} 相连，即得出两平面交线的标高投影 $m_{23}\,n_{25}$。

10.4　曲面和地形面的标高投影

10.4.1　圆锥面的标高投影

如图 10-16 所示，圆锥的底圆置于水平面上，用一组等间隔的水平面截割圆锥面，得锥面上的一组等高线圆，这些圆的水平投影加上标高数字，可以表示圆锥面。对于直圆锥，这些圆是同心的；对于斜圆锥，这些圆是偏心的。当圆锥正放时，等高线的高程越大，则圆的直径越小；而当圆锥倒放时，高程越大，圆的直径也越大。

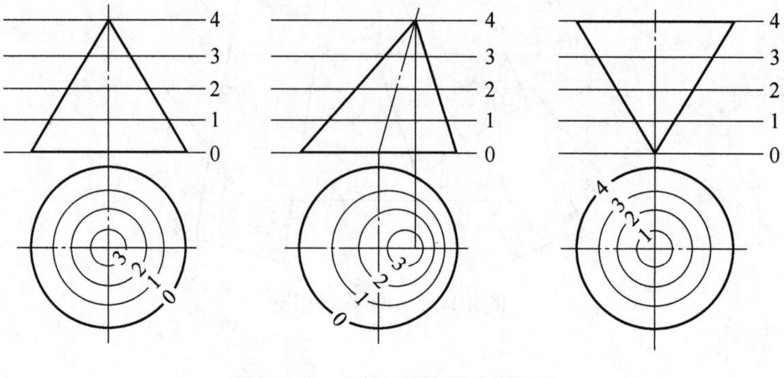

图 10-16 圆锥面的标高投影

10.4.2 同坡曲面

若曲面上处处坡度均相同，称这种曲面为同坡曲面。上述锥面显然属于同坡曲面，但它是一种特殊情况。一般同坡曲面的形状如图 10-17（a）所示。其形成可看成是一轴线垂直于水平投影面的正圆锥面，当其顶点 S 沿一条空间曲线移动时，锥轴始终保持平行，则所有移动锥面的公切面（包络曲面）即为同坡曲面（或称同斜曲面）。用标高投影表示同坡曲面时，仍需画出曲面上的一系列等高线。因为同坡曲面与所有锥面相切，所以如果用一水平面去截同坡曲面，则可得出曲面上的一系列等高线；同时此水平面也在各圆锥表面上截得一系列纬圆，显然同坡曲面上的等高线必与各锥面纬圆相切。因此，不难得出同坡曲面上等高线的作图方法，如图 10-17（b）所示。具体作图步骤如下：

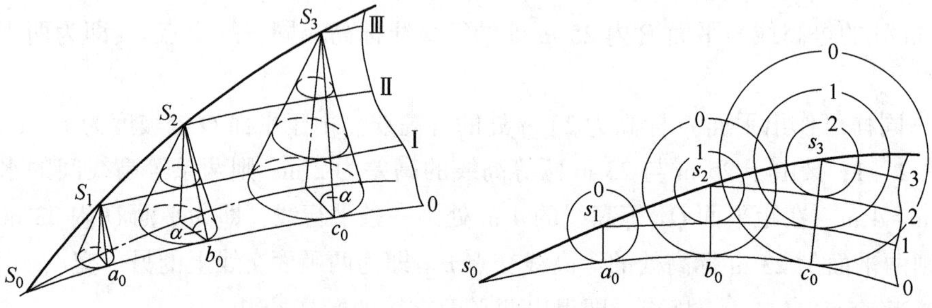

图 10-17 同坡曲面的形成与画法
（a）直观图；（b）投影作图

（1）在给定的空间曲线上选出一系列整数标高点 s_0、s_1、s_2、…

（2）根据设定的曲面坡度 i 与高程差，画出以 s_1、s_2、…各点为锥顶的各圆锥曲面上的等高线圆。

（3）过 s_0、s_1、s_2、…各点作相同标高等高线圆的公切线（包络曲线），即可得出同坡曲面上各标高处的等高线 0 、1 、2 、3 等。

例 10-6 如图 10-18（a）所示，已知同坡曲面上一条空间曲线的标高投影，曲线上 A 点的标高投影 a_6，曲线的坡度 $i_0=1:5$。又知同坡曲面的坡度 $i=1:2.5$ 和坡面的倾斜方向，试作同坡曲面上整数高程的等高线。

解：（1）算出曲线上高差为 1 m 的整数高程点的平距 $l_0=1:(1/5)=5$，从而可作出曲线上的点 b_5、c_4、d_3，如图 10-18（b）所示。

（2）再算出同坡曲面上高差为 1 m 的整数高程等高线间的平率 $l=1:(1/2.5)$。

（3）以点 c_4、b_5、a_6 为圆心，以 1 为级差调整半径画同心圆，即为各圆锥面的等高线。作各圆锥面上同高程等高线的公切线，即得同坡曲面上相应高程的等高线 3、4、5、6，如图 10-18（b）所示。

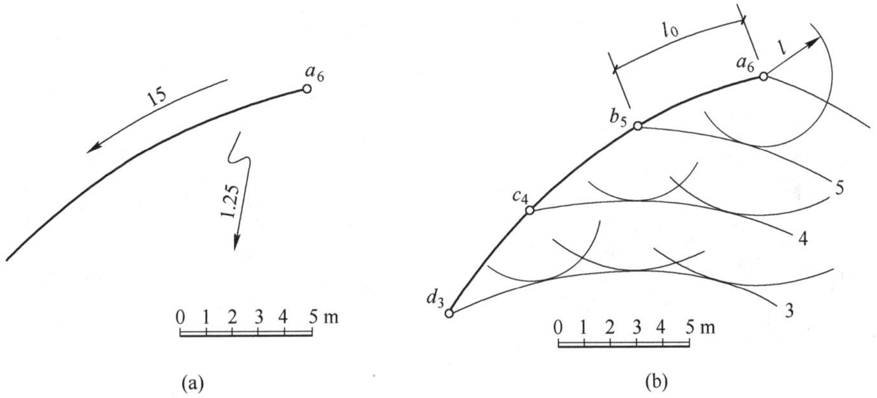

图 10-18 同坡曲面整数高程等高线

（a）已知条件；（b）等高线作图

10.5 地 形 面

10.5.1 地形图的形成

山区或丘陵地区的天然地形表面一般都是不规则的复杂曲面，为了表明地表起伏变化状态，仍可假想用一组高差相等的水平面去截切地形表面，画出截交线的标高投影，也就是地形表面的标高投影。地形表面的标高投影在工程实践中称为地形图。图 10-19 所示为地形图的形成与画法。

10.5.2 地形图的阅读

阅读地形图是土方工程设计的前提，因此会看地形图非常必要。地形图的阅读主要是根据地面等高线的疏密变化大致判断出地面地势的变化。如图 10-20（b）中等高线较密集的地方，说明地面较陡峭，等高线稀疏的地方则表明地面较平坦。地面上的等高线一般应是一圈圈封闭的不规则曲线，如果一圈圈等高线的标高值越来越大，则表明地表可能是

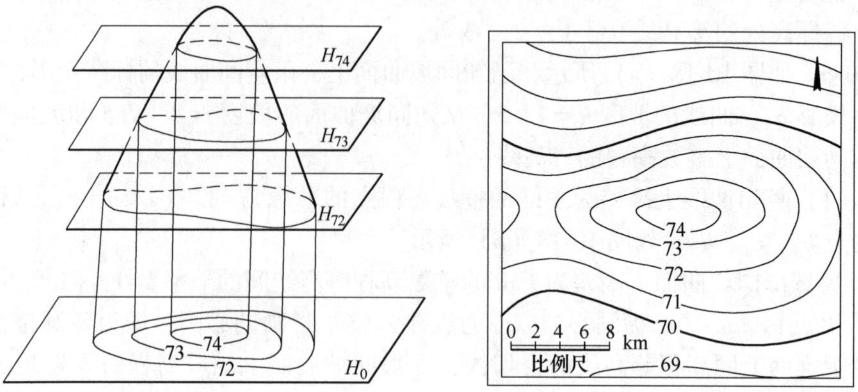

(a) (b)

图 10-19 地形图的形成与画法

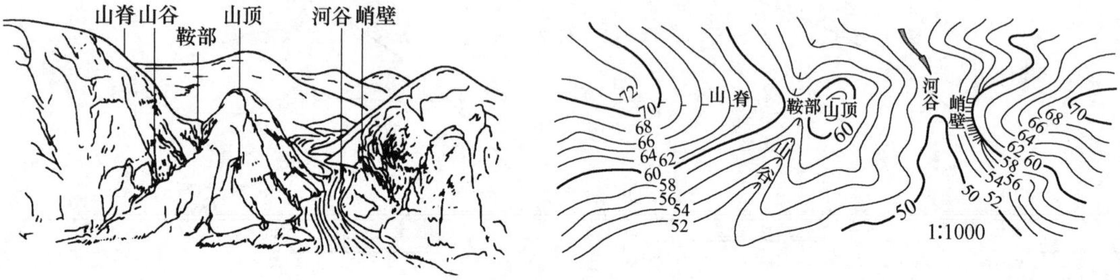

(a) (b)

图 10-20 地形图的阅读

（a）地面形状；（b）地形图

小丘或山峰；反之，标高越来越小则可能是洼地或山凹。山脊和山谷处等高线大致都向一个方向凸出，如顺着凸出的方向看，等高线的高程越来越小时为山脊，反之为山谷。两个山峰之间的山岭相连处称为鞍部，鞍部的等高线凸凹近似成对称状态。

10.5.3 地形断面图

10.5.3.1 地形断面图的形成与画法

在工程实践中，常常需要作出地面某处的地形断面图，以便为工程设计提供有关资料。地形断面图就是一假想铅垂面与地表面截交所得出的图形。具体作图方法如图 10-21 所示。先在地形图中指定断面的位置并标出断面名称，如 *A—A*。然后在指定断面附近适当距离处画一组与地形图中各等高线标高大致相对应的一组平行标高线，如 10、11…再过断面与地面上各高程等高线的交点向平行线组引垂线，并将其对应交点依次相连即得出断面截交线，在断面截交线的内侧加画阴影线或材料符号，便完成了地形断面图。由于地面的平面尺寸与竖向尺寸相差很大，因此工程实践中允许平面与高度采用不同的比例绘制，以便更明显地表现出地面起伏变化状况。

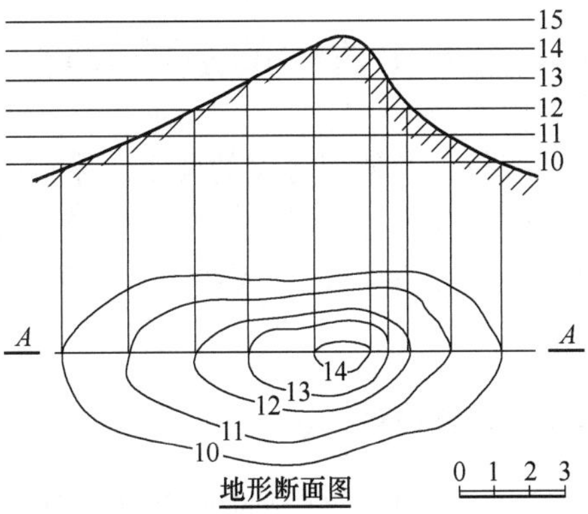

图 10-21 地形断面的形成与画法

10.5.3.2 直线与地面相交

在铁路选线设计或者一些大型管道的线路设计中，往往会遇到线路与地形面交点位置的确定问题。这种问题的实质就是用标高投影法求出直线与地形表面的交点。具体作图方法参看下例。

例 10-7 如图 10-22（a）所示，在给出的地形图中有一直线 *AB* 的标高投影 $a_{10.5}b_{12}$，试求出直线 *AB* 与地表面的交点。

具体作图步骤如下：

（1）过直线 *AB* 设一断面 *I—I*。

（2）用作断面图的方法，求出 *I—I* 断面实形。如图 10-22（b）所示，作出与 $a_{10.5}b_{12}$ 投影平行的等高线 9、10、11…再过 *I—I* 断面位置线与地形图中各高程等高线的交点向平行线组引垂线，并将各相同标高对应交点相连，便可得出 *I—I* 断面截交线的实形。

（3）根据 *AB* 两端点的标高 $a_{10.5}$、b_{12} 用相同比例在断面图中作出直线 *AB*（实形）。

（4）将直线 *AB* 与断面截交线的交点 K_1、K_2 返回到直线的标高投影 $a_{10.5}b_{12}$ 上，则所得到的 k_1、k_2 点即为所求直线与地面的交点。

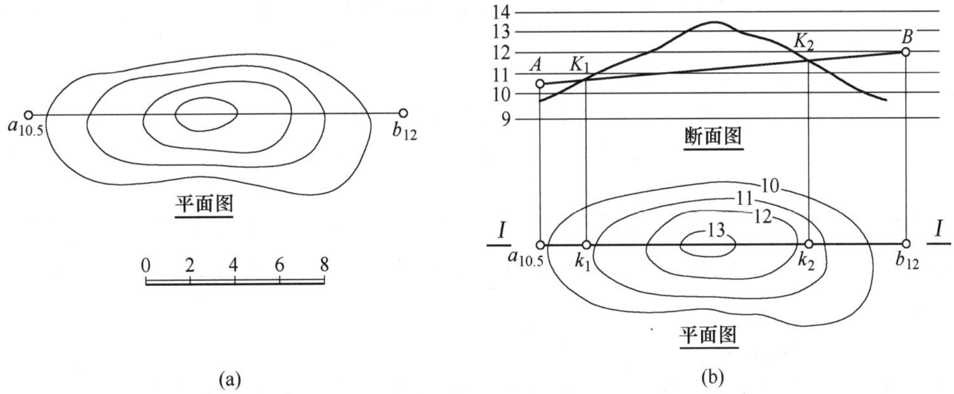

图 10-22 求直线与地形面的交点

（a）给定条件；（b）投影作图

10.6 土方工程中的边坡设计问题

在土木工程中，为满足某些技术及使用方面的要求，常需要将土方工程形体设计成具有一定形状并能符合预先给定的标高和边坡坡度等技术要求。标高投影中怎样体现这些要求、怎样确定形体的坡面交线，以及怎样确定这些土方工程形体的开挖与回填范围等问题，都属于土方工程设计问题。

10.6.1 平面型土方工程形体的边坡设计

这类土方工程形体（简称土工形体）的表面完全由平面构成，设计时主要解决顶面或底面的形状、标高及边坡坡度大小；另外，还应表明形体坡面交线及土方的开挖和回填范围。有关这类土工形体的设计与表达问题，将通过以下各例说明。

例 10-8 如图 10-23（a）所示，已知坑底的标高为-3，坑底的大小和各坡面的坡度。假定地面是一个高程为零的水平面，试作此坑的标高投影图。

分析：需求两种交线：（1）坑顶面线，即坑的各坡面与地面高程为零平面的交线；（2）各坡面间的交线。为此，先计算各坡面高程为零的水平线与相应坑底边线（高程为-3）的水平距离 L_1、L_2、L_3，如图 10-23（b）所示。

解：（1）图解法：如图 10-23（c）所示。

计算法：由左侧的坡度为 1∶2，可计算 $L_1 = (2/1) \times 3 = 6$ 单位，同理 $L_2 = 3$，$L_3 = 2$。

（2）连接坑底和坑顶的各对应顶点，得到各坡度面的交线；画出各坡面的示坡线。如图 10-23（b）所示。

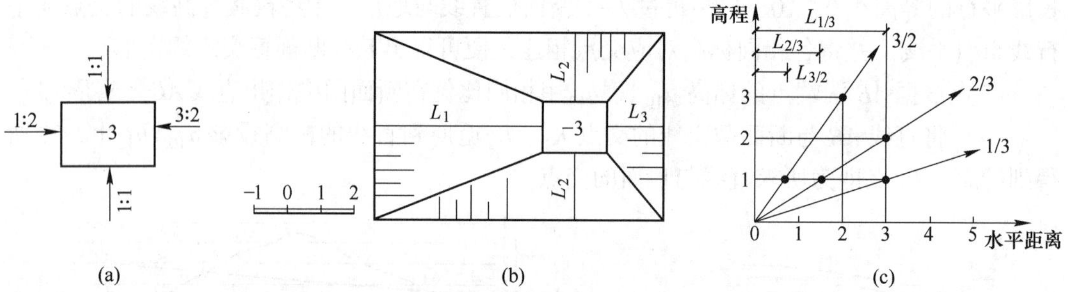

图 10-23 此坑的标高投影图

（a）已知条件；（b）分析；（c）图解法

例 10-9 如图 10-24（a）所示，已知两土堤顶面的高程、各坡面的坡度、地面的高程，试作出两堤之间、堤面与地面之间的交线，并从堤顶 a_6 在坡面上作一条坡度 $i = 1:3$ 的倾斜直线。

解：（1）图解法：略。

计算法：先计算各堤顶边线与各坡面上高程为 0 的等高线间的水平距离。

$L_1 = L_2 = 6:(1/1.5) = 9$ m；$L_3 = 1:(1/1.5) = 1.5$ m；$L_4 = L_5 = L_6 = 5:(1/1) = 5$ m。

（2）据此再画出各边坡的坡脚线（坡与地面的交线）；相邻两平面上同高程等高线的

交点（如 c_5 和 d_0）是两平面交线上的点，由此可作出相邻坡面间的交线，如图 10-24（b）所示。

（3）最后，以点 a_6 为圆心，以 $L_{AB}=6:1/3=18$ m 为半径作圆弧，与坡面上高程为 0 的等高线交于 b_0，a_6b_0 即为所求的坡面上的一条坡度 $i=1:3$ 的倾斜直线，如图 10-24（c）所示。

（4）做示坡线。为了增加标高投影图中坡面的明显性，在坡面上可以加画示坡线。示坡线应垂直于坡面上的等高线，用长、短相间且为等距的细实线绘制，并且从高程值大的等高线画向高程值小的等高线，如图 10-24（c）所示。

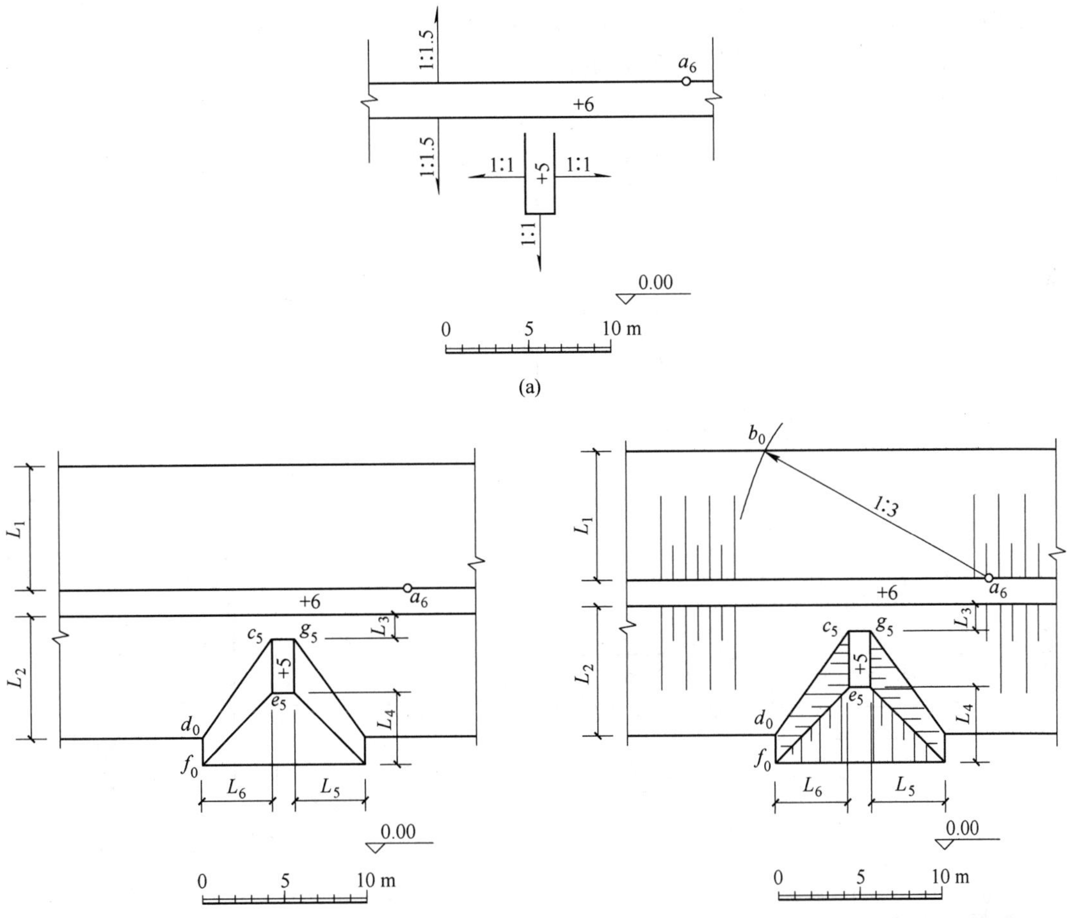

(b)　(c)

图 10-24　完成此土工形体的标高投影

（a）已知条件；（b）（c）标高作图

图 10-24 彩图

例 10-10　如图 10-25（a）所示，设地面是标高为零的水平面，有一条顶面标高为 4 m 的大堤，大堤的左侧有一条上大堤堤顶的斜引道，斜引道的顶面的坡度为 1∶4，斜引道顶面的水平投影未画完整；大堤的右侧有一条小堤，小堤地面的标高投影为 3，小堤顶面的水平投影未画完整；大堤、小堤、斜引道各坡面的坡度如图 10-25（a）所示。求大堤、小堤、斜引道各坡面与地面的交线，坡面与坡面的交线，斜引道顶面与地面的交线，以及小堤顶面与大堤右坡面的交线，补全斜引道和小堤顶面的水平投影，完成这个工程建筑物的标高投影。

解：(1) 图解法：略。

计算法：大堤、小堤与地面的交线 $L_1 = 1 \times 4 = 4$ m、$L_3 = 1 \times 3 = 3$ m、$L_4 = 1.5 \times 3 = 4.5$ m；

小堤顶面与大堤右坡面的交线：$L_2 = 1 \times 1 = 1$ m；

斜引道顶面与地面的交线：$L_5 = 4 \times 4 = 16$ m、$R = 4 \times 2 = 8$ m。

(2) 作大堤、小堤与地面的交线；作小堤顶面与大堤右坡面的交线；作斜引道顶面与地面的交线；作各斜面与斜面之间的交线。如图 10-25 (b) 所示。

(3) 做示坡线，整理图形。如图 10-25 (c) 所示。

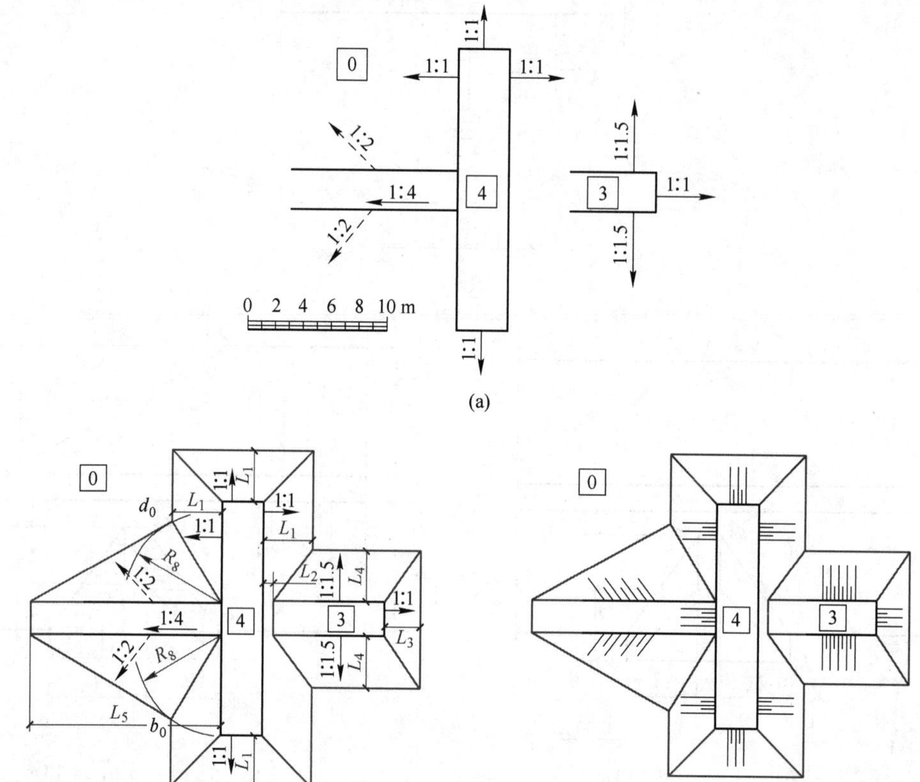

图 10-25 完成此土工形体的标高投影图

(a) 已知条件；(b) (c) 标高作图

图 10-25 彩图

10.6.2 曲面型土方工程形体的边坡设计

这类土工形体的坡面不全是由平面组成，可以由曲面或平面与曲面构成，如图 10-26 (a) 所示。

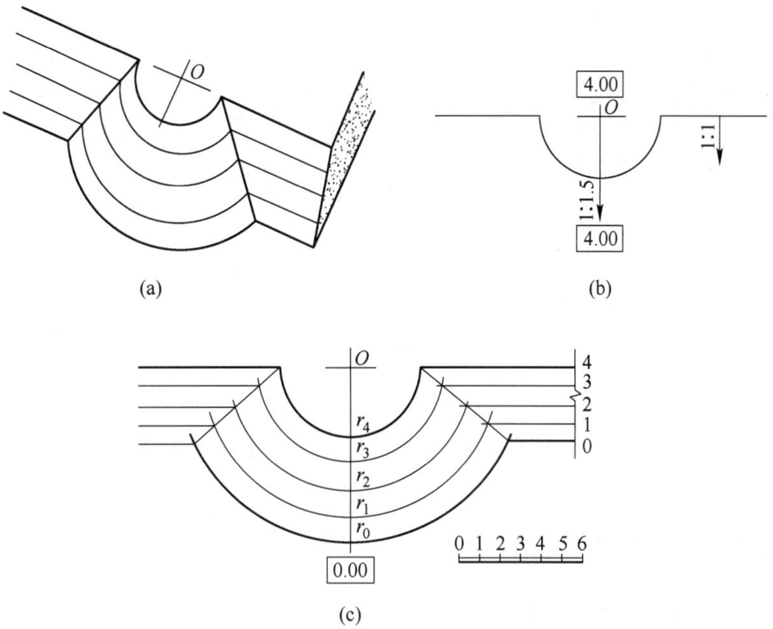

图 10-26　曲面型（锥面）土方边坡设计

（a）直观图；（b）设计要求；（c）投影作图

例 10-11　试完成带有凸出锥台曲面的场地边坡设计，各边坡设计要求如图 10-26（b）所示。作图步骤如下：

（1）根据地面高差求出场地坡面宽 $L=4\times1$ m = 4 m，根据平面坡度 $i=1:1$ 可知坡面等高线记平距 $l=1$，由 l 画出平坡面上等高线 0、1、2、3、4。

（2）画凸出锥台表面上各等高线，因锥面坡度 $i=1:1.5$，故其等高线平距 $l=1.5$。以点 O 为圆心（锥台顶面圆心投影），分别以 $r_{4-n}=r_4+n\times1.5$（其中 $n=1$、2、3、4）为半径画一组同心圆，即锥台曲面上等高线，如图 10-26（c）所示。

（3）将平坡面与圆锥台表面相同高程的等高线对应交点相连，可得出平、曲坡面的边坡交线。

（4）加深投影轮廓线（见图 10-26（c）），加画示坡线，完成投影作图（图中未画出示坡线）。

例 10-12　如图 10-27（a）所示，已知平台的高程为 19，地面高程为 15。拟修筑一条弯曲斜路与平台相连，其位置和路面坡度为已知，所有填筑边坡的坡度均为 $i=1:1$，试作坡面与坡面、坡面与地面间的交线。

解：（1）弯道路面上的等高线高差为 1 m，所以各坡面上等高线的高差也是 1 m，相应的平距 $l=1:(1/1)=1$。

（2）如图 10-27（b）所示，以弯道两侧边线上的高程点 16、17、18、19 为圆心，按 1 m 的级差调整半径画同心圆，得到各锥面的等高线，作同高程等高线的公切线，即为同坡曲面上相应高程的等高线 15、16、17、18。这些等高线与平台填筑坡面上相同高程的等高线相交，用光滑曲线连接起来，即得同坡曲面与平台坡面的交线。各坡面上高程为 15 的等高线就是它们与地面的交线。

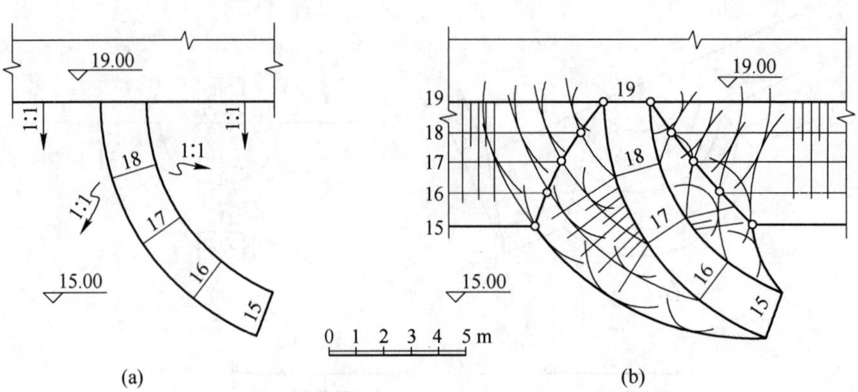

图 10-27 曲面型（同坡曲面）土方边坡设计

（a）设计要求；（b）投影作图

10.6.3 地形面中土方工程形体的边坡设计

10.6.3.1 平面、曲面与地形面相交

工程中的填挖边坡可能是平面或曲面，这些坡面与地形面相交得出填挖边界线，也称边坡线，填方的边坡线也叫坡脚线。求作边坡线的方法，归结为求出坡面上等高线与地形面上同高程等高线的交点，由交点连成边坡线。

例 10-13 如图 10-28（a）所示，地形面与一斜坡平面相交，求作地面与斜坡平面的交线。

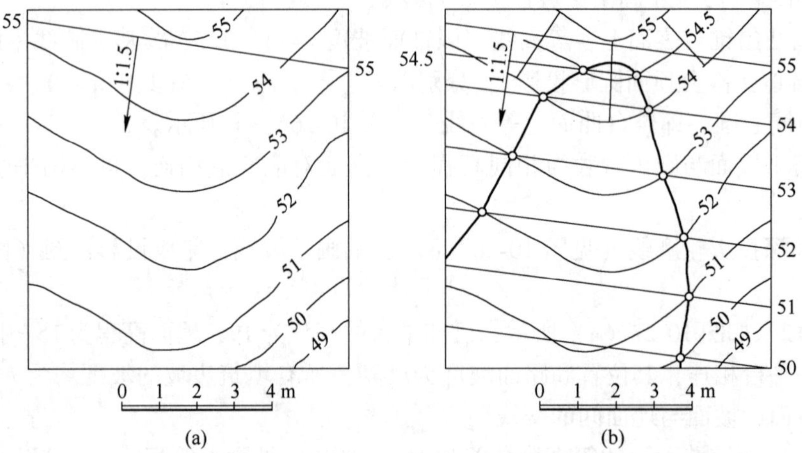

图 10-28 平面与地形面相交的土方边坡设计

（a）设计要求；（b）投影作图

解：（1）如图 10-28（b）所示，斜平面由高程 55 的等高线和坡度 1∶1.5 给出，作出该平面上高差为 1 m 的等高线 54、53、52、51 等。比较这些等高线和地形图中的等高线可知，交线是开挖线。开挖线由坡面和地面的同高程的等高线连接而成。

（2）在地面等高线 54 与 55 之间内插一条高程为 54.5 等高线，在斜平面的等高线 54 与 55 之间也内插一条 54.5 的等高线，两者交出开挖线上高程为 54.5 的点。再根据两边交线的走势，把大于 54.5 的一小段连接起来，完成开挖线的作图。

例 10-14 如图 10-29（a）所示，已知圆形平台的高程为 8，建在一斜坡上，斜坡平面用一组等高线表示。平台的填筑边坡为 $i_1=1:0.7$，开挖边坡为 $i_2=1:0.5$，试作填挖边界线。

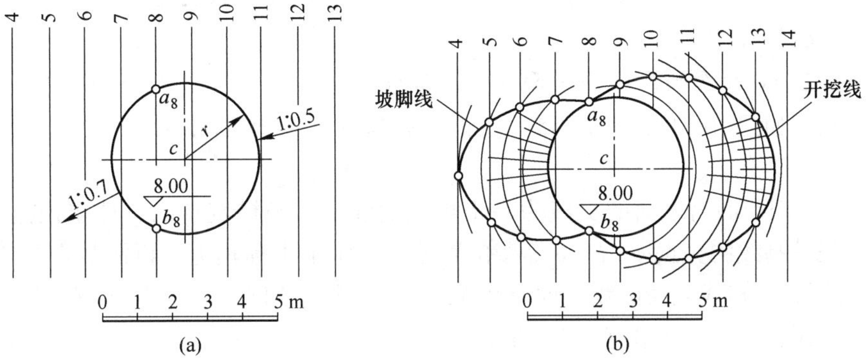

图 10-29 曲面与地形面相交土方边坡设计

（a）设计要求；（b）投影作图

解：（1）以斜坡平面上等高线 8 为界，左侧为填筑区，填筑坡面为正圆锥面；右侧为开挖区，开挖坡面为倒圆锥面。a_8 和 b_8 为填挖的分界点。填筑和开挖圆锥的锥顶在图中重合于 c 点。

（2）填筑平距为 $l_1=1:(1/0.7)=0.7$，开挖平距为 $l_2=1:(1/0.5)=0.5$。

（3）如图 10-29（b）所示，以 c 为圆心，分别以 0.7 和 0.5 的级差调整半径画圆，找到圆锥面的等高线与斜坡平面上同高程等高线的交点，用光滑曲线连接这些交点，即为填挖边界线。

例 10-15 如图 10-30 所示，已知高程为 16 的平台和地形面的标高投影，填筑坡度 $i_1=1:1.5$，开挖坡度 $i_2=1:1$，试作边坡线和坡面间的交线。

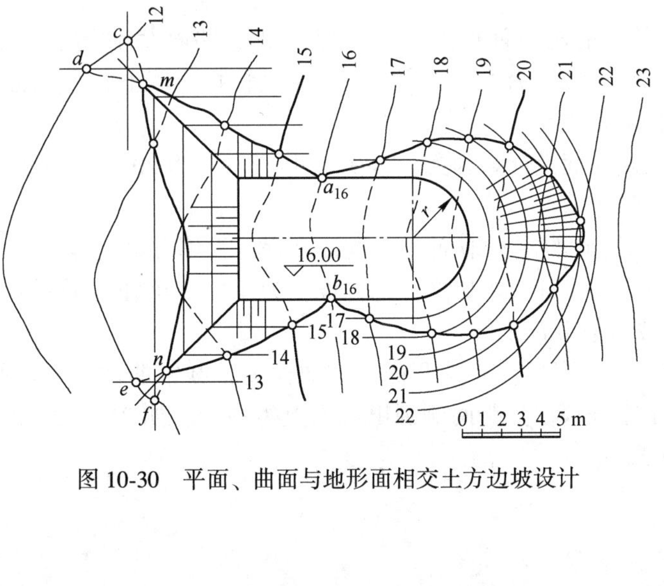

图 10-30 平面、曲面与地形面相交土方边坡设计

分析：本例以地形等高线 16 为界，左侧为填筑区，右侧为开挖区，填挖边界线以 a_{16} 和 b_{16} 为分界点。

解：(1) 由填方坡度 1：1.5 算出平距为 1.5，作出各填方边坡面的等高线，这些等高线与地面同高程等高线相交，连接交点得填筑边界线。边界线上的 m、n 点是两个边坡面和地面的三面共点，用延长边坡线的方法求得。

(2) 挖方坡度为 1：1，则平距为 1，据此作出各挖方边坡面的等高线，其中半圆端的挖方边坡面为倒圆锥面，图上等高线为一组同心圆。坡面等高线与同高程的地面等高线相交，连接成挖方边界线。

10.6.3.2　*断面图画法，用断面法作边坡线*

例 10-16　如图 10-31 (a) 所示，已知地形图和铅垂剖切面 *A—A* 的位置，试作 *A—A* 断面图。

解：*A—A* 剖切面与地面的交线为一不规则曲线，用坐标定点的方法求出这条曲线。将 *AA* 直线与等高线的交点 a、b、c 等按位置截量在水平坐标轴上，再沿竖直方向截出相应各点的高程，连接成光滑曲线，即得地面线。地面线下加画一些自然土壤符号，以示剖切所得的断面图，如图 10-31 (b) 所示。

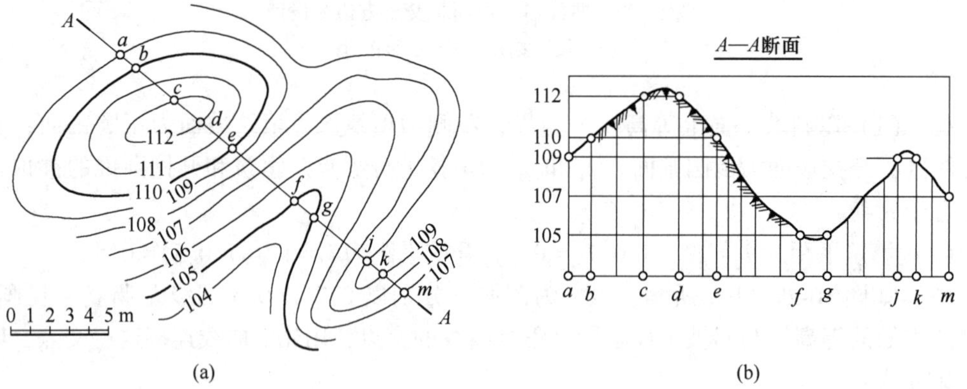

图 10-31　用断面法做 *A—A* 断面
(a) 设计要求；(b) 投影作图

例 10-17　在给定的地形面上修筑一条弯曲公路，路面设计标高为 20.00 m，挖方设计坡度为 4：3，填方设计坡度为 1：1。试完成公路两侧挖、填土方边界线及指定的断面 *A—A* 与 *B—B*，如图 10-32 所示。

分析：因为公路路面设计高程为 20.00 m，因此标高为 20 m 的等高线是填、挖土方区域的分界线。

解：(1) 等高线 20 的左侧地面低于设计高程，为填方区；等高线 20 的右侧高于设计高程，为挖方区。按设计要求坡度：挖方坡度为 4：3，可知其平距 $l = 3/4$；填方设计坡度 $i = 1:1$，其坡面平距 $l = 1$。

(2) 因弯曲公路为圆形，故其两侧边坡曲面为正圆锥曲面。以弯曲公路中心为心，根据上面得出的平距分别在公路两侧画出坡面上等高线，如 21、22、23…以及 19、18 、17… 各高程等高线。

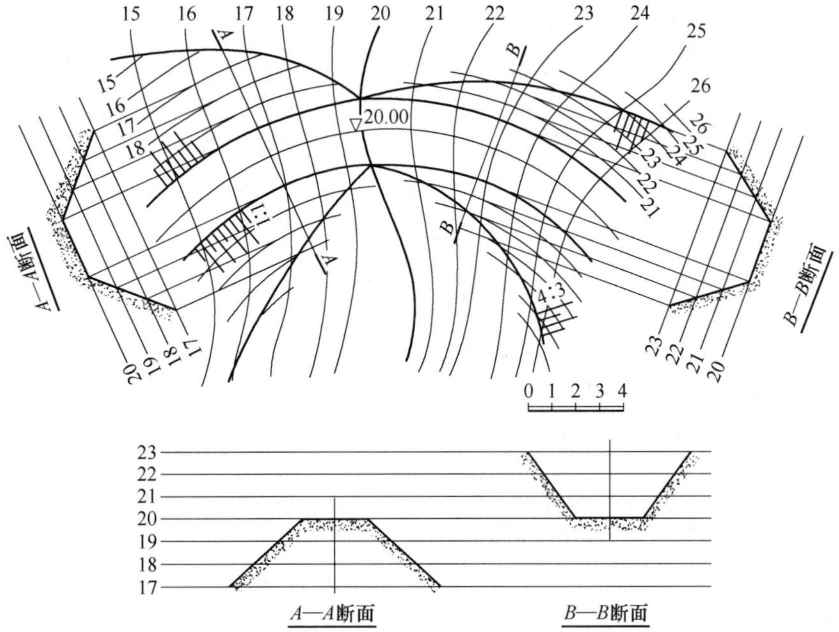

图 10-32 弯曲道路边坡设计

(3) 将同高程的坡面等高线与地形表面等高线的交点相连，则可得出挖方、填方边界线。用指定断面 *A—A* 及 *B—B* 的剖切位置线同地面等高线和坡面等高线的交点相连可完成两断面。

图 10-32 中，*A—A* 断面表明设计路面高于原地形表面，为填筑而成；*B—B* 断面中设计路面低于天然地面，为挖方区，系开挖而成。

例 10-18 如图 10-33 所示，已知高程为 20 的水平道路，两侧的开挖边坡坡度为 1：1，试作开挖边界线。

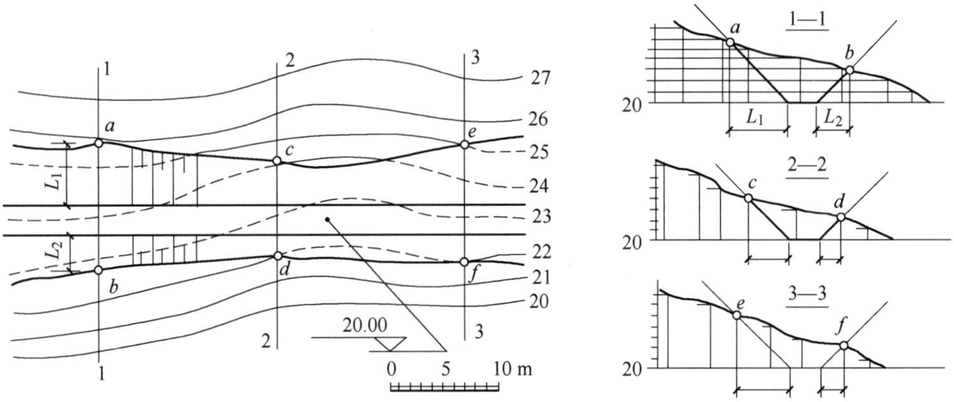

图 10-33 道路开挖边坡设计

分析：由于地形等高线与道路边线接近平行，用作边坡坡面等高线的方法求边坡线比较困难。为此，改用断面法求边坡线。

解：先在地形图上等距离地放置几个与道路方向垂直的横向剖切平面 1—1、2—2、3—3 等，分别画出这些位置的横断面图，图中要把道路路面也画出来，并按挖方边坡的坡度画出边坡，边坡与地面线的交点（如 a、b）是挖方边界线上的点，把这些点按水平尺寸（如 L_1、L_2）回截到地形图上，连接起来即为开挖边界线。

复习思考题

10-1 什么是标高投影，什么是绝对标高和相对标高？

10-2 什么是直线的坡度与平距，两者有什么关系？

10-3 平面的标高投影表示法都有哪些，工程实践中常用的表示法有哪些，什么是平面的坡度比例尺，怎样画？

10-4 正圆锥面、倒置圆锥面和斜圆锥面的等高线有什么特征，如何判别以上三种圆锥曲面？

10-5 同坡曲面是怎样形成的，同坡曲面上等高线怎样绘制？

10-6 如何根据地形图判断地面起伏状态，各种地貌，如山峰、山脊、山谷、鞍部等处地形等高线有何特征？

10-7 地形断面图是怎样形成的，直线与地面交点的标高投影如何确定？

10-8 土工形体的坡面与地面交线如何求，坡面交线如何求，在地形图中如何看出设计表面是填方区还是挖方区？

10-9 如何在地形图中画出地形表面与土工形体设计表面的断面图？

参 考 文 献

[1] 王文胜. 工程制图基础［M］. 北京：高等教育出版社，2010.
[2] 李文华. 机械制图基础［M］. 北京：机械工业出版社，2015.
[3] 赵辉. 工程制图与计算机绘图［M］. 北京：电子工业出版社，2013.
[4] 吴浩，王力. 工程制图及其应用［M］. 北京：科学出版社，2012.
[5] 张志亮. 建筑工程制图［M］. 北京：建筑工业出版社，2018.
[6] 王广旺. 工程图学［M］. 北京：人民交通出版社，2017.
[7] 中国建筑标准设计研究院有限公司. GB/T 50001—2017 房屋建筑制图统一标准［S］. 北京：中国建筑工业出版社，2017.
[8] 李华，李伟. 工程制图与制图软件应用［M］. 北京：清华大学出版社，2014.
[9] 陈琳，周扬. 建筑制图与设计规范［M］. 北京：北京建筑大学出版社，2019.
[10] 张凯. 工程制图与计算机辅助设计［M］. 北京：机械工业出版社，2014.
[11] 王瑞，田婷. 工程图学与自动化制图技术［M］. 北京：科学出版社，2016.
[12] 刘大鹏. 现代工程制图与三维建模［M］. 北京：机械工业出版社，2017.
[13] 姜秋. 工程制图技术与实例解析［M］. 北京：中国建筑出版社，2020.
[14] 徐群，黄志明. 建筑工程制图实例教程［M］. 北京：电子工业出版社，2018.
[15] 赵龙. 工程制图基础与实践［M］. 北京：高等教育出版社，2015.
[16] 刘斌，李俊. 机械工程制图与 CAD 设计［M］. 北京：机械工业出版社，2017.
[17] 周玉芳. 建筑工程制图与标准化实践［M］. 北京：中国建筑工业出版社，2015.
[18] 王磊. 三维工程制图与仿真技术［M］. 北京：高等教育出版社，2019.
[19] 李光，刘志东. 工程制图技术与应用研究［M］. 北京：机械工业出版社，2017.
[20] 李伟，陈军. 建筑制图与建筑设计规范研究［M］. 北京：清华大学出版社，2021.

参考文献